老年动物肿瘤学及临床病例

〔西〕胡安·卡洛斯·卡尔塔齐纳·阿尔贝都斯
Juan Carlos Cartagena Albertus
阿德里安·罗迈罗内·杜特
Adrián Romairone Duarte
著

钱存忠　等译

化学工业出版社

·北京·

Oncology in senior animal with clinical cases, by Juan Carlos Cartagena Albertus,Adrián Romairone Duarte
ISBN of the English original edition:9788417640705

图书在版编目（CIP）数据

老年动物肿瘤学及临床病例 / （西）胡安·卡洛斯·卡尔塔齐纳·阿尔贝都斯，（西）阿德里安·罗迈罗内·杜特著；钱存忠等译 .—北京：化学工业出版社，2023.1

书名原文：Oncology in senior animal with clinical cases
ISBN 978-7-122-42424-2

Ⅰ. ①老… Ⅱ. ①胡… ②阿… ③钱… Ⅲ. ①兽医学－肿瘤学 Ⅳ. ① S857.4

中国版本图书馆 CIP 数据核字（2022）第 200004 号

责任编辑：邵桂林
责任校对：边 涛
装帧设计：溢思视觉设计 / 李申

出版发行：化学工业出版社（北京市东城区青年湖南街13号 邮政编码100011）
印 装：盛大（天津）印刷有限公司
710mm×1000mm 1/16 印张 10 字数 328 千字 2023年5月北京第1版第1次印刷

购书咨询：010－64518888
售后服务：010－64518899
网 址：http://www.cip.com.cn
凡购买本书，如有缺损质量问题，本社销售中心负责调换。

定 价：150.00元

本书翻译人员

钱存忠

钱　刚

刘芫溪

致谢

致敬我的夫人、家人和朋友们。

我希望我们的职业有一天能得到大多数人应有的认可。感谢出版商，再次委托我编写书籍。

胡安·卡洛斯

我把这本书献给我最慷慨、耐心、无条件和忠诚的合作者、我的家人，以及所有能够让我在临床实践中获得更多进步的动物们。

我也要感谢所有为我在日常实践中遇到的难以诊断与治疗的临床病例进行解惑的人。

作为一名兽医，如果没有我的动物，没有我的患病动物，我能干什么呢？如果没有胡安·卡洛斯·卡尔塔齐纳·阿尔贝都斯以及他的兽医团队、克里斯蒂娜·费尔南德斯、蒙特·拉巴尔纳尔、我在莱昂大学兽医学院的同事，以及我在日常工作中遇到的许多其他不知名的人，给予的信任、经验和专业精神，我将会在哪里呢？所以，我非常感谢给予我帮助的所有的人！

一本书的编写过程包括写作和修改、与同事协商、选择合适的图片和参考书等，同时需要找到克服困难和挫折的勇气和力量。而我在完成这项艰巨任务时得到了我们的团队领导塔蒂亚娜·布拉斯科的耐心、专业和尽心尽力的帮助，如果没有她卓有成效的建议，也就不可能完成本书的编写。

阿德里安

著者

胡安·卡洛斯·卡尔塔齐纳·阿尔贝都斯

于 1987 年毕业于西班牙萨拉戈萨大学。他是皇家兽医学院(RCVS)的成员，拥有理学硕士学位(MSc)，并获得西班牙小动物兽医协会(AVEPA)的肿瘤学和软组织外科认证。他还拥有兽医临床实践和治疗研究硕士学位、眼科全科医生证书、皇家兽医学院高级兽医实践研究生证书，并被埃斯特雷马杜拉大学(university of Extremadura)评为内窥镜和微创手术方面的专家。他是欧洲兽医肿瘤学会(ESVONC)和AVEPA肿瘤学和软组织外科工作组的成员。

他在英国剑桥郡彼得伯勒的百老汇兽医院工作。

阿德里安·罗迈罗内·杜特

于 1987 年毕业于阿根廷拉潘帕国立大学兽医学院的兽医学专业。他的学位于 1990 年被西班牙教育和科学部门认可为等同于西班牙兽医学学位。他拥有莱昂大学的高级研究文凭 (2007 年)，并于 2016 年获得博士学位。

自 1987 年以来，他一直从事临床兽医工作。他是兽医咨询诊断中心的所有者，该诊断中心专门治疗宠物和猛禽。他还是网站 www.diagnosticoveterinario.com 的所有者和编辑。

他感兴趣的领域包括临床和外科肿瘤学、诊断细胞学、创伤和软组织手术，以及应用于野生和圈养猛禽（例如猎鹰）的医学和外科病理学。

他对作为诊断猛禽常见疾病的工具的尸检以及对这些动物的人为死因进行法医调查特别感兴趣。

原著序

很荣幸被兽医同事胡安·卡洛斯·卡尔塔齐纳·阿尔贝都斯和阿德里安·罗迈罗内·杜特邀请为《老年动物肿瘤学及临床病例》撰写序言。两人都是出色的兽医专业人士，在兽医肿瘤学领域拥有丰富的学术和临床经验。

本书中关联了两个不同但相关的概念，癌症和衰老——令人悲伤地提醒着患者生命即将结束。然而，癌症不可避免地会导致死亡的观点不再成立。科学和医学知识增加了人类和动物的预期寿命，癌症不再是过去的不治之症或“死刑”。老年现在认为是动物生命的另一个阶段，尽管是最后一个阶段，治疗和临床管理的进步已经将癌症变成了一种慢性疾病。

也就是说，尽管癌症可以影响任何年龄的动物，但老年动物患各种癌症的风险都很高。这本值得称道的老年动物肿瘤学兽医卷——是任何小动物临床图书馆的新书和及时的补充者——分为三个主要部分：①老年动物肿瘤学的概况；②目前临床常见的主要肿瘤；③临床病例分析主要反映日常实践中遇到的常见情况。第一部分涵盖了与老年肿瘤患者的治疗和临床管理相关的一般资料，并强调了副肿瘤综合征在整体治疗策略中的重要性。第二部分描述了在老年动物中最常见的肿瘤，并按身体器官系统讨论它们，包括皮肤、消化系统、肌肉骨骼系统和血液淋巴系统等。第三部分也是最后一部分，介绍了一系列临床病例，这些病例描述了患有癌症的老年动物中经常遇到的情况，例如与肿瘤相关的高雌激素导致的淋巴瘤和贫血等。

这是一本优秀的书，具有指导性、实用性，并配有大量插图。我祝贺作者们的工作——这是他们多年临床经验的成果——希望它能够得到兽医同仁的认可，并有助于推动临床兽医肿瘤学领域的持续科学发展。

胡安·卡洛斯和阿德里安，感谢你们的出色工作，祝你们一切顺利！

何塞·阿尔贝托·蒙托亚·阿隆索
拉斯帕尔马斯大学兽医学院
西班牙皇家兽医科学院
2018 年 4 月

原著前言

近几十年来，人类和动物都活得更久，这一事实导致患病动物诊断和治疗的总体数量增加。数据显示，大多数（尽管不是全部）癌症发生在老年动物身上。

即使科技在不断进步，我们仍需要接受这样一个事实，即癌症患病动物必然会遭受痛苦或需要被安乐死。在许多情况下，兽医肿瘤学为我们提供了缓解动物疼痛、治疗动物肿瘤、改善生活质量及延长患病动物生存时间的工具。

我们在兽医肿瘤学领域面临的巨大挑战是不断加深对导致正常细胞发生癌变的不同机制的理解，了解这些发病机制将有助于我们在疾病产生的最早阶段就能发现它们，并为我们提供最好的武器：早期诊断，以利于肿瘤疾病的及早治疗。

著者

目录

01 老年动物肿瘤学概况 1

02 老年动物最常见的肿瘤 15

03 老年动物常见肿瘤临床病例 111

01

老年动物肿瘤学概况

老年动物肿瘤学概况

老年动物肿瘤学

简介

老年动物与他们的主人有着非常紧密的联系。老年动物疾病的咨询越来越普遍，在某些临床门诊实践中，它们可能占所有咨询病例的25%以上。从统计学上讲，大约50%的犬和猫会在其生命的某个阶段患上癌症，这意味着对兽医该方面服务的需求不断增加（图1）。

因此，肿瘤学，特别是老年动物肿瘤学，是兽医实践的一个重要的领域，需要足够的专业水平和定期更新的知识。

老年宠物会逐渐失去对外界压力的反应和适应能力。作为兽医，我们的工作是检查宠物的生命体征是否足以让它们的身体的各个系统能有效地应对疾病。

当宠物年龄达到预期寿命的75%时，通常就被认为是老了。宠物的形状和大小各不相同，它们的生活环境（生活条件、营养等）也有很大的不同。因此，在谈论年龄时很难一概而论。

一般将犬或猫分为幼年、成年、成熟（老年），判断衰老不仅取决于动物的年龄，还取决于其体重、身体状况和品种（图2和图3）。

当动物的寿命达到预期寿命的50%时，就应该采取第一步检查，防止衰老带来的多重影响。

兽医依靠早期诊断预防疾病，即当还有时间治愈或至少减少疾病的影响时进行诊断。安排预防性老龄动物会诊时，兽医应熟悉检查不同疾病的方法和各种相关因素。

因此如何区分动物是自然老化、生物老化（衰老）和病理性老化（老龄伴有相应疾病）是很重要的。

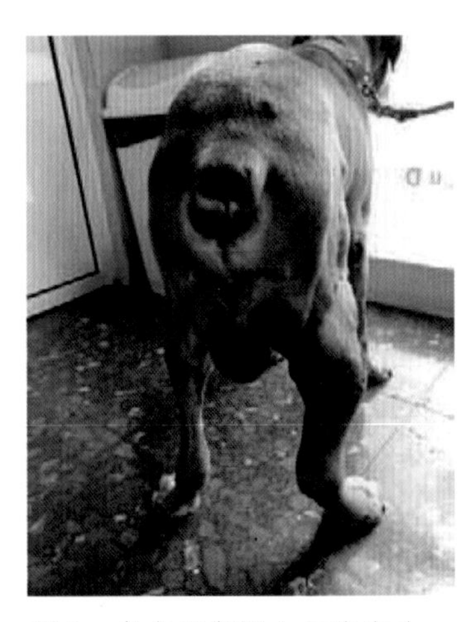

图1　患有Ⅲ期肥大细胞瘤的老龄犬

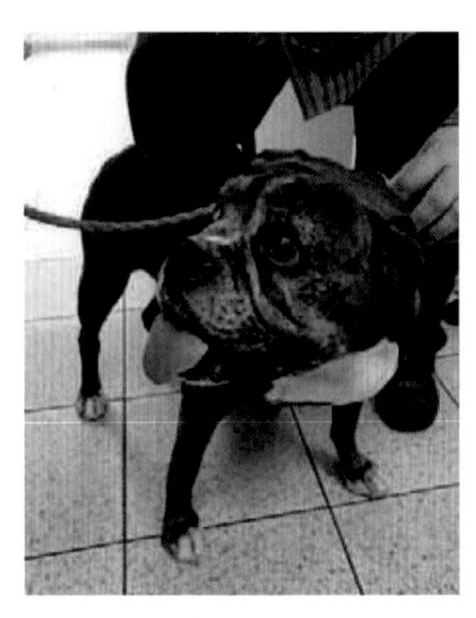

图2　动物老龄的定义取决于它的品种、体重和身体状况

图3　小型犬的寿命更长，因此被认为比大型犬更晚达到晚年

与宠物年龄相关的主要变化：

- 体重增加和肥胖。
- 全身性皮肤和皮毛改变，如皮肤变厚、色素沉着增加、角质增生和失去弹性；因毛囊活动减少导致的脱毛、发干、更加不透明、白发增多，尤其是在脸上；更容易发展成腺瘤和皮脂腺囊肿。
- 肌肉重量、骨量和关节软骨厚度减少。
- 因牙周病、牙菌斑、牙周炎、口腔肿瘤（黑素瘤、纤维肉瘤、鳞状细胞癌等）引起的口臭。

方框 1 中列出了对老年动物最常使用的实验室诊断检查项目。

方框 1　评估老年动物的关键检查项目

- **带电解质的生物化学分析**
- **全血细胞计数**
- **完整的尿液分析，包括尿沉渣检查**
- **甲状腺素（T_4）测定**
- **血压**
- **心电图及胸部 X 线检查**
- **腹部 X 线检查**
- **超声检查**
- **内窥镜检查**
- **内分泌激素检查**
- **眼压测量**

年龄带来的临床影响有哪些？

- 在没有特定疾病的情况下，动物的身体会在数年内经历不同程度的临床变化。
- 在泌尿系统中，动物的肾脏会倾向于逐渐变小，失去部分过滤能力。这些改变会伴随进行性肾小管萎缩。动物经常会无法控制排尿，并可能发展成尿失禁。
- 老年动物的心脏功能可能在应对应激或者经历全身麻醉时无法作出有效的反应。存在心脏功能和氧气分布的下降情况。瓣膜纤维化是一种常见的疾病，往往会导致二尖瓣疾病和其他类型的心脏瓣膜疾病。
- 肝脏实质组织日益受到纤维化的影响，肝细胞逐渐丧失功能，胆汁分泌逐渐减少（肠酶活性降低、脂肪吸收减少）。总的来说，肝功能会随着年龄的增长而下降。
- 在消化系统中，食管括约肌和胃的张力降低，贲门变得松弛，盐酸生成减少，可能导致反流、消化不良、胃溃疡和一般吸收不良性问题。
- 新陈代谢变缓，基本能量需求下降约 30%。再加上身体活动的减少，很容易导致身体脂肪的大量积累。
- 肥胖与许多疾病有关，包括心血管疾病、糖尿病、关节疾病、呼吸系统疾病和癌症。它还与降低体温调节和周围血管收缩反应有关。
- 药物代谢效率下降。渐进性、广泛性的代谢减少也会影响药物的吸收、分布和代谢，尤其是那些主要通过肝脏或肾脏排出的药物。胆固醇、磷脂和甘油三酯水平均升高，而糖原和白蛋白水平下降。
- 衰老还与先天和后天免疫反应、超敏反应（防御）和细胞毒性淋巴细胞反应的减少有关。因此，老年动物更容易感染疾病，特别是病毒感染，因此接种疫苗是一种重要的预防手段。
- 呼吸道分泌物变得更加浓稠，气道上皮细胞纤毛运动能力减弱，这会导致小支气管、细支气管梗阻。同时，肺失去弹性和功能下降，这也增加了对于感染、呼吸系统疾病和慢性疾病（如支气管炎）的易感性。
- 神经系统受到神经元数量减少的影响，会导致听力、视力、神经肌肉功能以及对本体和外感信号反应能力的丧失，年长的动物也倾向于睡得更多，对刺激的反应更少，并改变终生的习惯。
- 骨骼会受到因关节疾病、骨质疏松以及进行性椎间盘脱出症导致的不可逆变化的影响。

老年患病动物是否因为它们的年龄而更容易患癌?

考虑到狗和猫的品种繁多，很难在它们的年龄和癌症易感性之间建立起必然的相关性。然而，这种相关性在人类身上是明确的，可能也存在于动物身上，它们患癌症的风险会随着组织的老化而增加。

研究发现在幼龄动物体内植入由致癌细胞诱发的肿瘤会在几个月内消失，但在老年动物体内肿瘤会持续增长 (McCullough et al., 1997)。

衰老的组织能够允许肿瘤疾病持续存在。这是为什么呢？迄今为止的研究表明，随着时间的推移，组织会积累 DNA 损伤，最终导致癌症的发生。年龄也可能与某些肿瘤的侵袭性有关，尽管也存在一些肿瘤，如前列腺癌，在老年患病动物身上侵袭性表现较弱。

然而，许多其他关于年龄与肿瘤行为和侵袭性之间关系的研究结果也清楚地表明，它们之间的关系是复杂的，并不能简单地用肿瘤发生组织部位的年龄来解释。

尽管已经证明癌症的发生与年龄之间密切相关，但年龄非常大的动物死于癌症的百分比也在逐渐下降。这些动物对癌症的抵抗力更强，可能是因为它们体内抗癌基因表达更高。目前不知道为什么会有这种情况发生，可能存在避免 DNA 细胞受损的机制或具有高效的 DNA 修复机制。当然，也有可能是一些不发展成癌症或者发展成良性肿瘤的耐药性个体存在。

老年患病动物的治疗

老年癌症患病动物的治疗可能会因伴有肾脏或心脏问题等而变得复杂。因此，制定一个合适的治疗方案是相当具有挑战性的。

可能的治疗方案：

- **传统药物学疗法。**在这种情况下，治疗方法的选择将在很大程度上受到兽医的经验和肿瘤的影响。在不远的将来，基于肿瘤特异性分子表达的分子治疗方法将成为治疗准则。这些作为肿瘤标记物的分子物质，能够有助于预测治愈原发和转移性肿瘤的可能性，并能够提供与疾病进展和治疗效果等有关的重要信息。
- **营养疗法。**有些研究强调了充足的营养作为优化治疗手段的重要性，在未来几年，为适应治疗需要该领域可能会发生较大变化。通过改变关键的细胞过程来改变肿瘤早期生长阶段的营养物质将成为治疗癌症的“武器库”的一部分。

治疗和预防的目标

关于老年患病动物癌症的治疗和预防有两个关键问题。

- **治疗老年癌症患病动物的目标是什么？**如果我们把癌症看作是一种可以缓解和控制，但很少能够被治愈的慢性疾病，那么我们的主要目标应该是控制这种疾病及其发展，而不是彻底根除它。
- **我们能有效预防癌症吗？**也许找到一种能够有效预防癌症的方法比改进现有的治疗方法更合理。然而，要做到这一点，首先必须找到一种没有毒性的预防性治疗方法，并确定可应用的动物群体。非毒性药物的预防作用应该旨在阻断或至少延缓癌变过程中的一个或多个阶段。这一策略将降低癌症发病率，从而降低死亡率。另一种可能性就是阻止癌症扩散，从而通过其他途径实现治愈。这需要对癌症进行流行病学研究来建立数据库，以确定特定癌症的高危亚群。 任何特定个体的癌症风险都受到其自身基因组成以及环境相互作用的影响。将来，分子和流行病学的研究都将有助于在不同的动物亚群中预防癌症。这些特定的预防策略从理论上来说应该主要针对年轻动物，因为癌变是随着时间的推移发生的多阶段过程。虽然一些因素将在这个过程的早期阶段找到，但其他因素将在进展阶段晚期才搞清楚。

肿瘤学咨询

我们对患癌宠物主人提出的第一个问题的回答结果可能会决定宠物的未来。宠物主人需要知道,有时需要接受方方面面的内容,如治疗、观察和等待，甚至安乐死，等等(图4)。

我们一定不能忘记彼此正在谈论的是动物癌症，很多宠物主人会做的第一件事就是回忆起其他宠物，尤其是家人和朋友过去患癌症的经历。许多这样的经历都是消极的，可能会导致我们之间的沟通难以成功，这会让宠物主人接受我们提出的治疗方案更加困难。

图4　宠物过去有癌症的经历将影响宠物主人如何面对宠物的癌症诊断结果

向宠物主人提供一些关于癌症的基本信息是一个很好的出发点。可以陈述以下几点：

- 癌症是狗常见的疾病之一，也是猫最常见的疾病之一。超过50%的狗和大约35%的猫会在生命的某个阶段患上癌症。
- 癌症现在更常见了吗？不是，可能由于狗和猫现在寿命更长了，因为它们在营养、预防和治疗疾病方面得到了更好的照顾，也有它们被引导着住在室内等方面的原因。但当动物寿命在增加时，它患有癌症、心脏病、肾脏疾病和内分泌疾病的风险也会随之增加。
- 虽然环境因素已被认为与癌症有关，但它们在统计上的差异似乎并不显著。这并不意味着在诊断个别病例时可以忽略它们，因为动物所处的环境可以给诊断提供重要的线索。
- 为什么要治疗患有癌症的动物？因为癌症有时可以被治愈或转变为一种慢性疾病。
- “我不想给我的宠物进行化疗……”许多宠物主人都了解过与动物化疗相关的负面信息,这导致他们从一开始就会拒绝这一选择。然而，有时化疗又是有必要的。目前化疗药物的种类以及它们之间的组合有很多种，有时可以通过额外的治疗将其不良反应降至最低。此外，可以根据病人和客户的需要对化疗方案进行量身定做。有些宠物需要住院治疗，有些则可以在家治疗。
- 一个很常见的问题是：我的宠物是否太老而不能接受治疗？要知道大多数患癌症的宠物都已经年龄大了。要告知宠物主人，重要的是宠物的总体健康状况，而不是它的年龄。

兽医提出的基本问题

是等待观察肿瘤的进一步发展情况更好，还是立即采取行动更好？在诊断和治疗方面，观望的方法可能起到阻碍而不是帮助的作用。因为肿瘤会持续生长，生长到无法进行手术，或者会进一步扩散，变得无法治愈。

首要选择以治愈为目的的治疗方法。在这个阶段，迅速而恰当的治疗方法是尤为重要的，这样的机会一旦错过可能不会再出现。

是选择通过穿刺活检进行细胞学检查更好，还是完全切除肿瘤更好？这种情况下，选择一种方法并不意味着排除另外一种方法。如果我们可以通过细胞学研究确定肿瘤的类型，我们将能够相应地制定计划和选择最合适的手术治疗方法。

我们是应该将切除的肿瘤样本送到实验室进行检查还是相信手术切除就已经足够了？在这一点上，我们认为肿瘤样本应该送至实验室进行检查更为合适，而且我们还应该考虑是否需要进行尽可能多的手术，以确保充分的切除和足够的安全边界。我们能够获得更多与肿瘤相关的资料，对我们进行治疗越有利。

副肿瘤综合征

简介

副肿瘤综合征指的是癌症动物身体不同部位的结构和功能可能发生的各种综合征。这些改变通常被认为是恶性肿瘤的迹象 (López and Cervantes,2016) ，并且不管肿瘤生长在什么部位都可能对其他器官或系统造成影响。

大多数副肿瘤综合征症状要么与肿瘤同时出现（同步表现），要么在肿瘤形成之后表现出来（异步表现）。

然而，它们也可以在肿瘤被诊断出来之前就出现，识别它们对于肿瘤早期诊断是至关重要的。然而，识别这些标志物可能是复杂的，需要多学科团队的共同参与。当疾病过程中出现副肿瘤表现时，临床监测和检测某些蛋白质和抗体的水平有助于监测疾病进展。在某些情况下,治疗这些表现与治疗肿瘤本身一样重要。

肿瘤细胞中的细胞调节和稳态机制发生改变，有利于产生多种生物活性物质，如激素、具有激素功能的多肽、细胞因子和生长因子。随着时间的推移，这些物质能够诱导机体发生变化，并最终导致副肿瘤综合征。

副肿瘤综合征的病因和起源

副肿瘤综合征的常见原因：

- 由肿瘤产生的能够引起远处临床表现的物质，例如肛门囊顶泌腺腺癌中的甲状旁腺(PTH) 激素相关蛋白、淋巴瘤中的细胞因子(如粒细胞集落刺激因子)、肥大细胞肿瘤中的血管活性物质(如组胺)。
- 正常物质的减少或丢失（如肝脏肿瘤中的蛋白质）。
- 宿主对肿瘤的反应(如多发性骨髓瘤高球蛋白血症)。一般来说，肿瘤增生与可诱导宿主产生免疫反应的肿瘤新抗原的产生有关。

一些抗原和免疫反应的程度是正在进行的研究工作的重点。

副肿瘤综合征与肿瘤的早期诊断

副肿瘤症状的早期检测有助于癌症诊断，从而有助于更好地判断预后。因此，必须熟悉这些临床表现，特别是比较常见的临床表现。

副肿瘤症状通常是恶性肿瘤的第一个迹象，它们的存在比肿瘤本身更能使得临床过程变得复杂化。在肛囊顶泌腺腺癌或淋巴瘤中有 PTH 相关肽类物质出现就是这样的具体表现，因为这种肽类物质能够促进钙的转移和释放到血液中，由于血液中钙离子的水平高，会使得机体存在肾衰竭的风险。

许多副肿瘤症状随肿瘤消失。例如，切除睾丸肿瘤可以解决因雌激素分泌过多导致的骨髓发育不全所引起的贫血。

全身系统副肿瘤综合征

胃肠道症状

癌症恶病质综合征

癌症恶病质指的是营养良好的癌症患者出现的体重下降和总体消瘦等；而癌症厌食症指由于癌症引起的代谢改变而导致的食欲下降。这些相关的症状被统称为癌症厌食症 - 恶病质综合征。这种综合征导致机体出现营养不良，进而导致低蛋白血症、贫血和负氮平衡。这些新陈代谢的改变是在明显的体重减轻之前出现。厌食症、体重减轻和肌肉无力逐渐汇聚在一起，形成一个不容易打破的恶性循环（图 5）。

提供美味、易于消化的低碳水化合物、高脂肪和 Ω-3 脂肪酸的食物是任何癌症治疗方法的重要组成部分。

一般身体状况对肿瘤患者来说是一个非常重要的预后因素，几项研究均发现较长的生存时间与良好的身体健康有关。

低蛋白血症

癌症患者血清蛋白水平异常低可能是由于肝功能下降导致蛋白质合成不足、癌症引起厌食 - 恶病质综合征导致的食物摄入量低或蛋白质丢失等引起的。

胃肠道溃疡

由肿瘤（如肥大细胞肿瘤）分泌产生的活性物质（组胺）持续过度刺激 H2 受体，导致胃分泌物增加和胃十二指肠黏膜改变，进而导致溃疡、出血、贫血、不适、呕吐和厌食（图 6）。

内分泌症状

高钙血症

癌症是导致狗高钙血症最常见的原因（Bergman，2013）。可能导致高钙血症的最常见肿瘤有：

- 淋巴瘤（图 7）；
- 肛门囊顶泌腺腺癌；
- 甲状腺癌；
- 恶性乳腺肿瘤；
- 原发性肺肿瘤；
- 其他（甲状旁腺瘤、淋巴细胞性白血病、黑色素瘤）。

当宠物检测出高钙血症时，重要的是要确定它是否由非肿瘤性疾病（如高脂血症）或血液疾病（如溶血）所引起。这在疾病的早期阶段可能是困难的，因为在副肿瘤综合征的早期阶段并不总是能够观察到过高的钙水平。

低血糖

引起狗低血糖最常见的原因是胰岛素瘤，但也可见于血管肉瘤、淋巴瘤、肝脏肿瘤、多发性骨髓瘤、肾脏肿瘤、乳腺肿瘤、黑色素瘤、唾液腺肿瘤等。

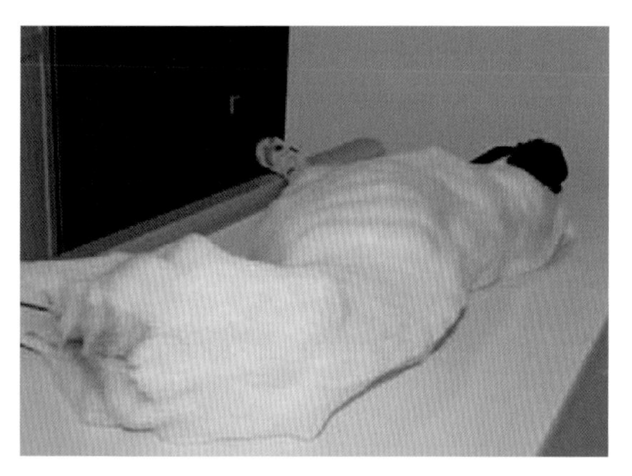

图 5　一个诊断为晚期肥大细胞瘤的老年患犬存在明显的癌症恶病质

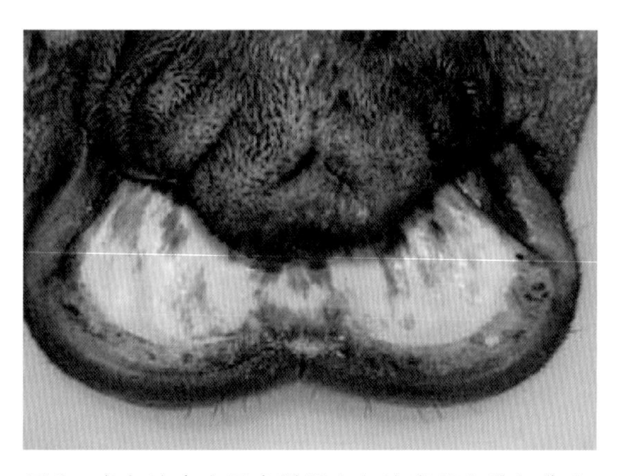

图 6　老年沙皮犬因患胃肥大细胞瘤呕血引起贫血可见口腔黏膜苍白

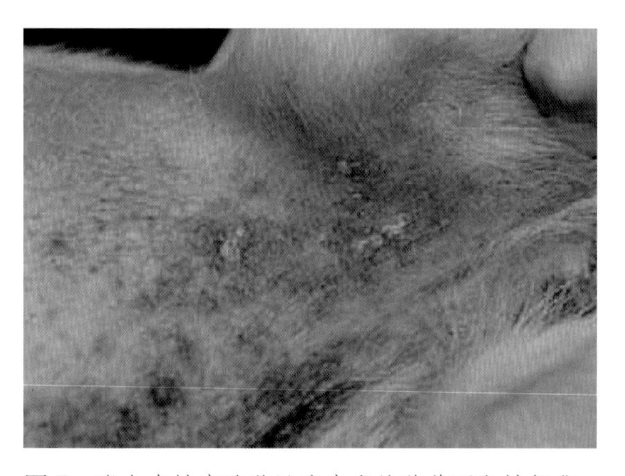

图 7　嗜上皮性皮肤淋巴瘤患犬的营养不良性钙化

异常激素的产生

某些癌症，如原发性肺癌，可能与异位促肾上腺皮质激素（ACTH）的产生相关。这被称为异位库欣综合征。甲状旁腺激素相关肽的增加也可以被认为是异常的（图 8）。

与甲状旁腺激素相关蛋白有关的高钙血症

对于怀疑高钙血症病例，可以比较甲状旁腺激素和甲状旁腺激素相关蛋白水平来帮助诊断。甲状旁腺功能亢进患者的甲状旁腺激素水平会升高，而因肿瘤导致的高钙血症患者的甲状旁腺激素水平则正常。

与甲状旁腺激素无关的高钙血症

在老年患者高钙血症的鉴别诊断中，必须考虑因肿瘤继发的骨转移和骨溶解。

如何治疗高钙血症

毫无疑问，最好的治疗方法是治疗引起高钙血症的肿瘤。然而，当钙含量高到危及生命时，就需要紧急治疗。这包括：

- 生理盐水静脉输液治疗；
- 适当剂量的呋塞米可防止过度水合并有利于钙的消除；
- 确诊后使用泼尼松；
- 对上述治疗无效的严重病例：
- 帕米膦酸盐 (1 ~ 1.5mg/kg，静脉注射每 21 天 1 次）；
- 降钙素。

图 8　肾上腺肿瘤患犬鼻子背面色素沉着

血液学表现

高球蛋白血症

高球蛋白血症是指肿瘤产生过多的 γ 球蛋白。它发生在多发性骨髓瘤、淋巴瘤和浆细胞瘤等肿瘤中。 它会产生一种特异性且必须使用克隆性测试来识别的丙种球蛋白病。单克隆丙种球蛋白病预示着恶性肿瘤，而多克隆球蛋白病则预示着炎症反应。

其他与血细胞相关的副肿瘤综合征包括：

- 淋巴瘤和白血病中的血小板减少和弥散性血管内凝血；
- 肾肿瘤中的红细胞增多症；
- 鳞状细胞肺癌和真皮腺癌中的中性白细胞增多。

贫血

贫血是癌症患病动物非常常见的血液疾病。它有不同的表现形式：

- **因慢性疾病引起的贫血。**这通常与肝脏中的铁储存、红细胞半衰期缩短以及骨髓产生这些细胞的减少有关。.
- **免疫介导性溶血性贫血。**这与抗红细胞抗体的存在有关。例如，它会发生在猫淋巴瘤中。
- **因出血引起的贫血。**由大量出血引起的血腹在狗中很常见。大多数病例是由于脾血管肉瘤破裂所致。
- **因促红细胞生成素水平降低引起的贫血。**这是由原发性或转移性肾肿瘤引起的。
- **因激素性骨髓抑制引起的贫血。**这也是一种慢性疾病引起的贫血。有时因睾丸或卵巢肿瘤导致的动物体内雌激素异常升高可能导致严重的、不可逆的贫血。

嗜酸性粒细胞增多症是猫的一种副肿瘤血液学表现。猫嗜酸性粒细胞增多可由淋巴瘤、肉瘤、鳞状细胞癌和肥大细胞瘤等肿瘤引起。这种副肿瘤症状是由肿瘤产生粒细胞 - 巨噬细胞集落刺激因子和其他细胞因子（白细胞介素 3 和白细胞介素 5）引起的。一旦排除了导致嗜酸性粒细胞增多的其他原因(过敏、寄生虫感染、嗜酸性粒细胞增多综合征和嗜酸性粒细胞白血病），就必须考虑肿瘤的可能性。

影响皮肤的主要副肿瘤综合征

脱毛、干性脂溢症（头皮屑）

脱毛和头皮屑可能是猫患癌症的迹象。这两种情况都与可导致低蛋白血症和维生素缺乏症的消化系统肿瘤有关，例如肝细胞癌、胰腺肿瘤、胆管肿瘤。

它们还与能够阻止猫正常进食的口腔肿瘤（如鳞状细胞癌）有关（图 9）。

猫副肿瘤性脱毛

猫副肿瘤性脱毛很少见。它在老年猫中更为常见，并且与胰腺癌、胆管癌、肝细胞癌和肠癌等特定肿瘤的发生有关。

它的特征是在腹部腹面、大腿内侧和会阴区域脱毛。它也可以影响猫的爪垫，但必须与一些患有原发性肺肿瘤的老年猫发生手指转移的情况区分开。此外，马拉色菌的继发感染导致过度舔舐可以部分解释进一步脱毛的原因。

急性对称性脱毛在老年猫中并没有明确的原因，应该怀疑潜在的肿瘤情况，并把腹部超声检查作为初步诊断步骤。

雌激素过多症和皮肤损伤

雌激素过多的肿瘤的主要体征是脱毛、色素沉着过度和不同程度的骨髓抑制或再生障碍性贫血（图 10）。

睾丸肿瘤、囊肿和卵巢肿瘤导致的雌激素增加引起的副肿瘤性脱毛是由于毛发在生长期受到抑制。

与雌性化迹象（雄性）和血液学变化相关的色素沉着过度可能会在会阴部、腹股沟和生殖器区域局部或弥漫性(如黑色素斑)发生(Turek，2003）。这些色素变化常常是肿瘤引起的雌激素过多症的重要警告标志（图 11）。

猫胸腺瘤相关的剥脱性皮炎

与胸腺瘤有关的剥脱性皮炎在猫身上并不常见。其特征为多形红斑，可能起源于自身免疫。它可以在短时间内影响整个身体。与其他弥漫性皮肤疾病一样，马拉色菌引起的继发性病变可使初诊复杂化。

剥脱性皮炎也可能伴有呼吸道症状，这时需要进行全面的胸部检查来排除胸腺瘤。然而，在大多数情况下，皮肤病变往往是唯一的临床症状（Outerbridge，2013）。

结节性皮肤纤维化

结节性皮肤纤维化的特征是真皮内出现多个大小不一、坚固、不易移动的皮肤结节。早期的研究报告表明好发于德国牧羊犬，但最近的报告表明它可以发生在任何品种中。结节性皮肤纤维化与雌性动物的肾肿瘤（囊腺瘤和囊腺癌）和子宫平滑肌瘤有关。

在同一家族成员中检测到结节性皮肤纤维化表明它为常染色体显性遗传。

结节多见于四肢远端，在许多情况下会引起不同程度的跛行。然而，它们也可以出现在身体的任何部位。

副肿瘤性天疱疮

副肿瘤性天疱疮是一种罕见的副肿瘤性症状。其特点是在黏膜与关节皮肤和毛发稀疏的皮肤区域出现结痂、溃疡和水疱性病变。这些病变与一般性天疱疮相似，因此有必要进行严格的鉴别诊断。

副肿瘤性天疱疮与胸腺淋巴瘤和脾肉瘤等肿瘤有关。

组织病理学检查结果与常见天疱疮产生的自身免疫反应的结果相似，表明免疫反应特征相同，确诊了副肿瘤性天疱疮。

迁移性坏死性红斑

迁移性坏死性红斑，也称为浅表性坏死性皮炎、代谢性表皮坏死或肝皮肤综合征（Medleau and Hnilica，2007），是一种与胰腺肿瘤过度分泌胰高血糖素有关的罕见疾病。它也出现在氨基酸生成显著减少的慢性肝病病例中。

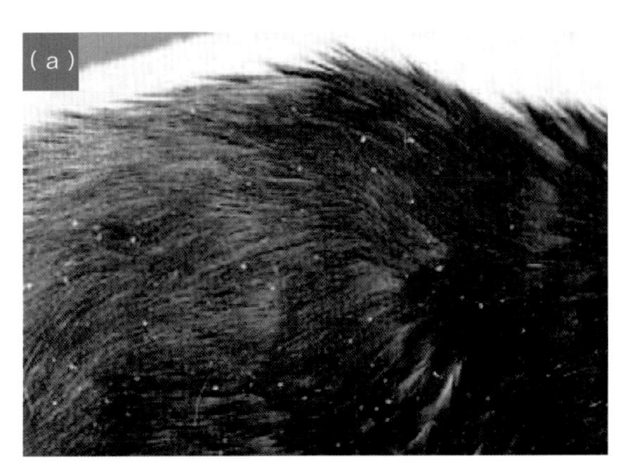

图 9　患有口腔鳞状细胞癌的猫有大量皮屑（a）、细节（b）

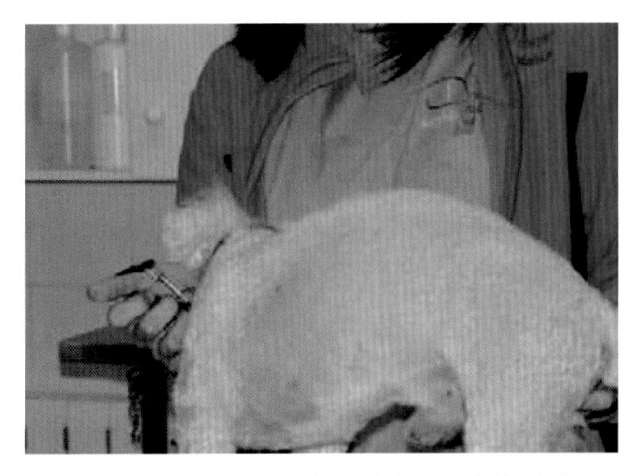

图 10　雄性动物睾丸肿瘤导致的雌激素性脱毛

标志性病变是鳞屑、结痂和溃疡、双侧对称红斑以及取决于继发感染严重程度而不同强度的瘙痒。通常在爪垫和口腔黏膜皮肤处也能够观察到典型损伤，尽管它们可以影响身体的任何部位，包括耳朵、腹部和外生殖器。

猫肺指综合征

猫肺指综合征的特征是存在由原发性肺肿瘤（主要是支气管腺癌）转移的结节性病变（Thrift et al.,2017）（图 12）。

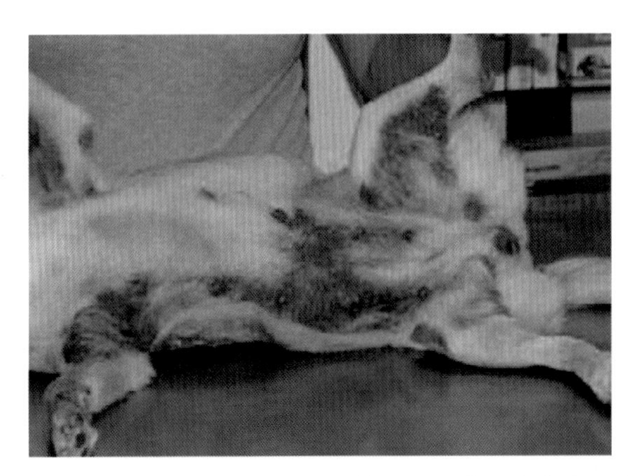

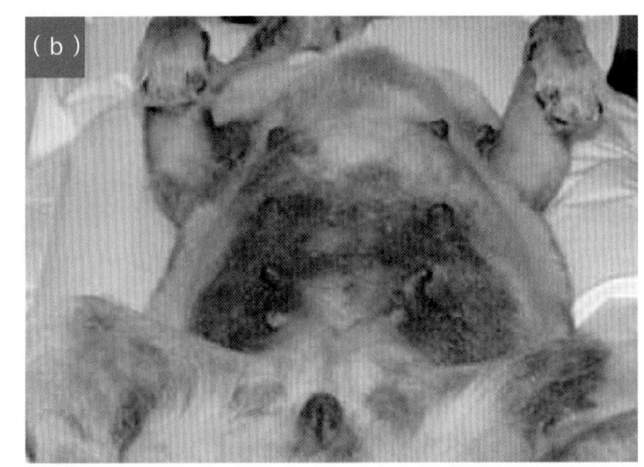

图 11　卵巢肿瘤引起的雌激素过多症患犬的黄斑黑变病。腹侧区域（b）

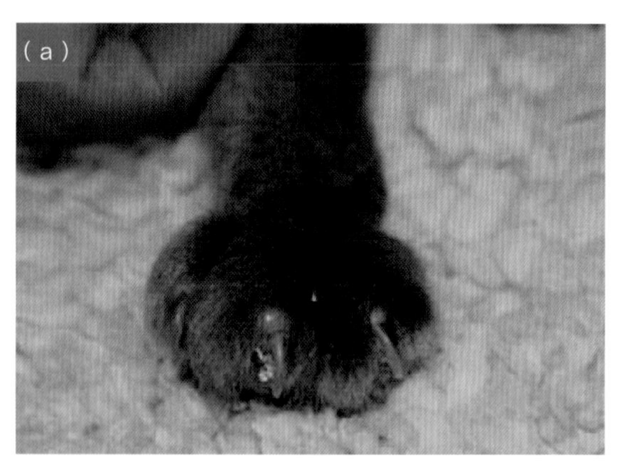

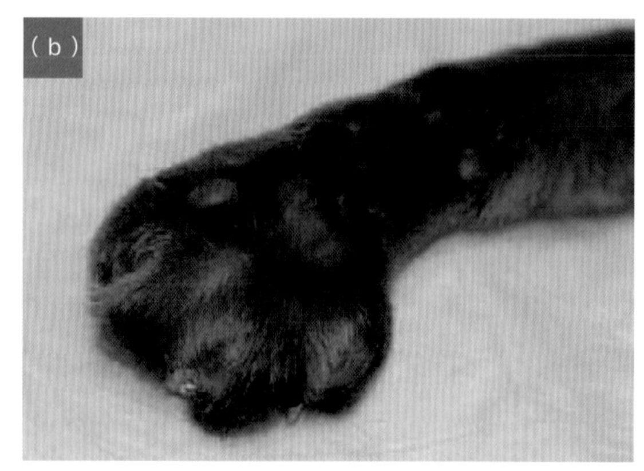

图 12 猫肺指综合征的特征性指损伤（a）、手掌区域 (b)

原发性肺肿瘤在猫身上不常见（在所有被诊断的癌症中 <1%），但从其他肿瘤转移很常见。肺指综合征主要影响老年猫（平均年龄为12岁，年龄范围为 2 ~ 20 岁），并且对性别或年龄没有特别的偏好（Abbo, 2016）。

病变部位通常疼痛、坚硬、红斑，并含有化脓性区域，初步检查容易将其与原发性足跖皮炎相混淆。

X 射线显示远端指骨的骨溶解区域已跨关节波及到第二节指骨。也有明显的软组织炎症。胸部 X 光片可看到肺部肿瘤肿块（图 13 和图 14）。

临床检查时呼吸道体征不明显，几种病变主要影响四肢。

指端病变由原发肿瘤的动脉栓塞引起，多见于远端指骨和前肢。

没有特定的治疗方法，因此需要进行旨在控制受影响区域疼痛和皮肤感染的姑息治疗。

其他表现

其他副肿瘤综合征可能出现在癌症的病程中，这对早期诊断和预后有非常重要的作用。它们包括：

- **肾小球肾炎。**见于淋巴细胞性白血病、多发性骨髓瘤、真性红细胞增多症等。
- **重症肌无力。**见于骨肉瘤、胸腺瘤、胆管癌和其他肿瘤。
- **黄疸。**通常发生在影响肠系膜根部淋巴结的阻塞性疾病中（图 15）。
- **神经病。**见于胰岛素瘤及其他腹部和胸部肿瘤（图 16）。
- **肥大性骨病。**以长骨骨膜出现异常、骨增生为特征。它更常发于原发性肺肿瘤、膀胱肿瘤、食道肿瘤和转移性肿瘤。另一种与肥大性骨病类似的情况可继发于炎症性肺病，例如由犬毛丝虫、狼尾丝虫和细菌性心内膜炎引起的疾病（Withers et al.,2013）。
- **发热。**发生在多种肿瘤中。

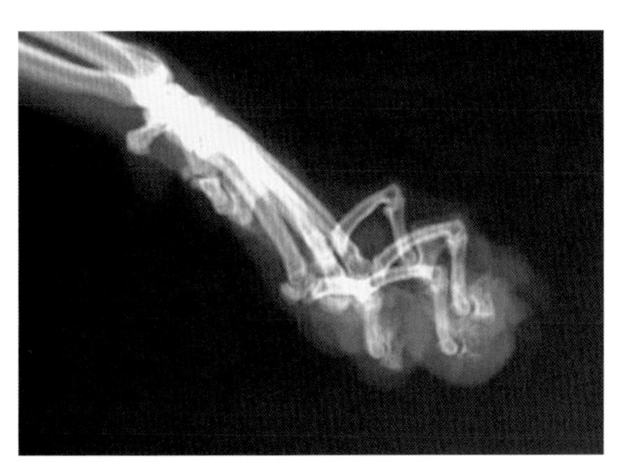

图 13　受猫肺指综合征影响的肢体 X 光片

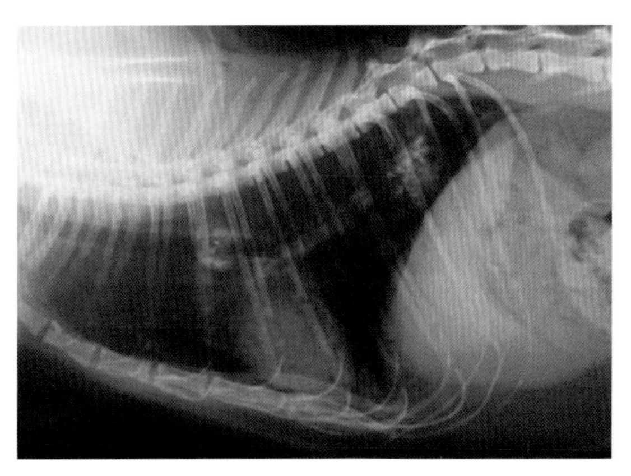

图 14　与猫肺指综合征相关的胸内肿瘤的 X 光片

图 15　猫肠淋巴瘤伴压迫性、梗阻性肿块的黄疸

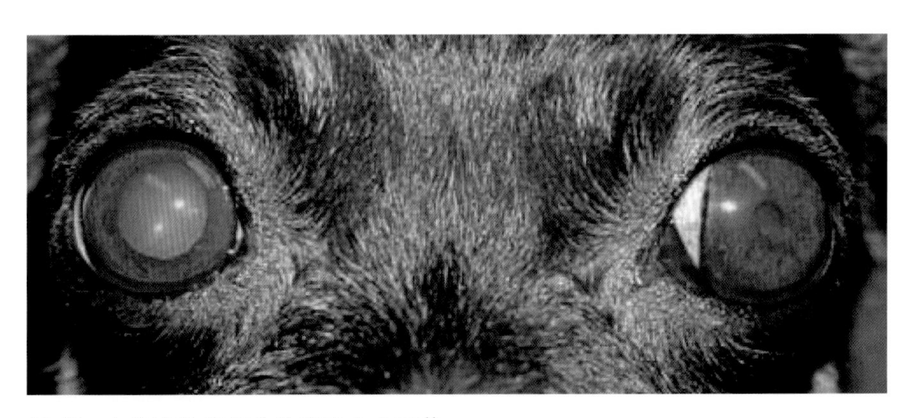

图 16　与胸廓肿瘤相关的瞳孔大小不等

02

老年动物
最常见的肿瘤

皮肤肿瘤

简介

皮肤是一道保护屏障，它能保护身体免受感染、维持体内平衡、调节体温。它是抵御外来侵略者的第一道防线。它还侧面反映了身体内部的变化，因此皮肤外观的任何变化都可能是局部或系统出现问题的第一个迹象。

皮肤副肿瘤综合征是体内肿瘤疾病的皮肤病学标志物，在动物皮肤变化的鉴别诊断中应始终考虑到这一点。脱毛、雄性动物雌性化，以及全身结节、斑块，或营养不良性钙化区域的出现都可能是内部肿瘤的远处症状，需要进行比正常情况更彻底的诊断检查。

例如，由于肾上腺肿瘤导致的血液中皮质醇水平过高，可以通过如不对称脱发、下垂的包皮、肌肉萎缩、脆弱的皮肤、色素沉着、皮肤钙质沉着等明显的皮肤变化表现出来。

虽然在面对局部或广泛的皮肤变化时考虑皮肤肿瘤的可能性很重要，但同样重要的是不能忽视肿瘤周边或更远区域发生的其他相关病变表现。

一般来说，恶性肿瘤的特点是突然发作，一种快速、非特异性的生长模式，侵犯局部组织并固定于邻近组织。它们常在没有被完全切除的病例中复发，并具有转移的能力，这是恶性肿瘤最显著和最重要的特征。上述所有特征都应引起是恶性肿瘤的怀疑，但只有通过组织学才能做出确切的诊断。

皮肤肿瘤的发病率

大约 25% ~ 30% 的犬肿瘤和 20% 的猫肿瘤会影响皮肤或皮肤附件。

犬的肿瘤发病率是猫的 6 倍，如果仅指皮肤肿瘤，则高达 8 倍（Moulton,1990;Priester,1973;Theilen et al.,1987;Withrow and MacEwen,2012）。正如研究表明的那样，在过去的几十年里，总体而言，犬的肿瘤发病率，尤其是皮肤肿瘤的发病率高于猫，只有一个例外：注射部位肉瘤（Del Castillo and Ruano, 2017）。这些结果是否会随着未来养猫养狗人数的增加而改变，是值得商榷的，也值得进一步调查。

Pakhrin 等（2007）在一项对犬类活检标本的研究中发现，2952 个标本中有 748 个 (25.34%) 对应于皮肤肿瘤。他们确定了 38 种不同的类型，并将其分类如下：

- **上皮和黑素细胞肿瘤，56.95 %；**
- **间质肿瘤，38.90 %；**
- **造血系统肿瘤，4.14 %。**

总体而言，69.25% 的皮肤肿瘤为良性，30.75% 为恶性。最常见的肿瘤有：

- **表皮和滤泡囊肿，12.70 %。**
- **脂肪瘤，11.36 %；**
- **肥大细胞瘤，8.82 %。**
- **组织细胞瘤，7.49 %。**
- **基底细胞瘤，6.82 %。**
- **皮脂腺腺瘤，6.68 %。**
- **皮脂腺增生，5.08 %。**
- **类肝腺瘤，3.61 %。**
- **顶浆分泌腺腺癌，3.07 %；**
- **纤维瘤，2.81 %。**

患这 10 种肿瘤的犬年龄范围从 2 月龄至 19 岁（平均 8.3 岁）。其他学者报道的年龄范围为 6 ~ 14 岁，其中，犬的平均年龄为 10.5 岁，猫的为 12 岁。不管文献中报道的数字如何不同，很明显皮肤肿瘤主要影响老年动物。

并非所有老年动物的皮肤肿瘤都会变成恶性肿瘤。在许多情况下，它们只是与年龄相关的变化，与皮肤不同成分的反应降低有关。例如皮肤失去弹性或光泽、鼻部过度角质化、修复能力丧失以及皮肤结节的发展与生长（图 1 ~ 图 3）。

虽然皮肤乳头状瘤和毛发上皮瘤是良性的，但也不能仅仅是简单的观察与等待医疗 (图 4 ~ 图 8)。

根据一个多元回归模型，发展成为恶性皮肤肿瘤的概率与年龄增加呈线性相关，每年的倍增系数为 1.1。最后，皮肤肿瘤似乎在母犬（56%vs44% 雄性）和公猫（56%vs44% 雌性）更常发（Scott et al., 2002）。

病因学

在动物和人类中，过度暴露于电离辐射或紫外线与恶性皮肤肿瘤的发展之间的关系均已得到证实。例如，在户外生活或大量时间在户外生活的浅色皮毛猫患鳞状细胞癌的风险就会增加（图 9 和图 10）。

慢性炎症和免疫状态也是皮肤肿瘤发展的决定因素。研究表明，防御系统兴奋剂咪喹莫特可以通过增强免疫反应来降低乳头瘤的病毒载量和大小。同样，有许多关于未经治疗的年轻动物组织细胞瘤自发消退的报道 (Withrow and MacEwen, 2012) (图 11)。

关于如何利用个体免疫反应来解决多种类型的恶性肿瘤的研究正在出现令人鼓舞的结果。治疗黑色素瘤等皮肤肿瘤的目标是使用高度免疫原性的肿瘤特异性物质，帮助动物的免疫系统对抗肿瘤。单克隆抗体则是这种新型免疫治疗方法的重要组成部分。

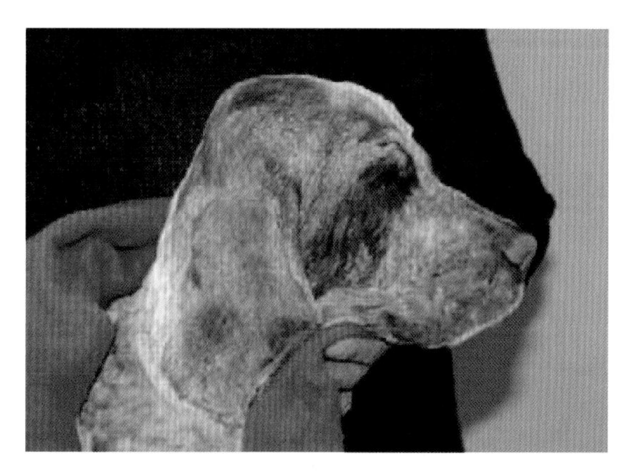

图 1　老年犬面部侧面图，显示皱纹、苍白、被毛无光泽伴有脱毛区域。还要注意皮下脂肪的缺乏

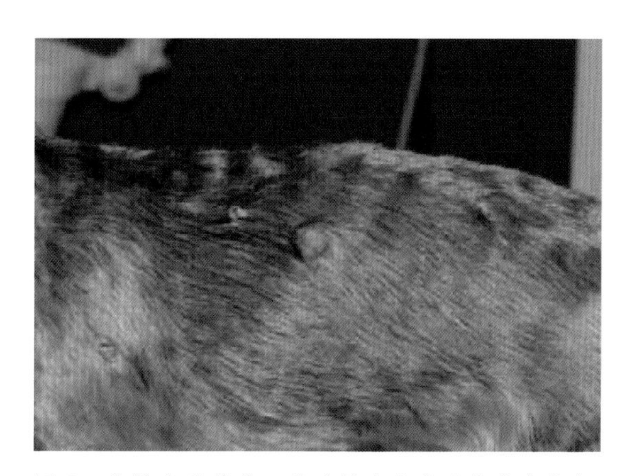

图 2　良性皮肤结节、乳头状瘤和皮肤角化在老年患病动物中很常见

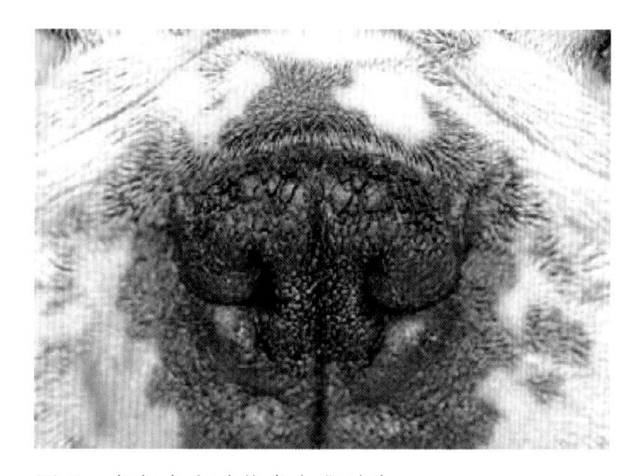

图 3　老年患病动物鼻角化过度

太阳辐射、敏感皮肤和皮肤癌

与人类一样，过度或长时间暴露在紫外线下也是犬、猫和其他动物发生鳞状细胞癌的一个决定性因素 (Méndez et al.,1997)。紫外线的 UVB 部分会在皮肤中引起最大的光生物学反应，尽管很有可能是 UVA 部分紫外线能够使皮肤敏感，从而增加 UVB 紫外线的损伤。

虽然也有一些例外，但动物通常比人类有更好的天然防御紫外线辐射的能力（例如皮毛 / 毛发、色素沉着和更厚的角质层）。

皮肤病变转化为恶性肿瘤的过程中可能会经历不同的变化阶段。这些变化构成了能够有助于对鳞状细胞癌进行早期诊断的非常有用的副肿瘤症状。以下是与阳光暴晒相关的不同皮肤综合征 (Lima and Ordeix, 2018):

- 日光性皮炎。毛发稀疏或没有毛发部位皮肤长期日晒的最初反应。最常见的病变是红斑、脱屑、失去弹性的皮肤（纸板样皮肤），和容易变为慢性的小结痂。这些病变可发展为日光性角化病，或者在随后的步骤中发展成为原位鳞状细胞癌。
- 光线性角化病。这是易感个体长期暴露于太阳紫外线辐射的结果。该阶段的临床特征是病变部位有明显的角化细胞增生，使病变部位看起来像坚固、隆起、界限分明的斑块。病变部位可以表现为单个斑块，也可以表现为在胸部或者腹部大面积的斑块。它们有时被称为光化斑，其特征是皮肤的轻度色素沉着（敏感）区域和正常色素沉着的皮肤区域之间的突然转变。它们可以原位发展为鳞状细胞癌。
- 原位癌。表皮角化细胞首先发生肿瘤改变，基底膜和真皮则被保留。这是第一个表明肿瘤将在下一阶段发展为浸润性鳞状细胞癌的组织学标志。
- 鳞状细胞癌。局部浸润阶段在晚期很容易被识别。它偶尔会引起转移。

对紫外线敏感的患病动物的主要特征，除了倾向于将腹部和胸部等脆弱部位暴露在阳光下外，还有毛发短、后天性脱发和丧失色素沉着（皮肤变白、白化病、白癜风）。白毛犬种或有明显色素减退迹象的犬更容易患上与紫外线辐射有关的疾病。例如斗牛梗、阿根廷杜戈斯、斑点狗、斯塔福德郡梗及其混种。最后，光生物反应主要影响以下解剖部位：腹部、大腿内侧、鼻区、眼睑、四肢和无色素的黏膜。

图 4　老年患犬上眼睑皮肤乳头状瘤

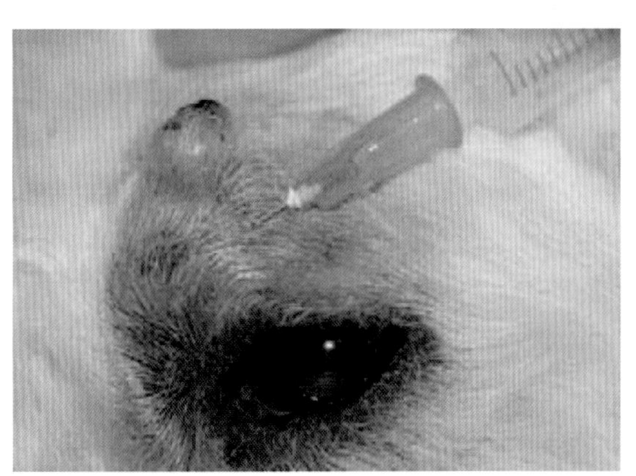

图 5　皮肤乳头状瘤通常不切除，除非它们变成溃疡或引起动物不适。局部麻醉进行干预

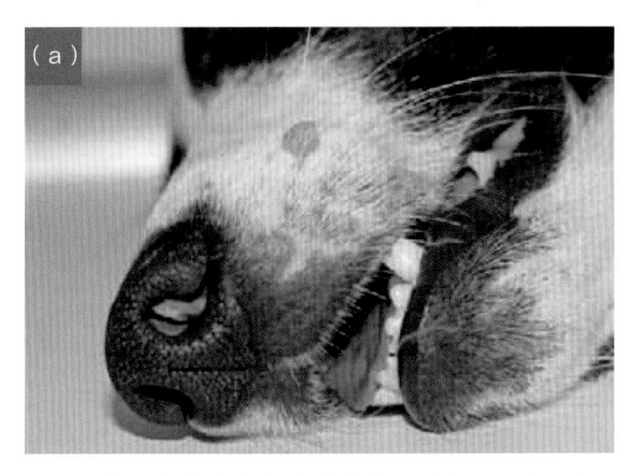

图 6　老年患犬鼻部皮肤乳头状瘤 (a)，细节 (b)

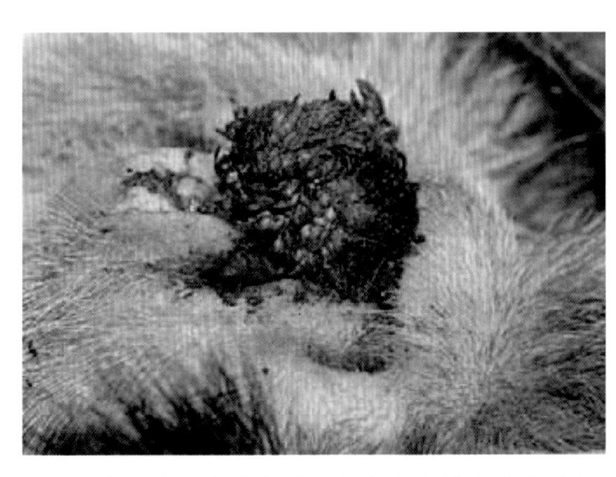

图 7　外耳道乳头状瘤对于宠物和宠物主人来说都是相当令人不安的

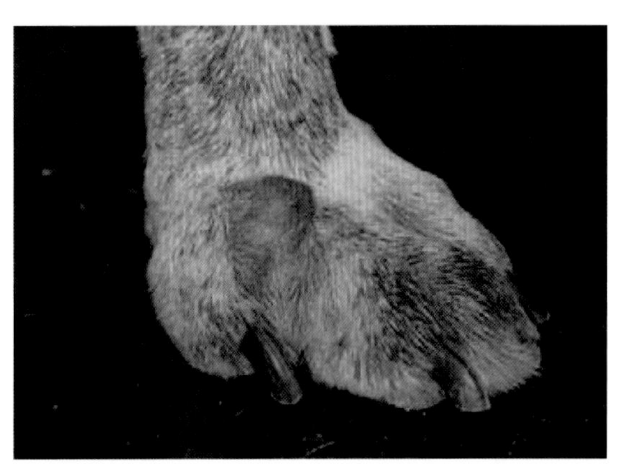

图 8　与患犬无临床相关性的指间毛上皮瘤

病毒也是某些皮肤肿瘤的重要病原体 (Scott et al., 2002)。例如，乳头瘤病毒已被确定为能够与紫外线辐射相互作用导致鳞状细胞癌的辅助因子。

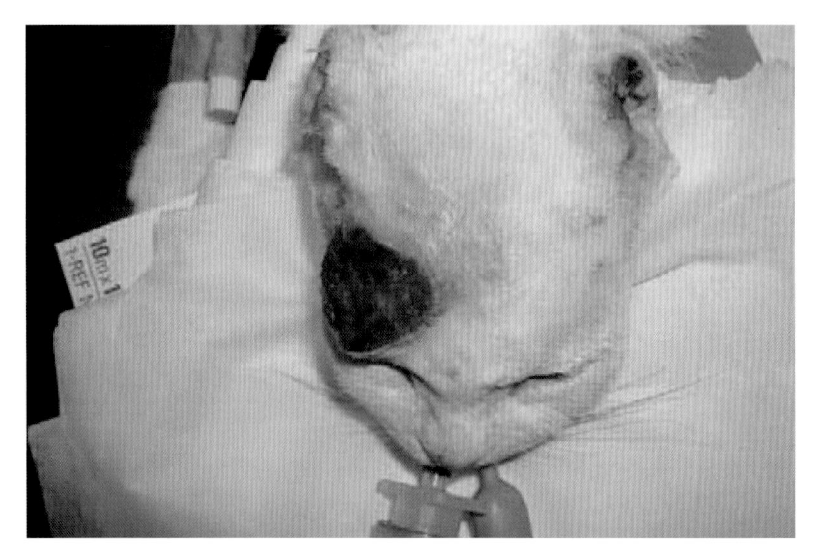

图 9　白猫头背部的鳞状细胞癌

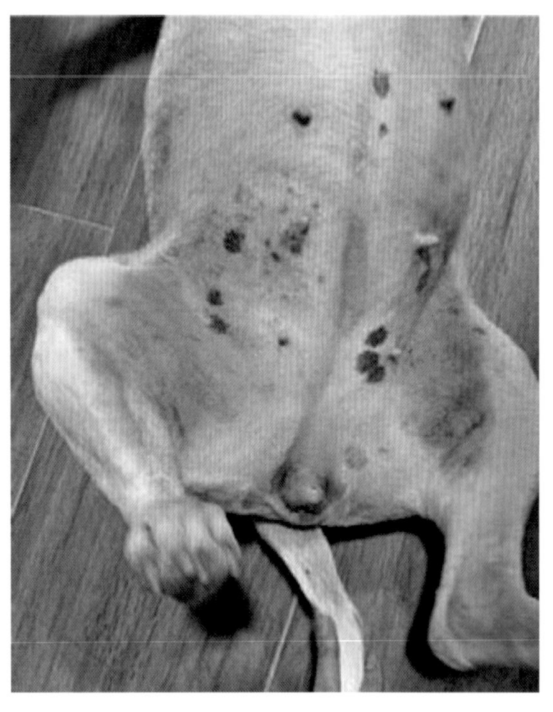

图 10　一个特别敏感的品种（白色牛头梗）大腿内侧的日光性皮炎

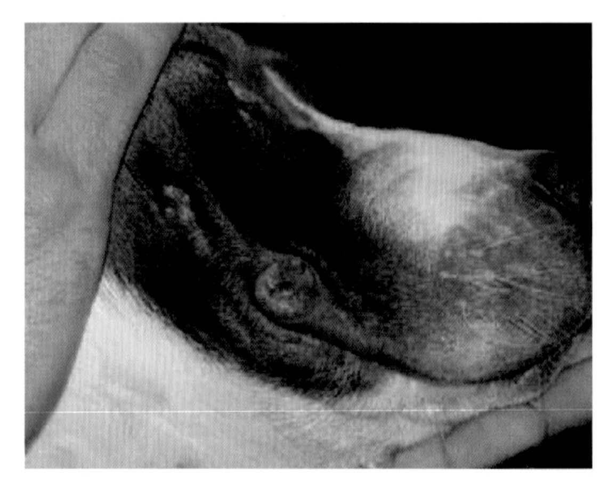

图 11　面部组织细胞瘤

皮肤肿瘤的评估

评估皮肤肿瘤的第一步是判断其特性。这需要对宠物进行全面的体格检查以及对宠物主人进行询问，以确定肿瘤的生长速度，并检查它们是否发生可见的明显变化，例如肿瘤大小的增加、操作过程中变红或其他例如抓伤或出血等临床症状。

虽然应特别注意肿瘤区域附近的淋巴结，但应检查所有可触及、可探查的淋巴结。

可触及和可探查的淋巴结

可触及淋巴结是指在正常情况下或发炎时，在特定解剖区域内可触及的所有淋巴结。相比之下，可探查性淋巴结则是指只有在受到炎症、感染或肿瘤影响时才会明显的淋巴结。

如果肿瘤是可触及的，在决定做任何手术之前，应该对其进行活检和细胞学检查。

细胞学检查

细胞学检查能够为指导治疗方法和确定预后提供关键信息，它是独立于外科手术并且由训练有素的专业人员根据病变组织的切除或切口活检情况进行的病理诊断。

细胞学检查能够成功作为一种诊断手段在很大程度上取决于所涉及肿瘤组织的类型。上皮细胞和圆形细胞比间充质细胞更容易识别，因为它们更容易脱落并且数量更多。

Ghisleni 等 (2006) 在评估犬猫皮肤肿瘤时研究了细针抽吸观察的细胞变化与组织病理学的相关性，并报道了以下细胞学检查结果：

- 敏感性，89.3%；
- 特异性，97.9%；
- 正面的预测结果，99.4%；
- 负面的预测结果，68.7 %。

犬和猫皮肤和软组织样本中非剥落性细胞学诊断的可靠性通常很好，因为该检测能够区分炎症性（反应性）疾病和肿瘤性疾病，并且明确区分良性和恶性肿瘤方面的能力普遍较好 (Rollón and Martínde las Mulas, 2004)（图 12)。

活组织检查

活组织检查是指导治疗的重要方法，因为它可以提供有关肿瘤扩展、分级、侵袭性和手术边缘的关键信息。对活检标本上使用分子分析技术可以提供使用传统组织病理学技术难以弄清的有关组织起源和特征的精确信息。

活组织检查预处理可以为根据组织病理学诊断出来的皮肤肿瘤，在选择不同的治疗方法时提供关键的参考信息。例如，尽管对皮肤淋巴瘤多采用化疗的治疗方法，而对纤维肉瘤采取的最初治疗方法则是广泛切除肿瘤组织 (Ryan et al., 2012)。组织学亚型的判定也可以帮助确定所需手术需要切除的边缘大小。例如，高级肥大细胞肿瘤需要广泛的手术切缘以防止复发。

分期

在收集所有必要的临床、细胞学和组织学数据后，应使用 TNM 系统对肿瘤进行分期。分期的目的是确定原发肿瘤的扩展和转移的存在。

描述肿瘤的外部特征很重要，例如肿瘤的大小、位置（头部、腹部、有或没有毛皮的区域、被毛类型……）、溃疡、出血、不规则边界、对压力的反应和色素沉着。虽然这些信息不能提供任何确凿的结果，但可以帮助建立一个初步的诊断和治疗计划（图 13）。

触诊可提供诸如大小、一致性和周围组织固定等有关特征的信息。对淋巴结进行触诊是肿瘤分期过程中的一个重要步骤，但应该记住，淋巴结的大小并不表明存在或不存在转移，也不能预测肿瘤行为。

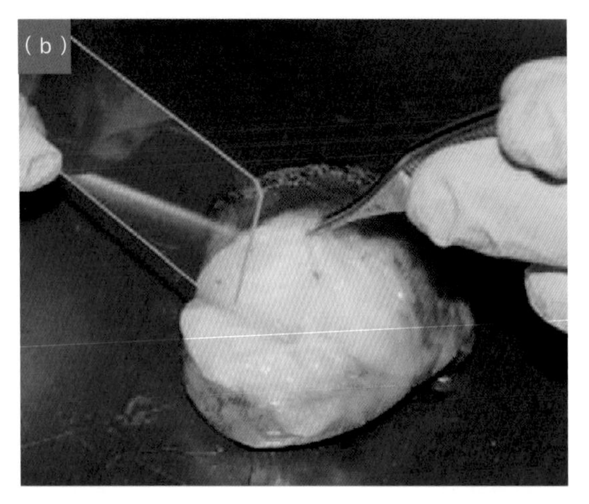

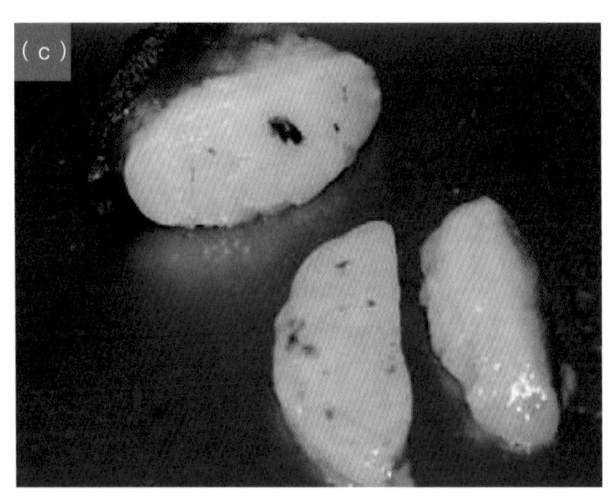

图 12 实验室样品的正确制备很重要。脂肪瘤的解剖（a），病灶细胞印片（b），便于组织固定的切片（c）

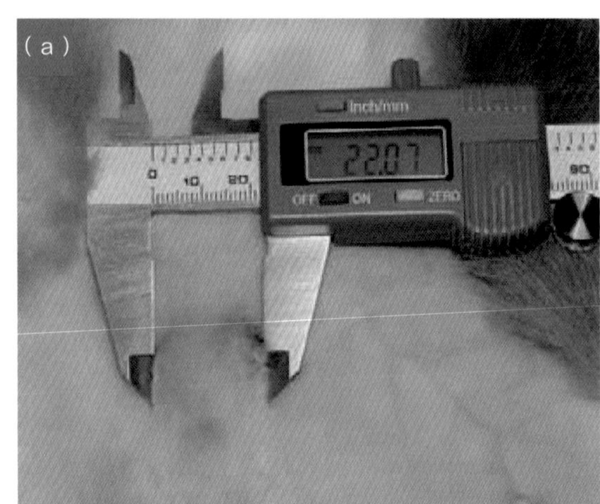

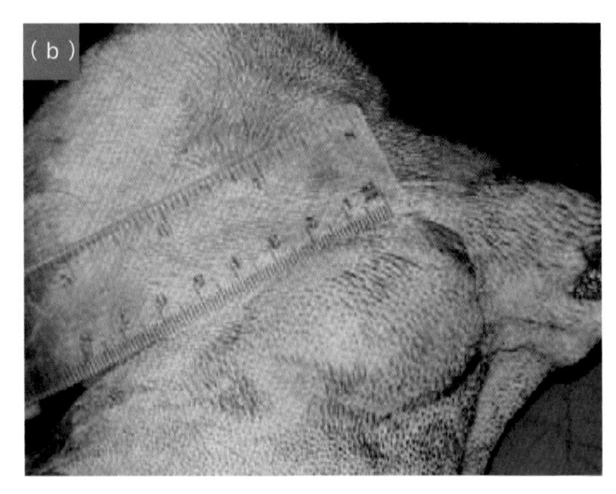

图 13 分期。肿瘤切除前的大小对于确定预后和指导治疗非常重要。可用游标卡尺测量（a）或用直尺测量（b）

转移性疾病是否存在必须通过区域淋巴结的穿孔 / 切开活检来确认，并根据可用性和经济性考虑进行影像学检查（计算机断层扫描、磁共振成像、X 线摄影或超声）。

影像可以提供有关肿瘤扩展（局部浸润）的信息，这有助于制定手术计划，特别是有助于判断肿瘤深部大小(图 14)。例如，对于累及胸壁的肉瘤，在手术切除时切口深度应该足够，至少包括一个筋膜面，但不能影响胸腔。

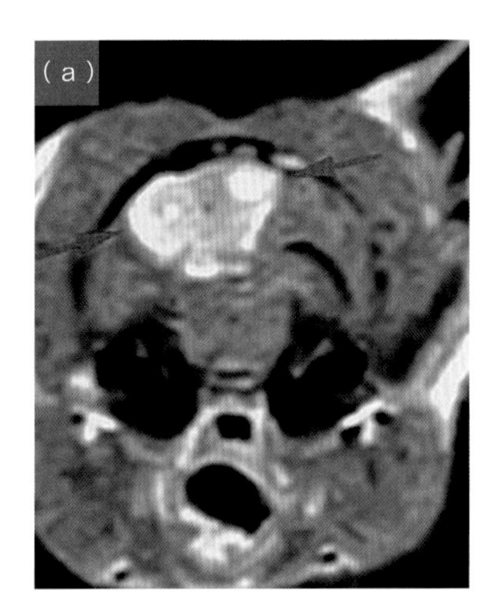

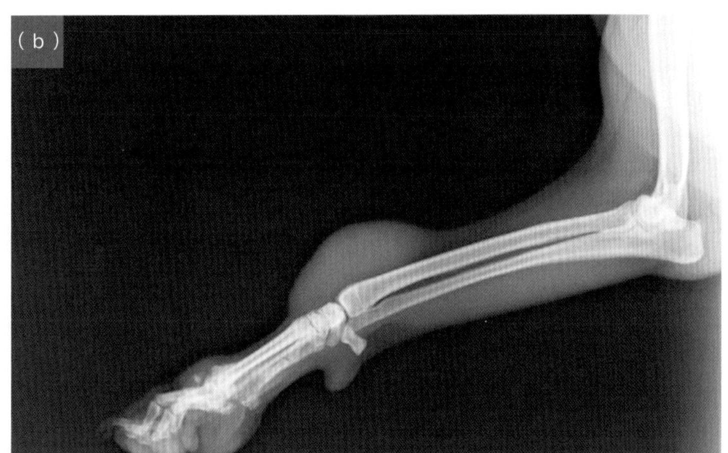

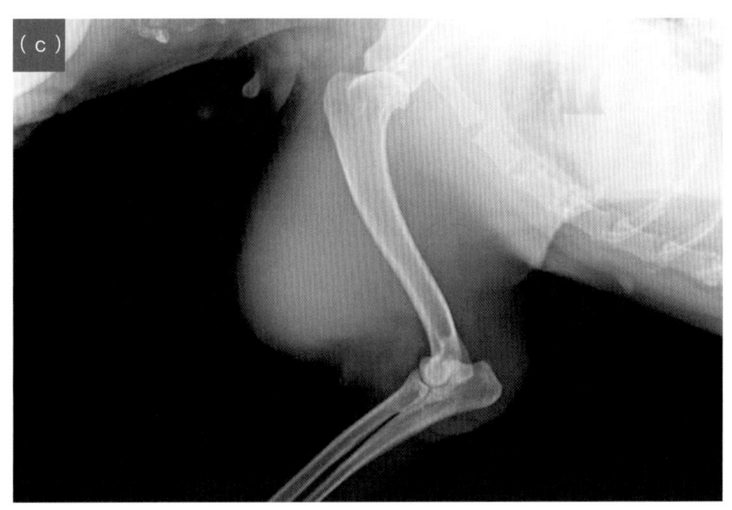

图 14　分期。计算机断层扫描对于在手术前确定肿瘤的扩展是必不可少的 (a)。X 线摄影在这方面也有帮助。通过细胞学诊断并在手术计划期间可视化的肥大细胞肿瘤 [(b) 和 (c)]

最常见的皮肤肿瘤

鳞状细胞癌

鳞状细胞癌 (SCC) 是一种起源于角化细胞的恶性肿瘤。它在犬和猫中都很常见，并主要影响易感皮肤的阳光照射部位。

日光性皮炎病变被认为是鳞状细胞癌的前兆。

乳头瘤病毒感染常被认为具有产生肿瘤前体的作用，因为在许多鳞状细胞癌中已检测到该病毒的结构抗原。

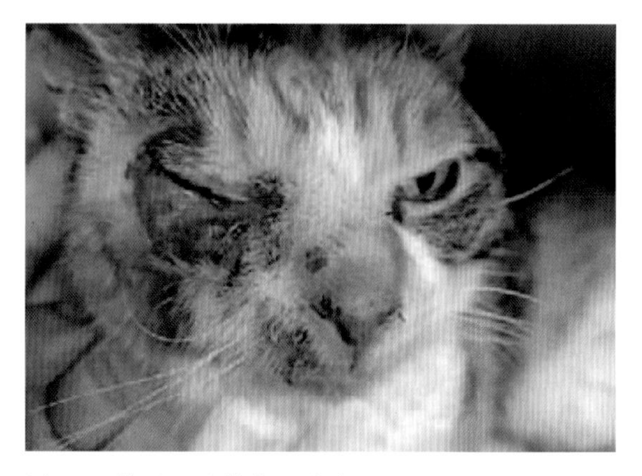

图 15　猫下眼睑鳞状细胞癌

犬 SCC 的平均发病年龄为 9 岁。SCC 很少影响幼犬。它对雄性或雌性没有发病偏好，虽然它在某些品种中更为普遍，但它可以影响所有种类的犬和猫，包括混合品种。

临床 SCC 主要影响大型、深色毛发犬，例如拉布拉多、巨型雪纳瑞、法兰德斯牧牛犬。这在腊肠犬中也比较常见。

SCC 具有局部侵袭性，但在疾病的早期阶段没有表现出强烈的转移趋势。

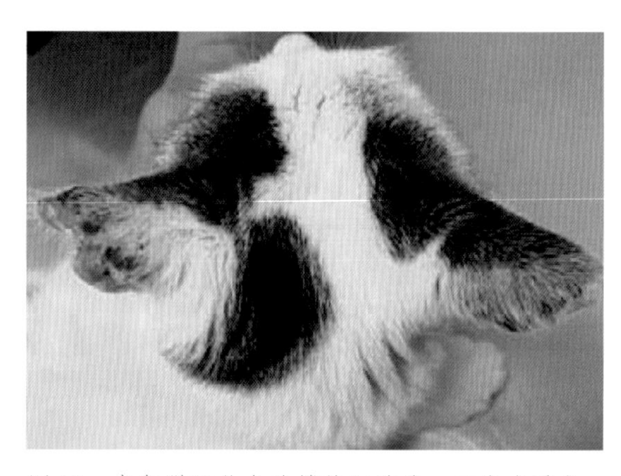

图 16　老年猫耳朵上的鳞状细胞癌。注意未着色区域是如何受到影响的

临床特征

SCC 最常见的表现是单发病变、典型的增生或溃疡。 溃疡性病变向下延伸，形成有出血和结痂倾向的火山口样病灶。增生性病变是大小不一、呈进行性生长的乳头状病变。像溃疡一样，它们也很容易出血。

SCC 可以影响身体的任何部位，但它们主要发生于猫的鼻平面、口腔黏膜、对紫外线辐射敏感的皮肤区域，如白毛犬的腹部，以及犬的鼻子、耳朵、肛门或指区（图 15 ~图 22）。

手指 SCC 倾向于影响单个手指，其特征是受影响的指甲出现明显的疼痛性肿胀和自发性撕脱。鉴别诊断应迅速而详尽，包括甲沟炎、指甲营养不良和爪部皮炎。这些都有相似的临床特征，不能正确区分可能导致严重的诊断和治疗错误。

图 17　手术切除老年猫双耳边缘鳞状细胞癌

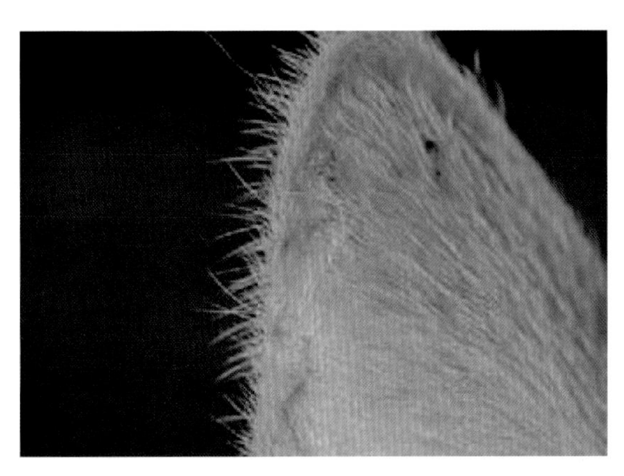

图 18　老年猫鳞状细胞癌相关的先兆病变（日光性皮炎）

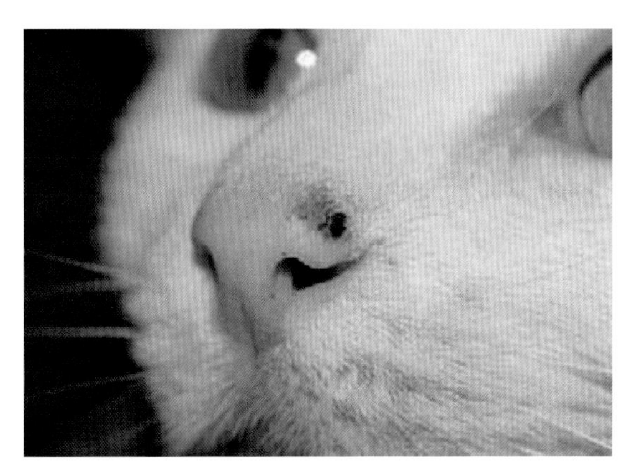

图 19　老年猫鼻平面的早期鳞状细胞癌病变

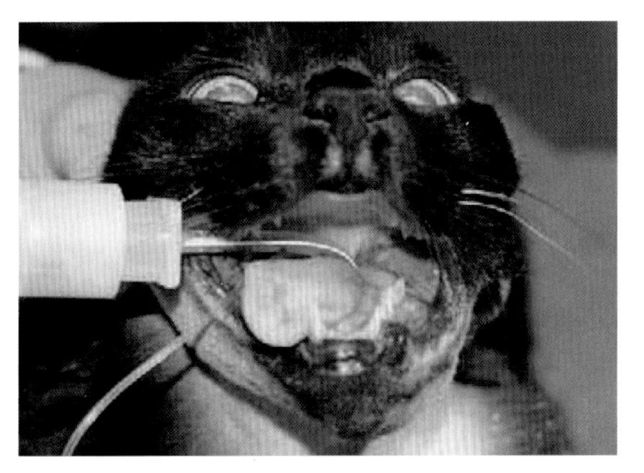

图 20　老年猫口腔鳞状细胞癌

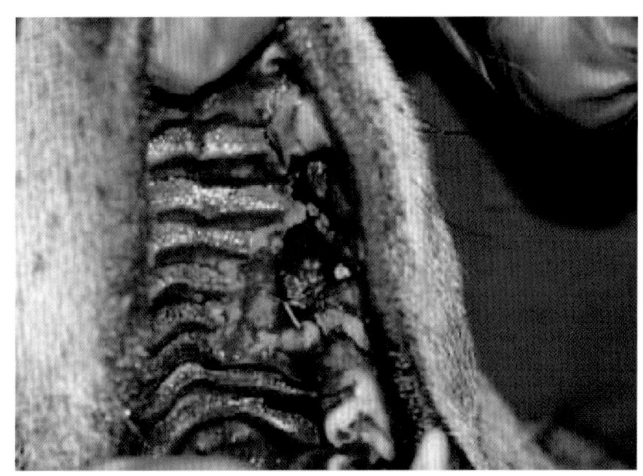

图 21　老年猫上颚浸润性鳞状细胞癌

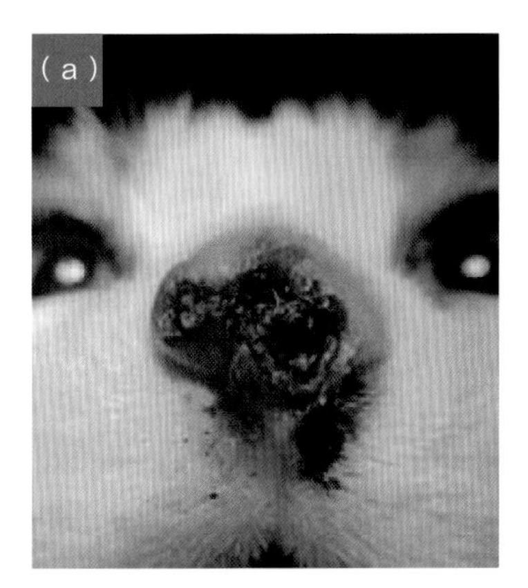

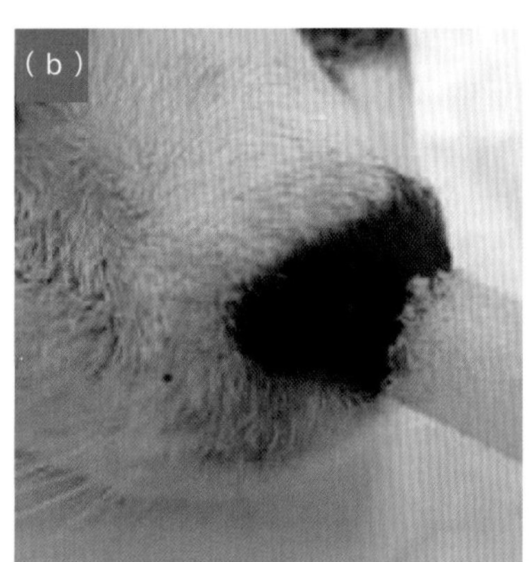

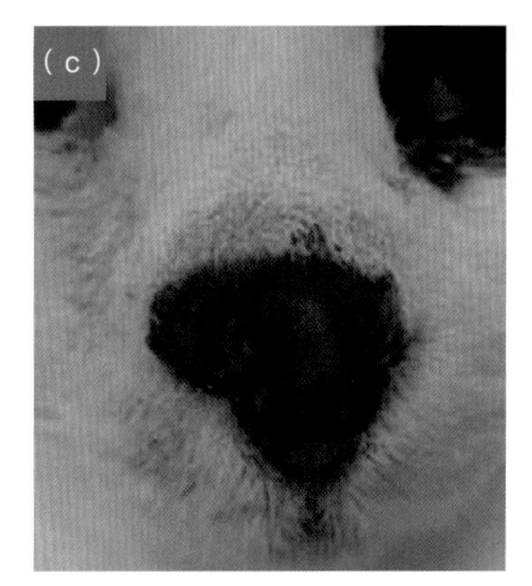

图 22　猫鼻端鳞状细胞瘤。最初的临床表现很容易被主人和兽医误认为是被另一只猫抓伤 (a)，用液氮处理［(b) 和（c)］

甲床 SCC 可导致指骨骨溶解并转移至腘窝淋巴结，尽管这种情况并不常见（图 23）。

多发性鳞状细胞癌或鲍恩氏病

多发性 SCC，也称为鲍恩氏病或原位癌，是一种非常罕见的疾病。它主要影响老年猫（10 岁），但也可以在狗身上看到。

其特点是身体不同部位出现多处结痂性病变，但主要累及头部、颈部、胸部和腹部。多发性 SCC 的一个显著特征是病变往往首先在毛发浓密和色素沉着的区域发生，表明这种变异与阳光照射并没有直接的关系。对化疗的反应并不是特别好，尽管化疗联合手术的治疗方法常能缓解鼻腔平面和其他部位的鳞状细胞癌。

预防

避免危险因素是预防 SCC 的优先考虑因素，特别是在高危动物中，如遗传易感宠物、白毛宠物、丧失色素沉着或日光性皮炎宠物，以及生活或花费大量时间在户外或躺在阳光下的宠物。

肥大细胞瘤

肥大细胞瘤是一种圆形细胞肿瘤，其特征为细胞质颗粒中含有有效的生物活性物质（组胺、肝素、细胞因子和蛋白酶），这些物质负责该肿瘤的特征性生物学行为（图 24）。肥大细胞瘤可导致由具有生物活性的细胞质颗粒引起的全身性肥大细胞增多症。

肥大细胞瘤占犬类皮肤肿瘤的 16% ~ 21%，是犬类最常见的皮肤肿瘤（London and Thamm，2012）。它对雄性或雌性没有特别的偏好，但在某些品种中更常见，如拳师犬、拉布拉多犬、法国斗牛犬、斗牛梗、波士顿梗、比格犬、沙皮犬和雪纳瑞（Hahn et al.，2004；Murphy et al.，2004）。

肥大细胞肿瘤通常发生在老年动物身上（平均年龄 9 岁），但它们可以出现在任何年龄。

最常见的临床表现是皮肤结节，有时会溃烂。可见单个结节或多个卫星结节（图 25）。易感品种的阴囊肿块强烈提示肥大细胞瘤（图 26）。影响皮下组织的病变可能与脂肪瘤相混淆。也可能存在指结节（图 27），大腿外侧可见结节或肿瘤（图 28），胸部和腹部外侧有广泛病变区域（图 29），或者外阴或阴囊区域界限分明的结节（图 30）。

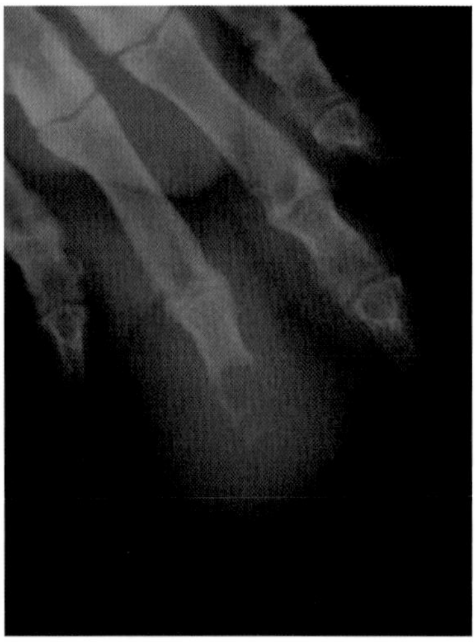

图 23　老年犬甲床鳞状细胞癌引起的第三节指骨溶解

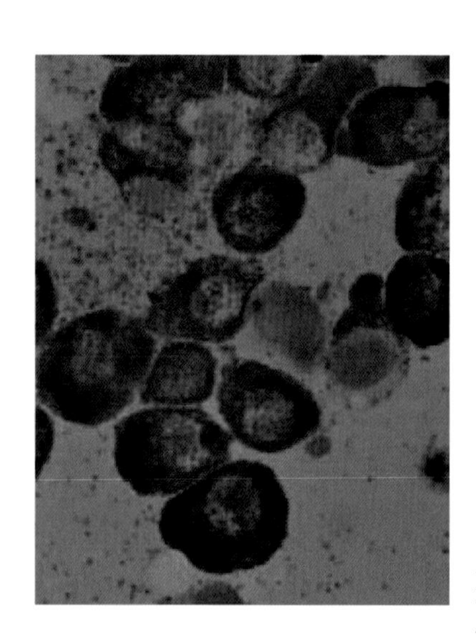

图 24　细胞学显示具有丰富颗粒物质的分化良好的肥大细胞肿瘤

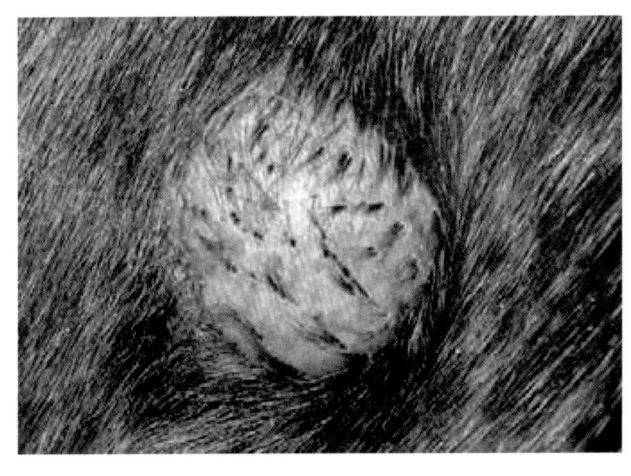

图 26　阴囊肥大细胞瘤

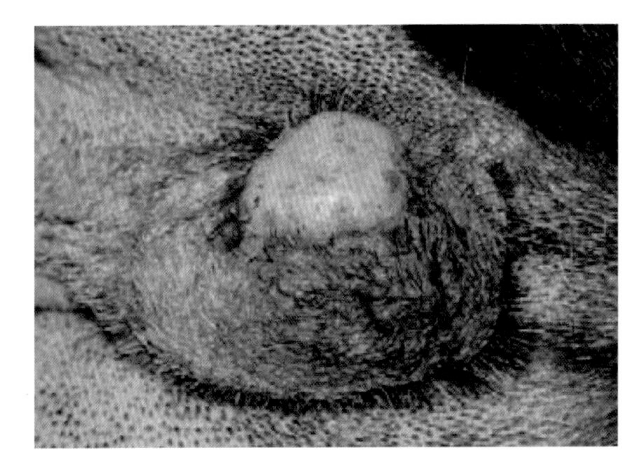

图 25　肥大细胞瘤。单一性肿瘤

继发于细胞质颗粒释放强生物活性物质的副肿瘤表现很常见，包括凝血障碍、呕吐和胃炎。这些化学介质（肥大细胞颗粒）的释放可导致达里埃病，即病变被处理或挤压时产生红斑和局部肿胀（图 31 和图 32）。

1984 年，Patnaik 提出了一种用于对肥大细胞肿瘤进行分类的三级系统（Ⅰ、Ⅱ或Ⅲ级）。几年后，美国兽医病理学院 (Kiupel et al.,2011) 对该分类系统进行了修订，简化了版本，其中只包含两个级别。

（1）分化或低级肥大细胞瘤 (Patnaik Ⅰ级)

（2）未分化或高级肥大细胞瘤 (Patnaik Ⅱ级和Ⅲ级）

新系统更多地是基于肿瘤的临床行为而不是组织学特征。新的分类标准为核有丝分裂率、核肿大、核畸变和核数（表 1)。

表 1　根据 Kiupel 分级系统对犬肥大细胞肿瘤的预后

级别	死亡率	复发或转移
低级肥大细胞瘤	4.71%	17.65%
高级肥大细胞瘤	90%	70%

皮肤黑色素瘤

皮肤黑色素瘤是起源于间质细胞的肿瘤。它占犬类所有皮肤肿瘤的 5% ~ 7%，占猫类皮肤肿瘤的 0.8% ~ 2.7%。它在成年和老年动物中更常见。与其他黑色素瘤不同，皮肤黑色素瘤通常是良性的（图 33）。肉眼观察的结果可能提示恶性肿瘤，而显微镜检查结果可能相反（图 34）。

根据 Kiupel 分级系统的高级肥大细胞肿瘤

要将肥大细胞肿瘤分类为高级别，它必须满足以下显微镜检查结果 (Ruano,2017):

- 10 个视野中至少有 7 个有丝分裂图 (40×);
- 10 个视野中至少有 3 个多核细胞（>2 个细胞核）(40×);
- 10 个视野中至少有 3 个异常核 (40×);
- 至少 10 % 的肿瘤细胞发生核肿大。

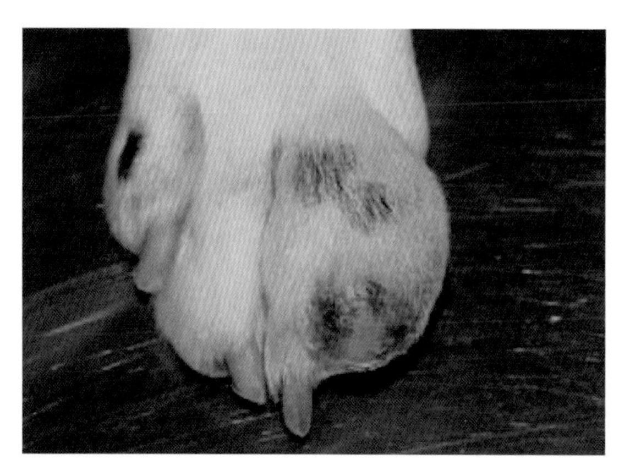

图 27　使老年患犬手指完全变形的肥大细胞瘤

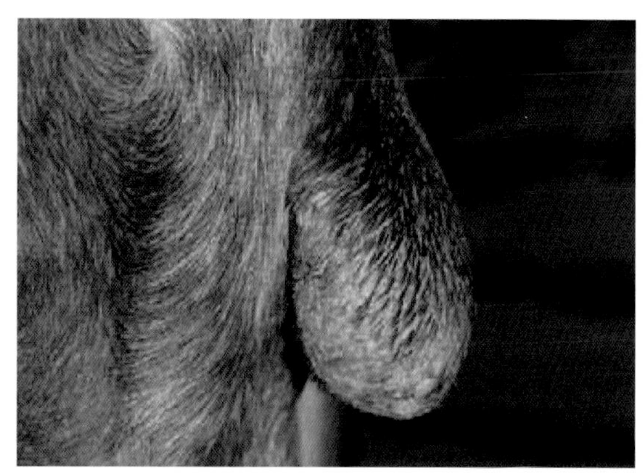

图 28　肥大细胞瘤。老年拳师犬（易感品种）大腿外侧的大块组织

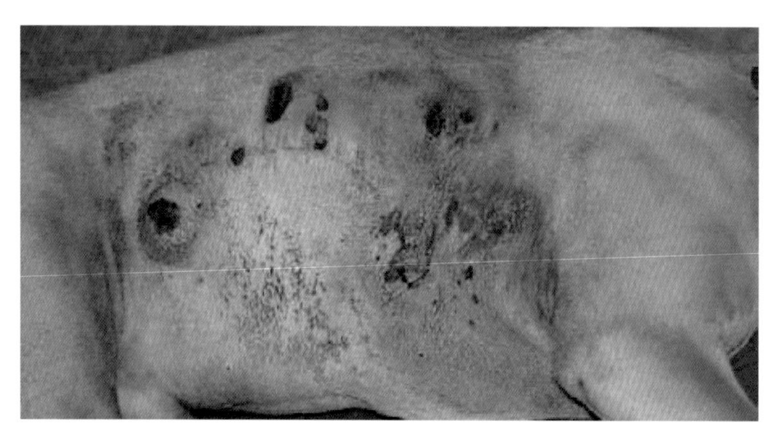

图 29　肥大细胞瘤占据老年沙皮犬（易感品种）胸部外侧和腹部大片区域

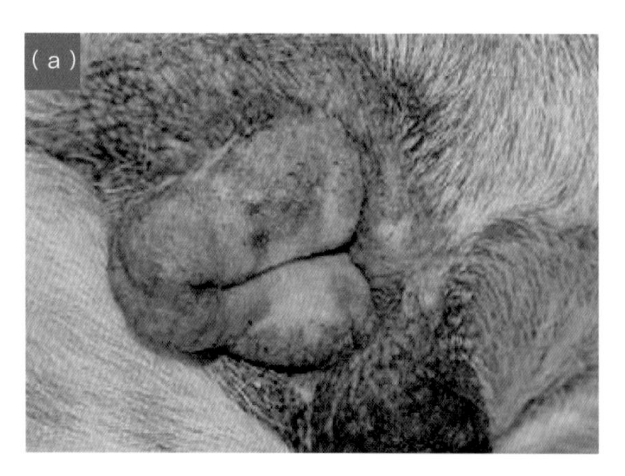

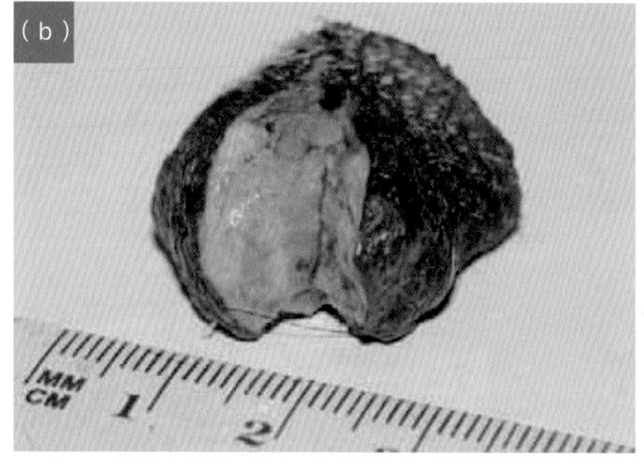

图 30　中年法国斗牛犬外阴外侧的肥大细胞瘤 (a)，切除后的肿瘤 (b)。注意该肿瘤与脂肪瘤的相似之处

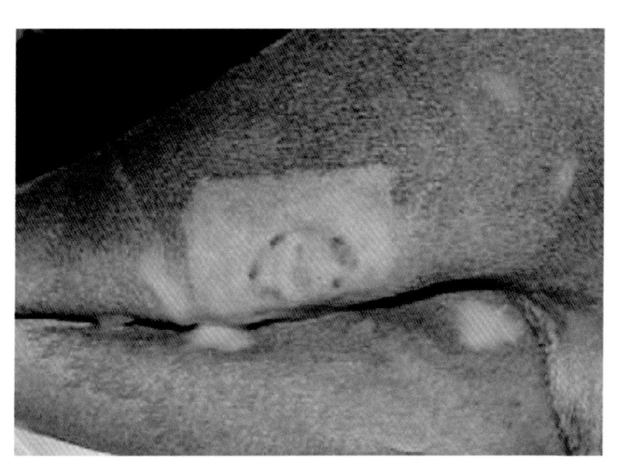

图 31　达里埃病，老年拳师犬膝部术前局部注射麻醉药后出现红斑

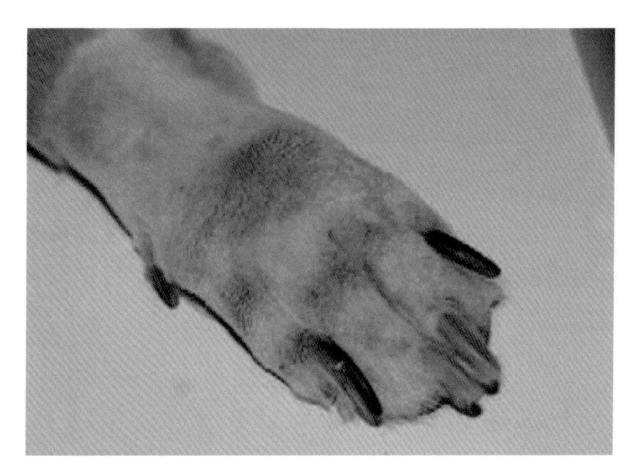

图 32　指间区域挤压导致的达里埃病

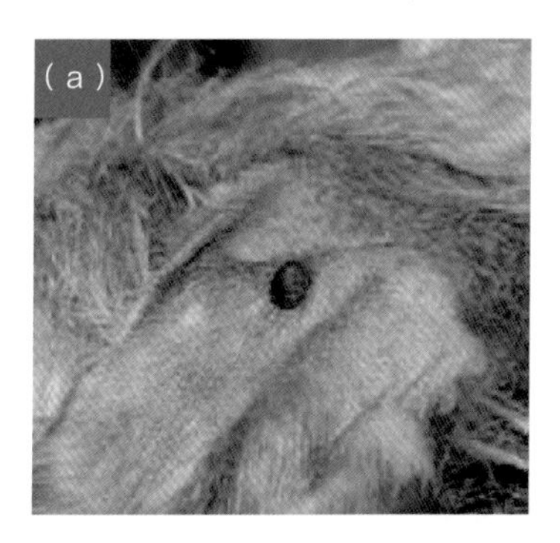

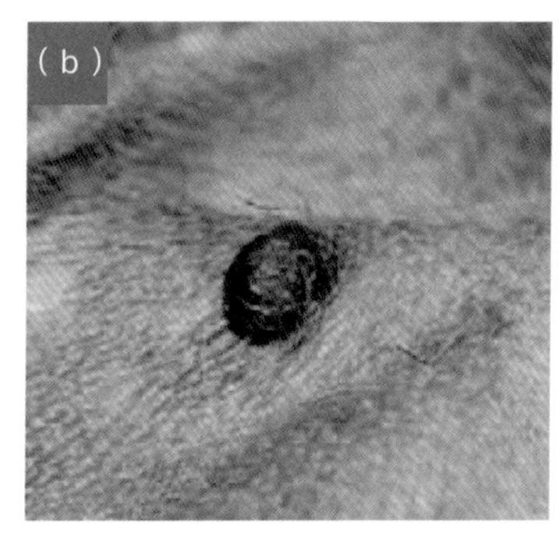

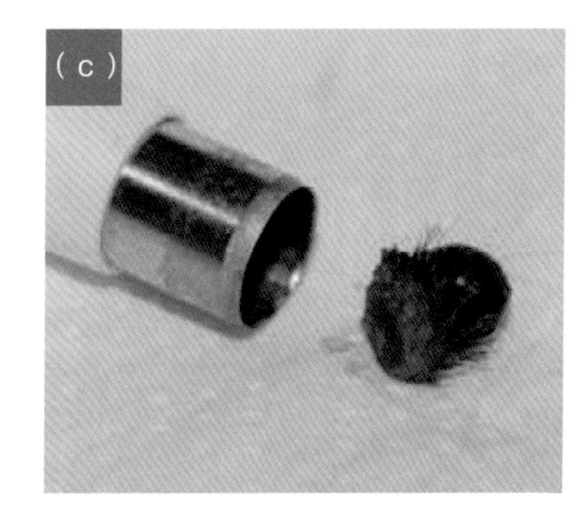

图 33　耳的插入部位的黑色素瘤。注意小肿瘤和严重的色素沉着 (a)，肿瘤细节 (b)，切除后的黑色素瘤 (c)

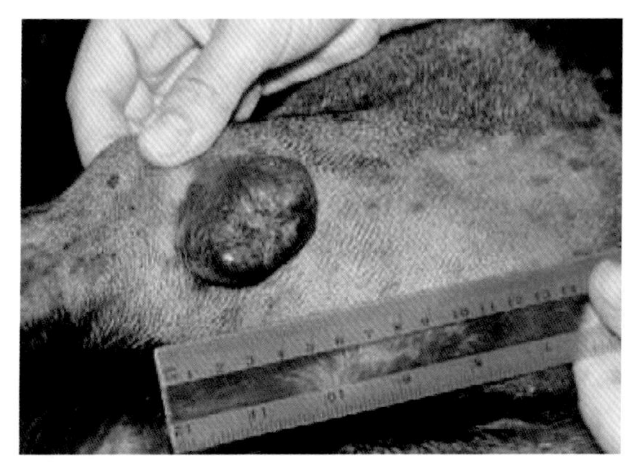

图 34 老年巨型雪纳瑞犬（易感品种）后肢皮肤黑色素瘤（接近但不累及腘窝淋巴结）

皮肤黑色素瘤通常是不固定于皮下组织的小、界限清楚、可移动的病变。对于面积较大、具有侵袭性、不规则生长和有出血倾向的病灶应怀疑为恶性肿瘤 (图 35)。

所有疑似恶性黑色素瘤的病变都应进行全面的分期检查，包括淋巴结活检、有丝分裂率的测定，以及通过适当的影像学检查来评估原发肿瘤的真实范围和远处转移的存在。黑色素瘤可以扩散到淋巴结、肺、肝或肾上腺，也可以扩散到不太常见的部位，例如鼻子或大脑（脑膜）。

首选的治疗方法是手术切除。化疗的效果并不令人满意。放疗可作为手术治疗的辅助手段。

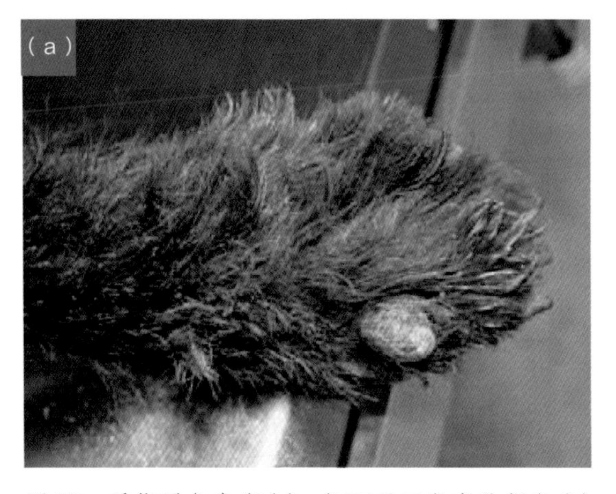

图 35　手指黑色素瘤 (a)，切面显示色素的颜色 (b)

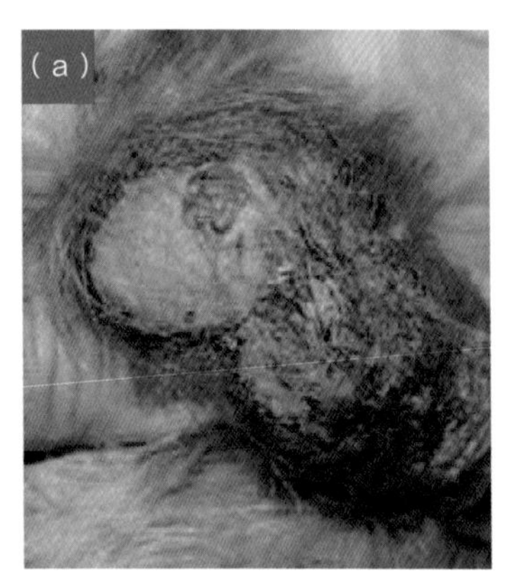

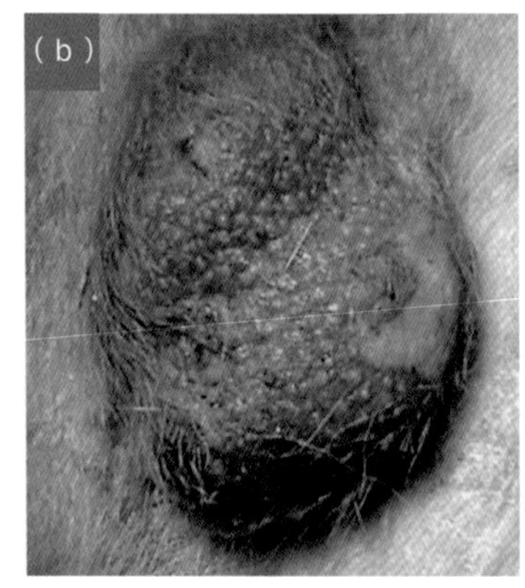

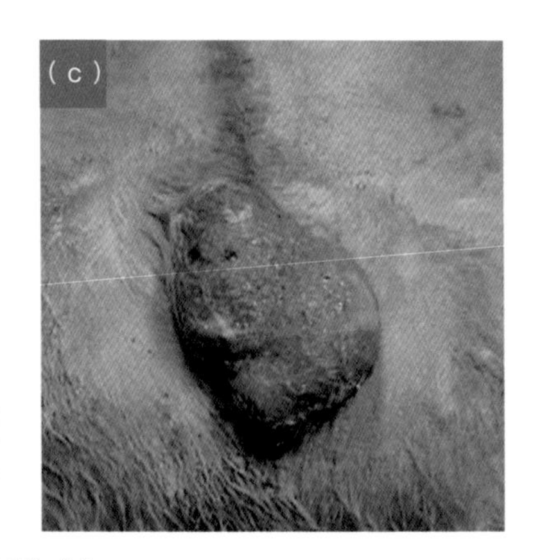

图 36　诊断时的阴囊嗜上皮性淋巴瘤 (a)，治疗的初始阶段 (b)，缓解期 (c)

皮肤淋巴瘤

最常见的皮肤淋巴瘤是嗜上皮淋巴瘤，也称为蕈样肉芽肿。它的特征是表皮中 T 细胞肿瘤的淋巴细胞浸润，多呈现涉及身体多个部位的慢性进行性病程。它表现为小的红斑结节，可能会聚形成斑块，并伴有持续的脱屑和黏膜受损 (更倾向于黏膜皮肤交界处)。一些作者描述了中心比周围皮肤浅的 C 形病变。这些病变并不总是存在，但有时可见。嗜上皮性淋巴瘤是犬皮肤淋巴瘤中最常见的一种 (图 36)。

非上皮性皮肤淋巴瘤在狗中很少见，但在猫中相对常见 (Machicote and González,2008)。它可以表现为单发性或多发性结节，也可以表现为皮下组织或真皮中的浸润性斑块 (图 37)。

世界卫生组织系统确认动物和人类有三种上皮性淋巴瘤：

- **嗜上皮性皮肤淋巴瘤或蕈样肉芽肿。**
- **赛泽里综合征。一种能够扩散到皮肤以外，影响淋巴结，并在血液中产生肿瘤细胞，引起全血计数改变的皮肤淋巴瘤。**

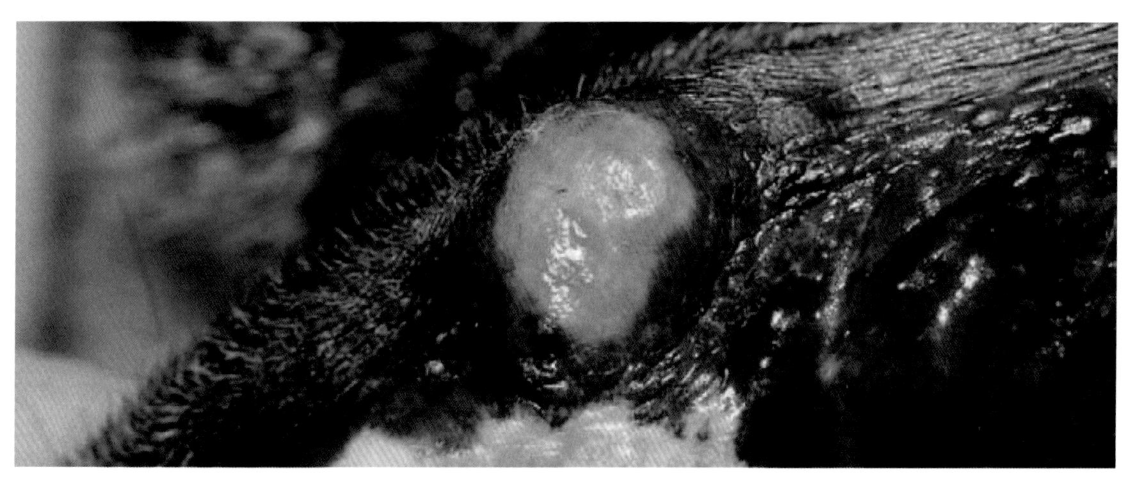

图 37 12 岁雌性熊狮犬非上皮性皮肤黏膜淋巴瘤

- **佩吉特样网状组织增生症。**以剥脱性红皮病、脱发、糜烂和溃疡为特征。在人类中，当局限发生时称为 Woringer-Kolopp 综合征，当它泛发时被称为 Ketron-Goodman 综合征。它也会影响皮肤黏膜交界处和脚垫。在狗身上比猫更常见 (Machicote and Gonz á lez,2008)。

上述分类主要基于临床、组织学和分子学特征，对人类来说非常有用。然而，由于大多数皮肤淋巴瘤是典型的上皮性淋巴瘤（蕈样肉芽肿），或没有足够独特的临床或组织学特征，在兽医环境中没有多大用处。

组织细胞瘤

组织细胞瘤是一种良性的圆形细胞皮肤肿瘤，通常具有自限性。它在老年动物中并不常见，但因为以下几个原因，识别它也很重要：

- 虽然不常见，但它可以出现在任何年龄。
- 需要与具有相似临床表现的恶性组织细胞肿瘤区分。

组织细胞瘤起于朗格汉斯细胞。它通常表现为一个生长迅速、单发、脱发、坚硬、圆形（纽扣状）的结节 (图 38)。有人认为这可能是一种反应性增生，而不是真正的肿瘤。这在猫中非常罕见。

由于肿瘤可能会自行消退，手术可以推迟一段时间。 但在大多数情况下，出于包括宠物主人的担忧、肿瘤位置、过度舔舐、出血或剧烈瘙痒等多种原因，手术切除又是必要的治疗方法 (图 39 和图 40)。

冷冻手术是一种可接受的保守治疗方案。

皮肤浆细胞瘤

皮肤浆细胞瘤是老年动物最常见的皮肤肿瘤。平均发病年龄为 10 岁。它是由髓外浆细胞群形成的，因此有时被称为皮肤髓外浆细胞瘤。

它通常表现为位于真皮内的单发、界限清楚、坚硬的肿瘤，通常会累及四肢、耳朵、面部和口腔 (图 41 ～图 43)。

其病因尚不清楚，但已被证实与如慢性中耳炎的耳朵或牙周病的口腔黏膜等部位的持续抗原刺激有关。据推测，浆细胞瘤可能与 B 细胞在该区域的定植和细胞因子的产生有关。在尾巴基部发生浆细胞瘤并不常见（图 44）。

图 38　中年法国斗牛犬嘴唇一侧的组织细胞瘤

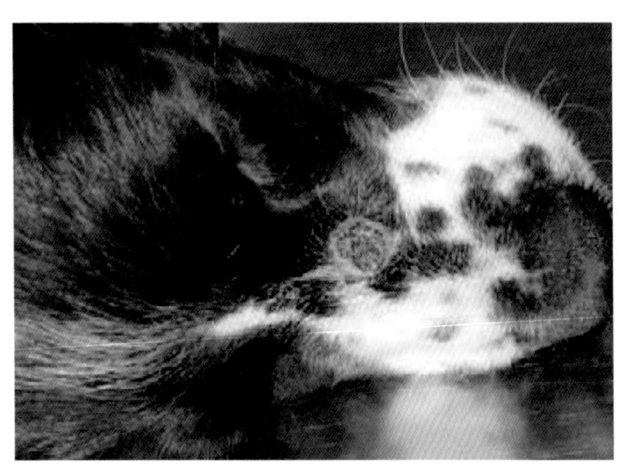

图 39　老年犬鼻平面组织细胞瘤。溃疡提示预后不良，但结果证明是由于与口吻部持续摩擦所致

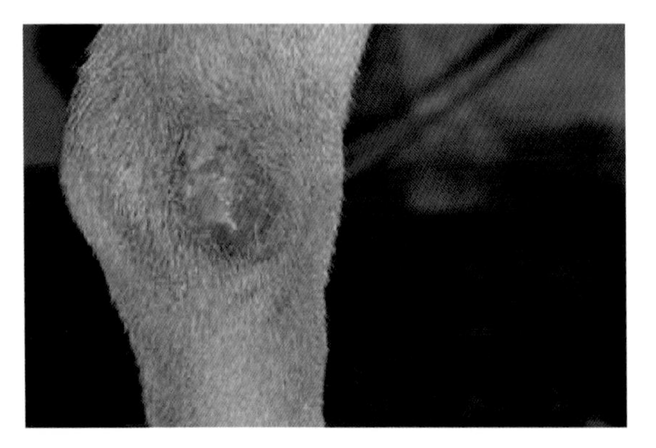

图 40　跗关节外侧的组织细胞瘤，随后通过手术解决

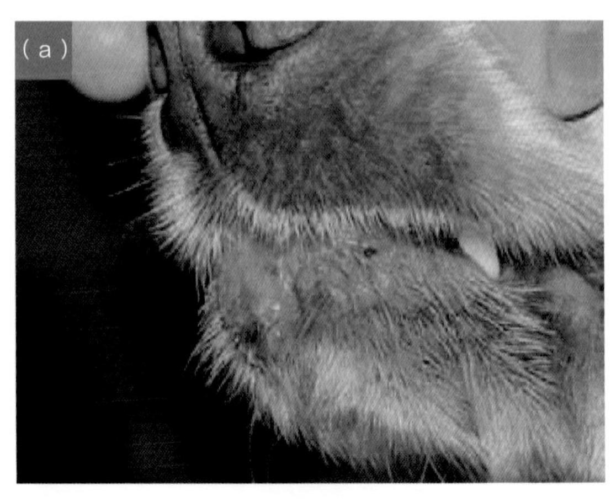

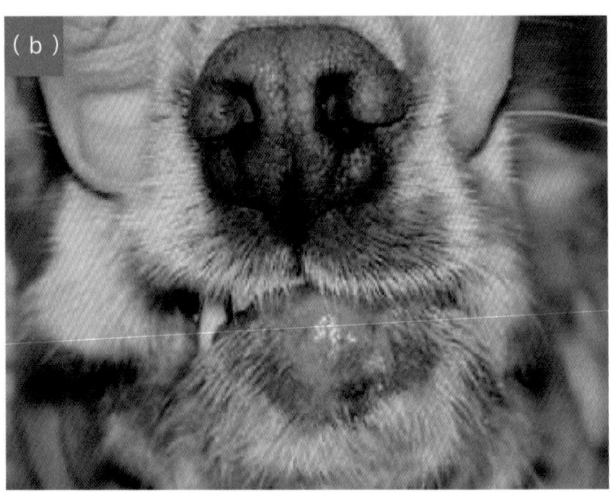

图 41　与唇黏膜相邻的下巴区域中的浆细胞瘤 (a)，从前面看到的病变 (b)

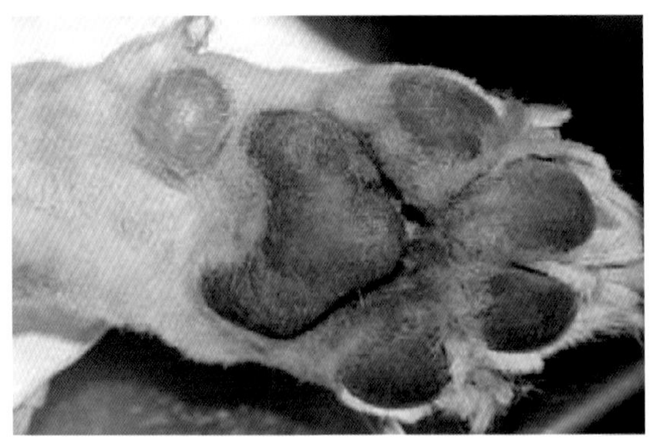

图 42　爪上的浆细胞瘤，与掌骨垫相邻

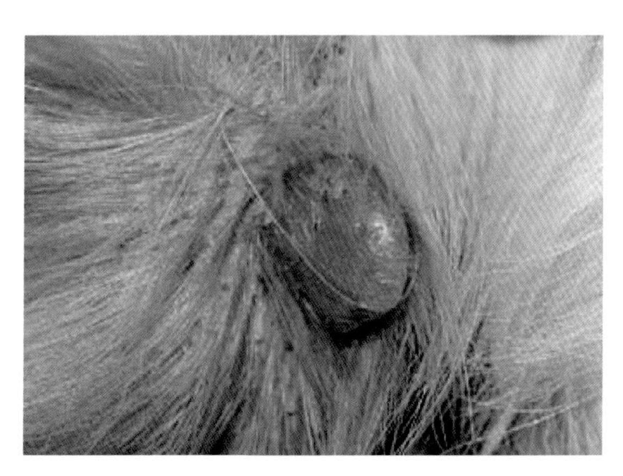

图 43 犬脖子上的浆细胞瘤

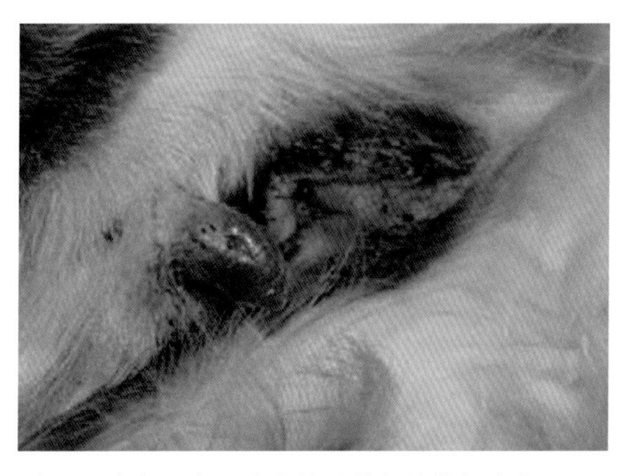

图 44 老年三色可卡犬尾巴基部的浆细胞瘤

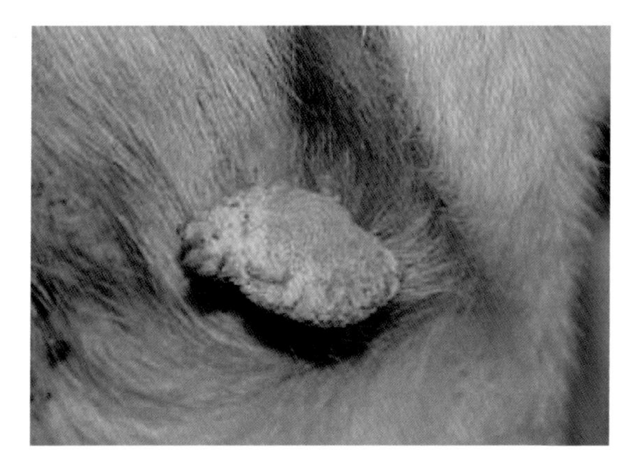

图 45 10 岁雄性獒犬肘部外侧纤维血管乳头状瘤

转移并不常见。在极少数情况下，皮肤浆细胞瘤与多发性骨髓瘤相关，甚至可先于骨髓瘤发病 (Rakich,1989)。

它在犬类皮肤肿瘤中所占比例很低，在猫中非常罕见。

纤维血管乳头状瘤

纤维血管性乳头状瘤的特征为不规则表皮增生和乳头状瘤病变症候的上皮性增生。它们生长缓慢，没有浸润性生长的倾向。

纤维血管乳头状瘤是通常影响老年患病动物的良性肿瘤。除非有蒂，否则它们在临床上不相关，因为这是它们可能在皮肤附着部位撕裂或被某些东西夹住，导致大量出血。

大型犬容易患纤维血管性乳头状瘤，尤其是在容易受到压力损伤的身体部位，如骨骼突出部位（肘部、胸部和臀部）（图 45 和图 46)。

乳头状瘤可呈丝状、有蒂、光滑、脱毛或过度角质 (图 47 和图 48)。

它们通常表现为单发的结节，但可能会看到影响身体不同部位的多个结节。

纤维血管性乳头状瘤不需要被积极或立即治疗，除非它们发生流血或溃疡或被主人认为不美观。可以通过常规手术、电刀、冷冻手术或激光手术等方法来去除。

基底细胞瘤

基底细胞瘤 (BCC) 起源于表皮和皮肤附件的基底细胞，如毛囊、皮脂腺和汗腺 (Medleau and Hnilica,2007)。它们并不常见，尤其是在猫身上，但可以影响任何年龄的动物，即便它们在老年宠物中更常见（图 49）。犬和猫的平均发病年龄为 7 ~ 10 岁。

BCC 生长缓慢，恶性可能性低。目前尚不清楚是什么原因造成的，但根据人类的经验，可能与暴露在紫外线下有关，比如 SCC。

BCC 对雄性和雌性动物都有影响，并且似乎在某些品种中更常见，如可卡犬、贵宾犬和西伯利亚哈士奇犬。

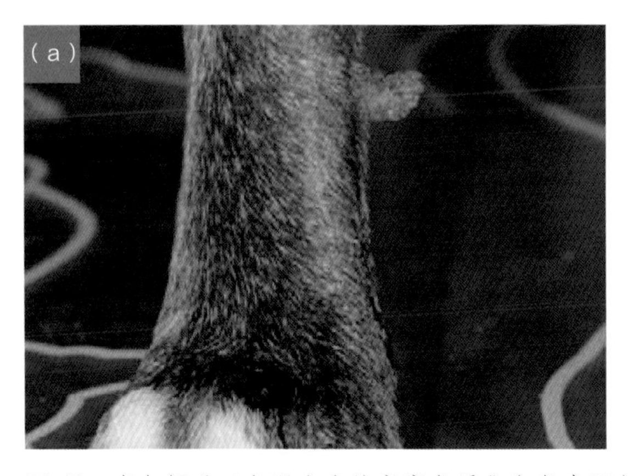

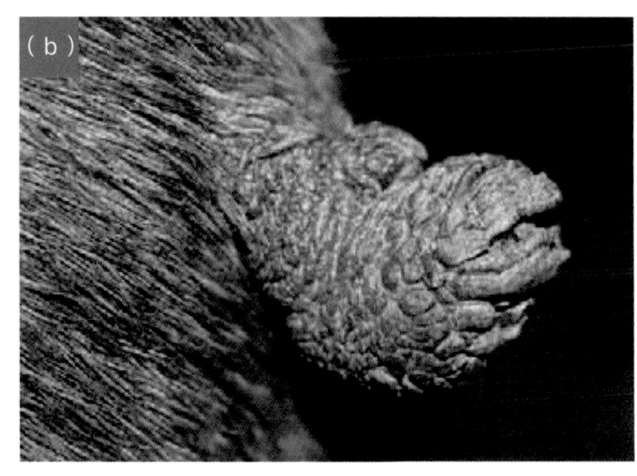

图 46　老年短毛三色混血犬的高度角质化和色素沉着的纤维血管乳头状瘤 (a)，细节 (b)

图 47　老年患犬腹部的纤维血管乳头状瘤 (a)，细部呈现出松弛、弹性增长的特征 (b)

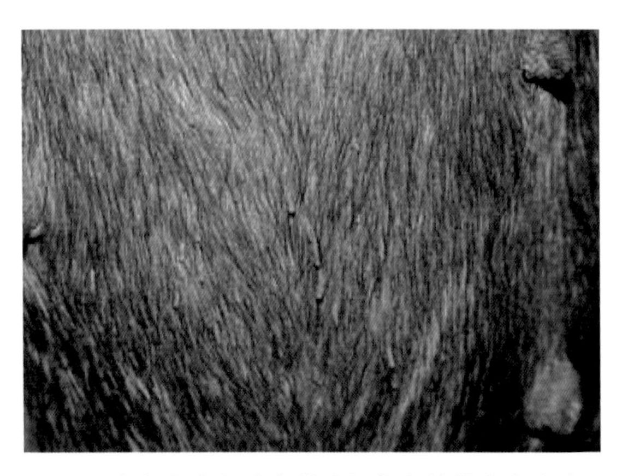

图 48　老年犬胸部多发性小纤维血管性乳头状瘤

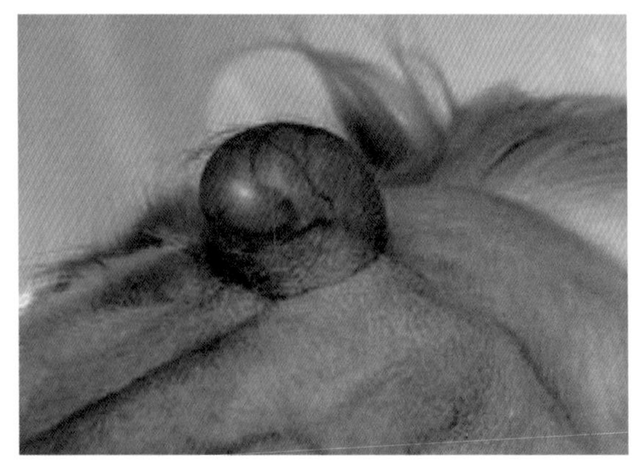

图 49　犬耳基底细胞癌

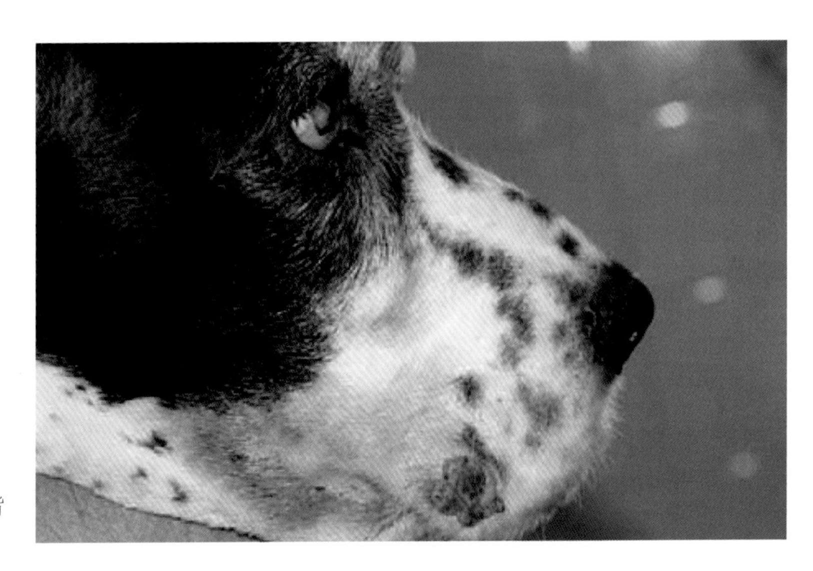

图 50 老年雄性黑白可卡犬嘴唇上的基底细胞瘤

基底细胞瘤并没有特定的表现形式。病变通常为边界规则的单发结节，但也可呈圆形、坚硬或波动、突出、色素沉着或无色素沉着，或者是脱毛的 (图 50)。它们存在于真皮或皮下组织中，可能呈分叶状或像小纽扣一样突出。

首选的治疗方法是手术切除。尽管 BCC 是恶性肿瘤，但其侵袭性不强以及转移潜能极低，因此一旦将肿瘤切除，动物的预后都是良好的 。

类肝腺瘤

类肝腺瘤是起源于肛周区域皮脂腺 (肛周腺)的一种良性肿瘤。它是一种激素依赖性肿瘤，明显好发于雄性动物。在雌性和被阉割的雄性动物中并不常见。它通常影响 8 岁以上的动物。猫不受影响，因为它们没有类肝样腺体。

类肝腺瘤表现为单个或多个生长缓慢的皮肤结节，通常位于肛门区域。不太常见的部位是尾巴基部、包皮和会阴区 (图 51 和图 52)。

如果被阉割的雄性或雌性动物被诊断出类肝腺瘤，重要的是要消除内分泌紊乱疾病，如果肾上腺皮质机能亢进，在这种情况下，肾上腺可以产生足够数量的睾酮来刺激这些肿瘤的生长。

尽管类肝腺瘤大多是良性的，但会由于不适、出血、抓挠引起溃疡和恶臭等原因，同样也需要手术治疗。

恶性变异，肛周腺癌，生长较快，容易溃烂和出血，无性别偏好。

细胞学检查可见肝细胞或肝样细胞簇。它们是圆形细胞，胞浆呈颗粒状，微嗜酸性，细胞核圆而偏心性，通常含有可见的核仁。

鉴别诊断应包括肛周腺瘤、肛周囊腺瘤、肛周肥大细胞瘤、黑色素瘤、软组织肉瘤、脂肪瘤、平滑肌瘤、SCC、传染性性病瘤以及影响肛门区域的类似病变。

选择的治疗方法是对是肿瘤进行切除，而对于雄性动物则是阉割。可以使用德舍瑞林植入物对犬进行可逆的化学性阉割 (Ruana, 2017)。

如果肿瘤在手术和阉割后仍复发，则应检查是否潜在肾上腺皮质机能亢进 (Med- leau and Hnilica, 2007)。

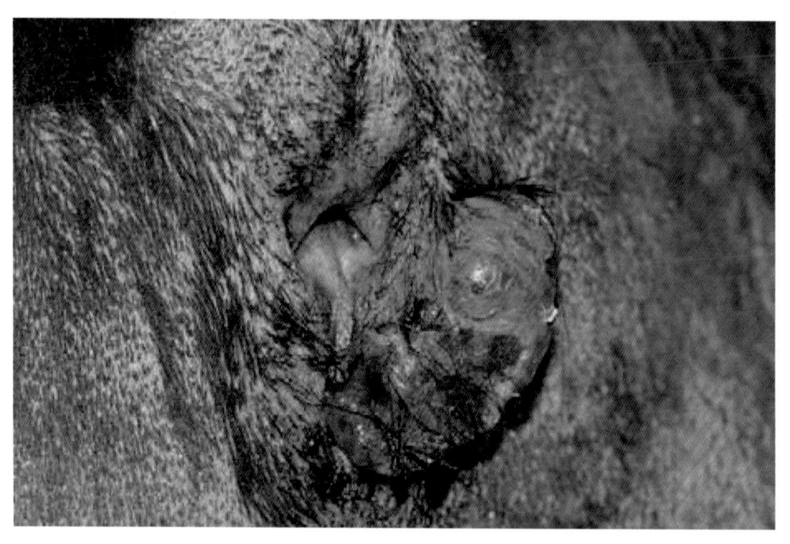

图 51　老年雄性犬类肝腺癌过度生长和溃疡

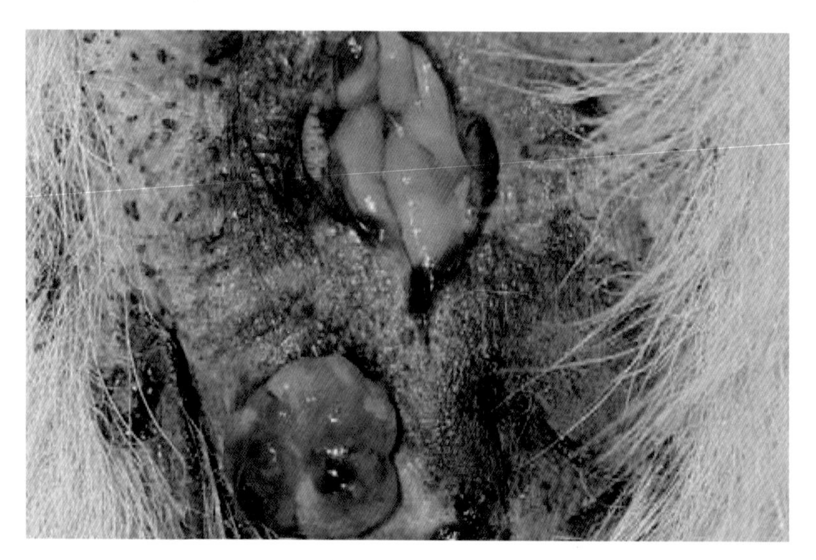

图 52　老年雄性犬的类肝腺癌

注射部位肉瘤

猫注射部位肉瘤是一种间质性肿瘤。病灶生长迅速、不规则、坚硬且界限不清。它们通常影响皮下组织和肌肉，有时也会影响背棘突。

在局部情况下，它们具有高度的侵袭性，手术切除后复发很常见。它们可以扩散到肺、肝、纵隔或心包，尽管这种情况并不常见。

老年动物消化系统肿瘤

口腔肿瘤

简介

口咽部肿瘤占犬类恶性肿瘤的 6% ~ 7%，但仅占猫类恶性肿瘤的 3% (Liptak and Withrow,2013)。

口腔肿瘤主要发生在年龄较大的动物（年龄范围 8 ~ 12 岁）。尽管某些类型的肿瘤，如犬纤维肉瘤和黑色素瘤，可能在雄性动物中更常见,但它们似乎对性别并没有明显的偏好。据报道，口腔肿瘤在雄性动物中的发病率是雌性的 2.4 倍 (Liptak and Withrow,2013)。就特定品种的发病率而言,它们在可卡犬、金毛猎犬、德国牧羊犬、雪纳瑞犬、松狮犬、拳师犬和戈登塞特犬中出现的频率更高。

分类

口腔肿瘤可分为：

- **牙源性口腔肿瘤。**在牙齿或周围结构中产生的肿瘤。在兽医学中，这类肿瘤中最常见的是棘皮瘤性成釉细胞瘤，它以前被称为棘皮瘤性牙龈瘤 (图 1)。
- **非牙源性口腔肿瘤。**发生在口腔除牙齿以外的任何部位的肿瘤。恶性肿瘤包括口腔黑色素瘤、纤维肉瘤、鳞状细胞癌（图 2），骨肉瘤，以及较少见的软骨肉瘤、传染性性病瘤、血管肉瘤、间变性肉瘤、肥大细胞瘤和淋巴瘤。

根据 2015 年发表的一项回顾性研究，荷兰乌得勒支大学兽医病理学系分析了 110 例犬口腔肿瘤，最常见的肿瘤（占所有肿瘤的 62.9%）是棘层状成釉细胞瘤（19.1%）、纤维肉瘤 (16.4%)、鳞状细胞癌 (15.6%) 和恶性黑色素瘤 (11.8 %)。

这些患病率与 Liptak 和 Withrow(2013) 的研究成果（表 1）有所不同。

根据 Liptak 和 Withrow 的研究，最常见的口腔部肿瘤是鳞状细胞癌，其次是纤维肉瘤（图 3）。

一般而言，癌症分期有助于规划治疗和确定预后 (Simons, 2015)，而这一点在处理口腔肿瘤时尤为重要，因为这些肿瘤中包括恶性黑色素瘤等具有高度侵袭性、快速生长的肿瘤。

表 1　犬口腔肿瘤（Liptak and Withrow，2013）

恶性黑色素瘤	鳞状细胞癌	纤维肉瘤	棘瘤性成釉细胞瘤
30% ~ 40%	17% ~ 25%	8% ~ 25%	5%

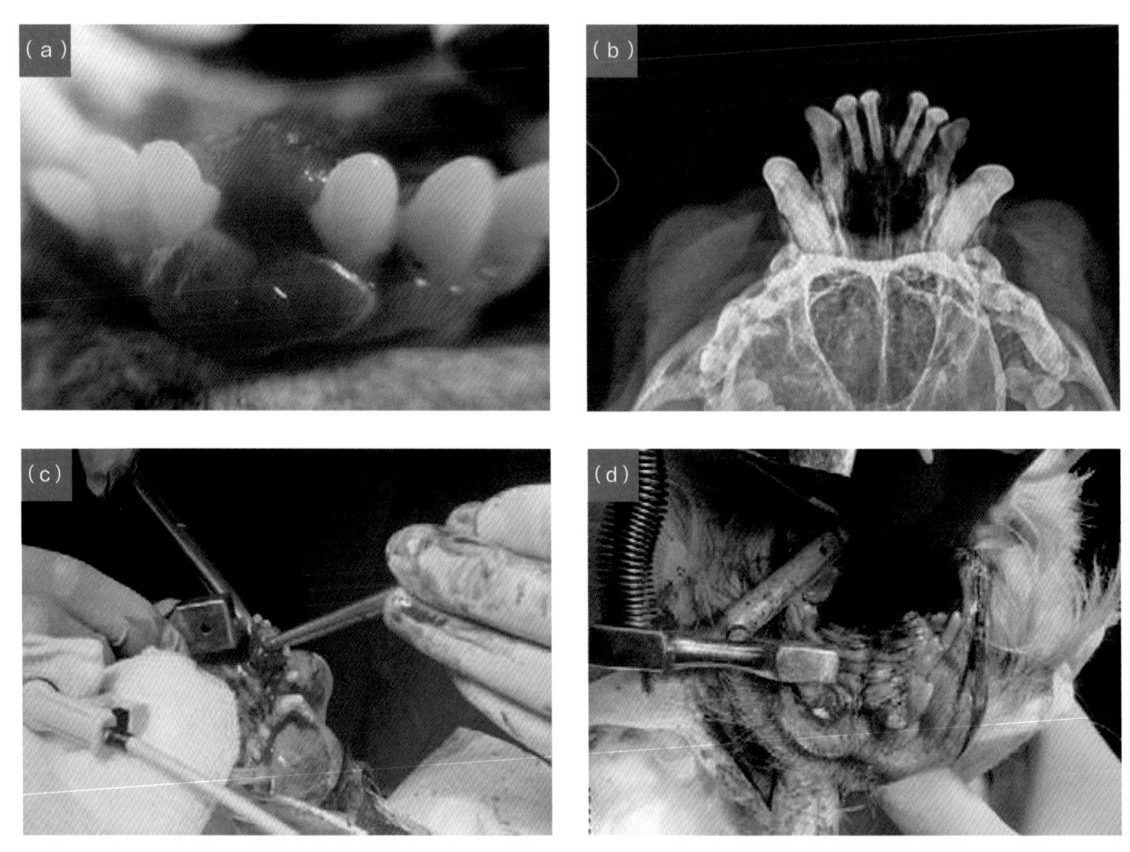

图 1　棘皮瘤性成釉细胞瘤吻侧图 (a)，X 光片评估肿瘤扩展 (b)，手术切除肿瘤和受影响的门牙 (c)，成釉细胞瘤切除后的手术区域 (d)

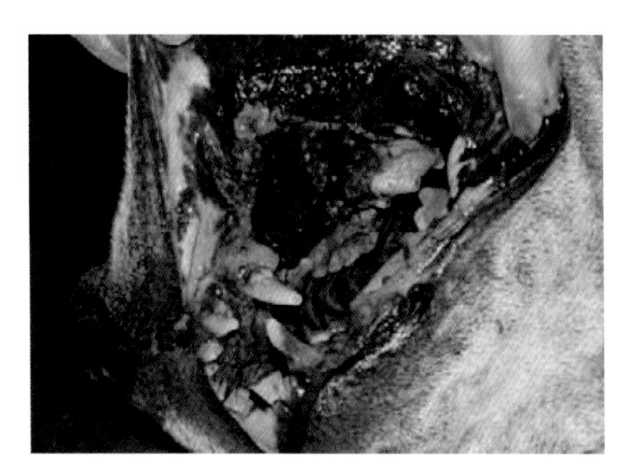

图 2　老年犬鳞状细胞癌

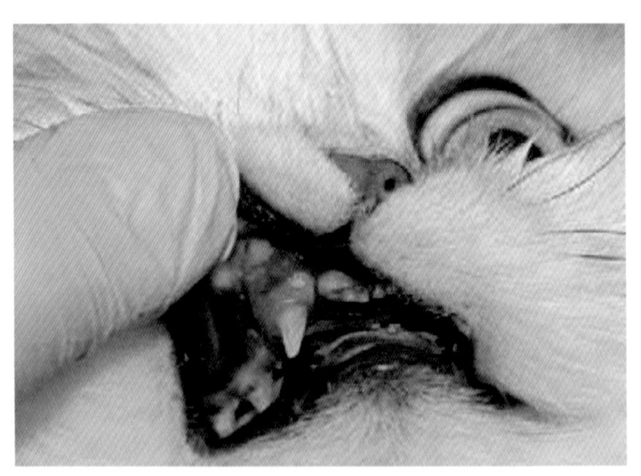

图 3　猫早期口腔牙龈纤维肉瘤

牙齿脱落

在一个身体明显健康的动物身上缺失一颗或多颗牙齿的报告应该引起我们对口腔肿瘤影响下颌骨或上颌骨骨结构的怀疑。值得注意的是，与甲状旁腺异常或甲状旁腺激素活性相关的副肿瘤高钙血症在口咽癌中并不常见。

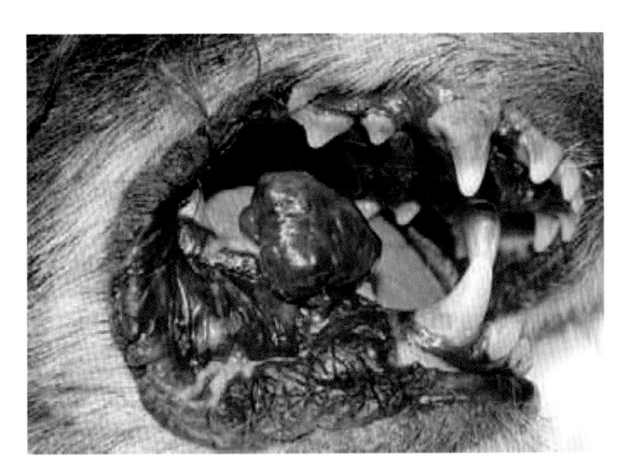

图 4　老年犬强烈色素沉着的口腔黑色素瘤

口腔黑色素瘤

口腔恶性黑色素瘤是一种自发性、局部侵袭性的肿瘤，具有高转移潜能。它起源于产生黑色素的上皮细胞 (Desmas,2013)(图 4 ～图 6)。

肿瘤的表现和行为

口腔黑色素瘤主要影响中小型犬。它主要影响下颌骨，但也会影响牙龈、嘴唇、舌头和硬腭。这在猫身上并不常见。

口腔黑色素瘤的特点是局部浸润程度高，转移性高，高达 80% 的病例可见转移。原发肿瘤细胞通常会侵入区域淋巴结和肺 (Desmas, 2013)。

口臭是一种常见的与肿瘤引起的广泛坏死相关的较晚期的临床症状 (图 6) 。口臭和吞咽困难都是舌根黑色素瘤的主要表现 (图 7)。

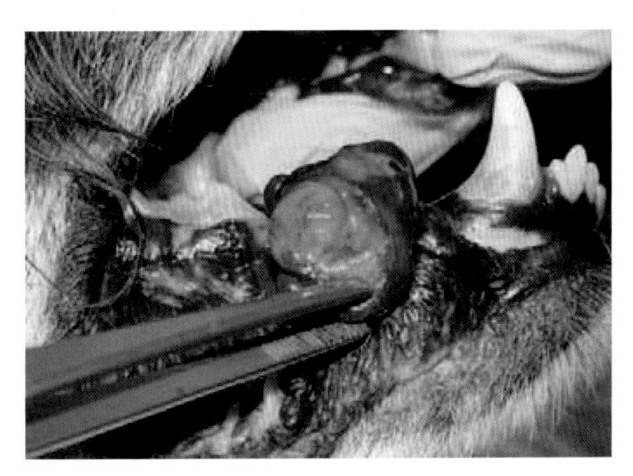

图 5　犬口腔黑色素瘤低色素沉着黏膜

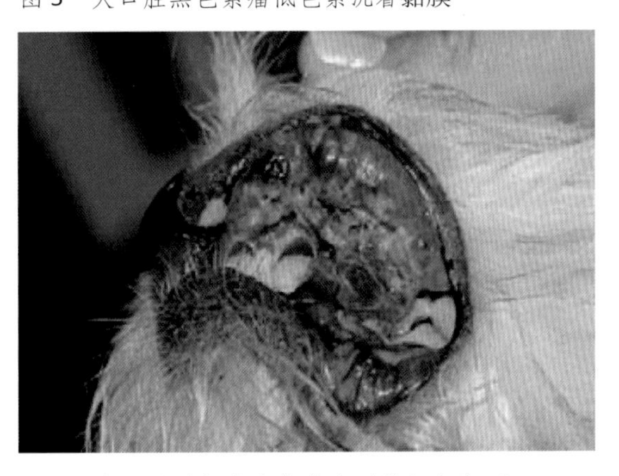

图 6　犬口腔黑色素瘤伴有广泛的组织坏死

口腔黑色素瘤的易感性

- **品种。尽管口腔黑色素瘤可以影响所有品种，包括混合品种，但它在纯品种中更常见，例如苏格兰梗、金毛猎犬、雪纳瑞犬、贵宾犬和泰克犬。**
- **年龄。老年动物通常会受到影响，平均发病年龄为 9 (Simons,2015) ~ 11.4 岁 (Liptak and Withrow,2013)。**
- **性别。对雄性和雌性动物都有影响。**

诊断

鉴别诊断应包括鳞状细胞癌、纤维肉瘤和牙龈瘤。

黑素细胞的高度多形性会使诊断变得复杂，更不用说还有无黑素性细胞的存在了（图 8）。

被黑素瘤细胞侵袭的淋巴结并不一定变得肿大，因此必须始终排除局部和对侧淋巴结是否受到累及。细胞学检查和组织学检查结果并不总是相关 (Grimes et al.,2017)。还需要对咽喉淋巴结进行检查，因为它们可能在多达 30% 的病例中受到影响 (Skinner et al.,2017)。因此，在确诊为口腔黑色素瘤后，应考虑同时切除同侧和对侧颌下和咽后淋巴结。

重要提示

免疫组织化学染色对于模棱两可的病例非常有用，尤其是当临床检查结果而非组织学检查结果强烈提示某一特定肿瘤时。免疫组织化学检测是当今大多数实验室诊断检查的常规组成部分。尽管它们需要额外的费用，但在许多情况下，它们是非常必要的。

图 7　老年巨型雪纳瑞犬舌根黑色素瘤

免疫组化染色

在没有明显黑色素的情况下（见于多达 1/3 的病例）病理实验室使用免疫组化染色（Melan A, PNL2，酪氨酸酶或 S-100 蛋白）来提高诊断的敏感性和特异性。

治疗

在确定肿瘤分期后，应接受积极的手术治疗，并结合化学疗法和免疫疗法的组合来治疗肿瘤。

口腔黑色素瘤是一种高度免疫原性肿瘤，这为未来的治疗提供了一个非常有前途的研究领域。

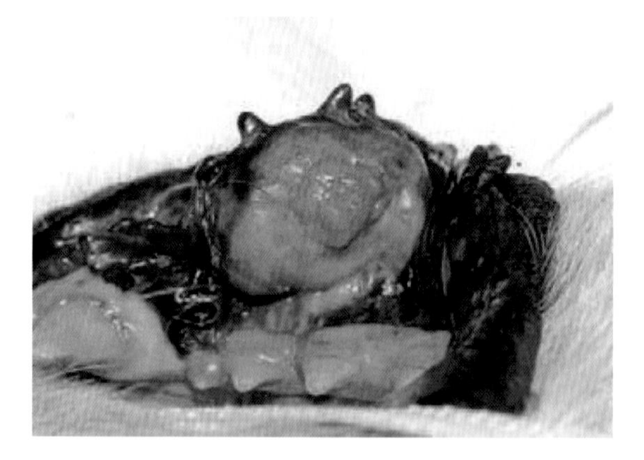

图 8　老年金毛猎犬确诊的口腔黑色素瘤，无明显色素沉着

鳞状细胞癌

鳞状细胞癌是猫中最常见，也是狗中第二常见的口腔肿瘤 (Hoyt and Withrow,1984；Kosovsky et al.,1991；Schwarz et al.,1991a and 1991b；Stebbins et al.,1989；Wallace et al.,1992)。

肿瘤的表现和行为

鳞状细胞癌表现为单独发生、灰白色到淡红色的结节状病变，表面和边界不规则。通常在患犬第一次被带到医院时已经发生溃烂。它具有局部侵袭性，因此原发性肿瘤下的骨骼经常会受到影响。鳞状细胞癌在雄性动物中更常见，尽管这种倾向在诊断上不应被认为是决定性因素。

肿瘤的部位有助于确定预后，因为面部肿瘤的转移性远低于发生于第三颗臼齿、舌头和扁桃体尾部的肿瘤。

鳞状细胞癌具有中度转移潜能，大约 20% 的病例会转移到远处。肿瘤在 10% 的病例中会扩散到淋巴结，在 3% ~ 36% 的病例中扩散到肺部 (Simons，2015)。

治疗和预后

在没有预先设计严格手术方案时，广泛切除严重局部浸润的肿瘤，局部复发率很高。

例如，在下颌骨切除术后，多达 10% 的肿瘤（1 年存活率为 91%）会复发，但在切除上颌的情况下，复发率为 29%，存活率为 57%(Simons，2015)。

狗的预后很好，尤其是面部肿瘤。然而，涉及舌根或扁桃体的鳞状细胞癌有很高的转移潜能 (>73% 的狗) (Liptak and Lascelles, 2012)。

纤维肉瘤

口腔纤维肉瘤是犬中排名第三的最常见发生的口咽肿瘤 (图 9)。

肿瘤的表现和行为

口腔纤维肉瘤表现为坚硬、无色素、一般无溃疡的病变。它通常位于牙龈（犬齿和第四前臼齿之间）、硬腭或口腔或唇黏膜上。在大多数病例中，邻近骨都会受累及。

与恶性黑色素瘤不同，纤维肉瘤在大型犬种中更为常见，如獒犬（獒犬和杂交犬），德国牧羊犬、金毛犬和拉布拉多巡回猎犬。平均发病年龄 7.3 ~ 8.6 岁，雄性明显好发。

偶尔有转移的报道，20% 的病例转移至局部淋巴结，有 27% 的病例转移到肺部。

组织学分类为低级别但生物学分类为高级别

下颌骨或上颌骨纤维肉瘤的组织学分类结果与肿瘤的生物学分类结果不一致。这可能会导致治疗和预后错误。一项对 1982 ~ 1991 年间的 25 例组织学上低级别的犬下颌骨和上颌骨纤维肉瘤的研究发现，这些肿瘤在生物学上是高级别的 (Ciekot et al., 1994), 特别那些大型品种中涉及硬腭或犬齿和第四前臼齿之间上颌骨的纤维肉瘤病例。即使有良好的病理学报告结果，也需要对口腔纤维肉瘤进行积极治疗。

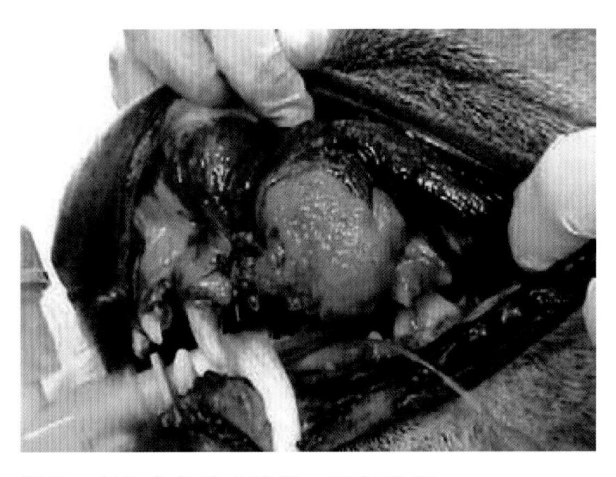

图 9　老年杂交獒犬晚期口腔纤维瘤

治疗

手术切除是口腔纤维肉瘤最常用的治疗方法。尽管一致认为下颌骨和上颌骨切除是首选的治疗方法，但对于不同大小的肿瘤的手术切缘应该多宽（2 ~ 3cm）尚缺乏共识。

口腔纤维肉瘤对放射治疗的反应并不明确，一些人甚至提出口腔纤维肉瘤可能具有放射抗性。相比之下，其他人则认为术后放疗是一种很好的姑息治疗选择。目前还没有确定的化疗方案。

牙龈瘤

牙龈瘤是生长缓慢、坚固、无溃疡的团块，在许多品种的狗中很常见。它们在猫中非常罕见。牙龈瘤是起源于牙龈和牙周韧带的良性增生物（图 10 和图 11）。牙龈瘤通常影响上颌第四前臼齿的牙龈。

牙龈瘤多年来一直被归类为纤维瘤、棘皮瘤或骨化瘤，但现在普遍认为应将它们归类为棘瘤性成釉细胞瘤（以前称为棘瘤牙龈瘤）或牙源性纤维瘤（以前称为纤维瘤性牙龈瘤和骨化牙龈瘤）。

棘瘤性成釉细胞瘤

棘瘤性成釉细胞瘤也称为棘皮瘤或釉质瘤。与牙源性纤维瘤不同，棘瘤性成釉细胞瘤具有很强的局部侵袭性，甚至可侵犯基底骨。

短尾犬（古英格兰牧羊犬）特别容易患牙龈棘瘤性成釉细胞瘤。这种肿瘤通常（虽然不一定）会影响年龄在 7 ~ 10 岁之间的动物。它没有性别倾向。它是一种不发生转移的局部侵袭性肿瘤（图 12)。

牙龈增生的外观与牙龈瘤相似，在成年犬（平均年龄 8 ~ 9 岁）和短头犬品种（如拳师犬）中很常见。在对疑似口腔肿瘤的鉴别诊断中，因牙周病中菌斑积聚引起的牙龈或黏膜炎症反应也必须包括在内（图 13）。

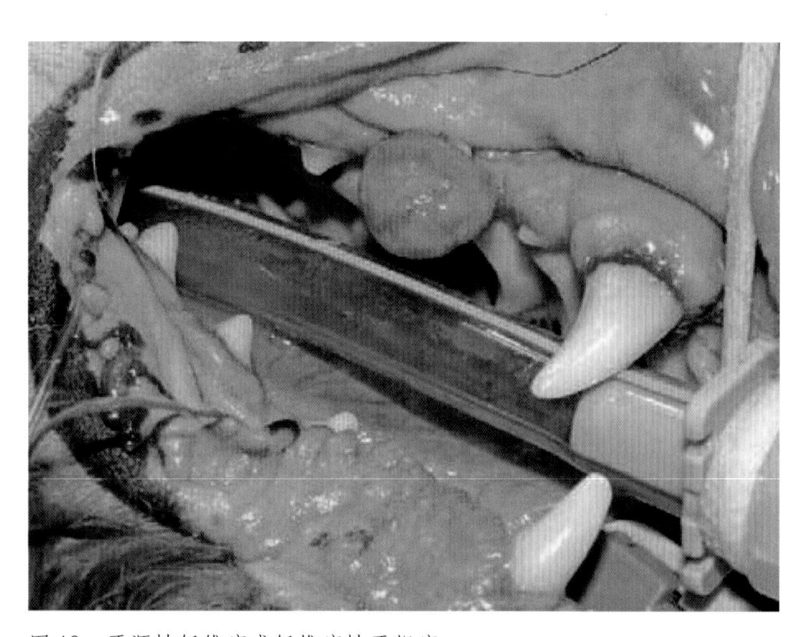

图 10　牙源性纤维瘤或纤维瘤性牙龈瘤

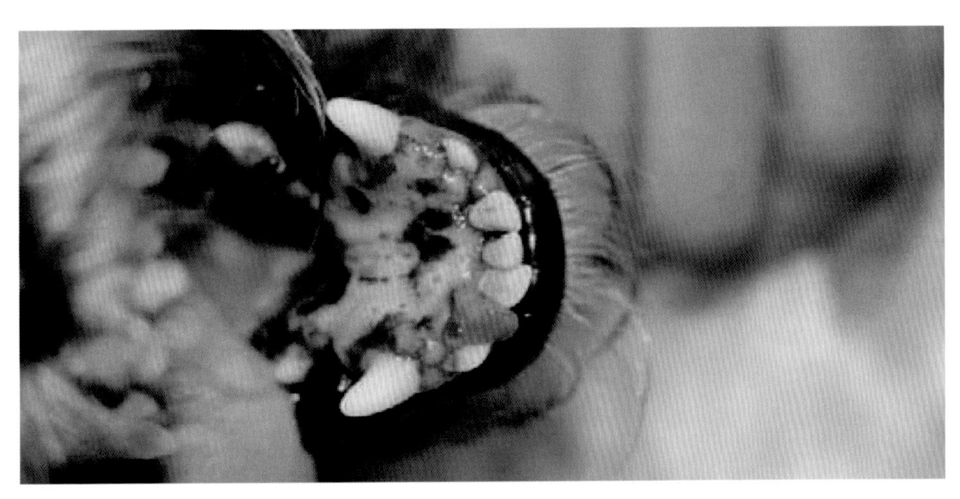

图 11　老年患犬下颌切牙之间的牙源性纤维瘤

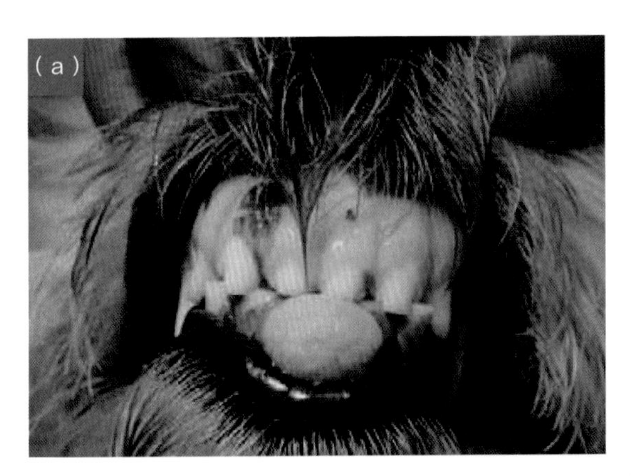

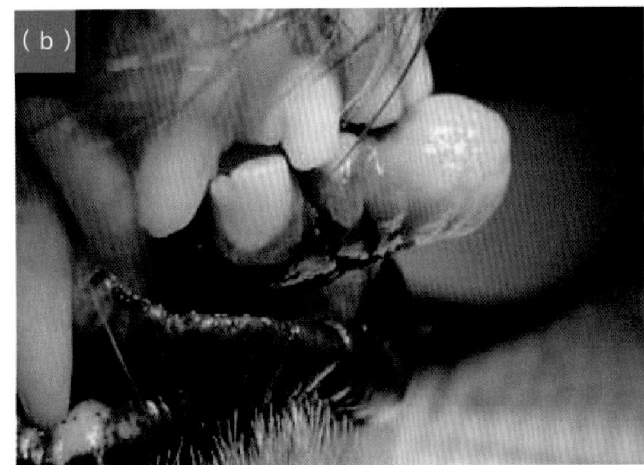

图 12　老年短尾犬的棘皮瘤成釉细胞瘤 (a)，侧面图 (b)

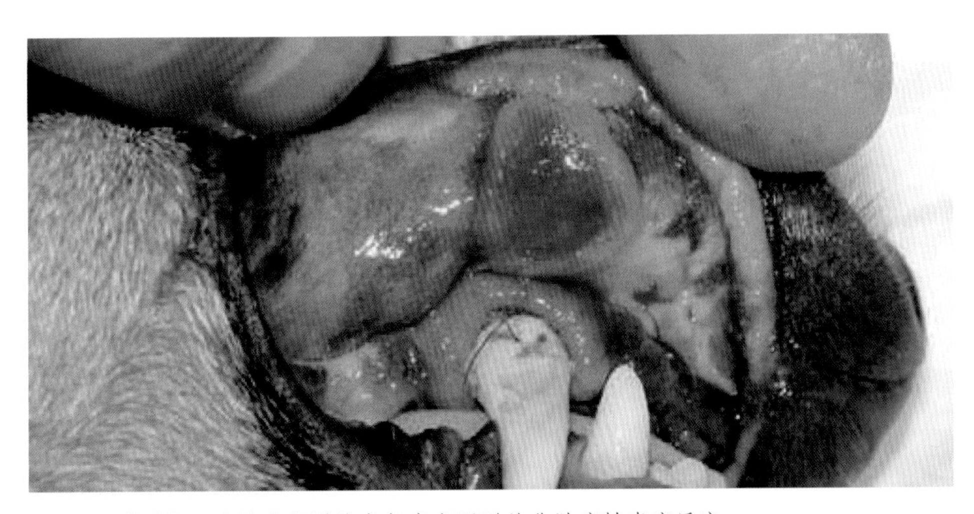

图 13　需要与口腔肿瘤鉴别的老年患犬强烈的非肿瘤性炎症反应

胃肠道肿瘤

一般临床症状

胃肠道肿瘤的一般临床症状与炎症或阻塞性疾病相似。

- 胃肿瘤容易引起慢性呕吐、厌食和体重减轻。
- 小肠肿瘤往往会导致呕吐、腹泻（通常伴有黑便）和体重减轻。
- 结肠肿瘤与直肠里急后重和便血（新鲜血液）有关。猫的慢性失血往往会导致小红细胞性贫血和黏膜苍白。

胃肠道肿瘤约占犬和猫所有肿瘤的2%。

老年患宠呕吐：真性呕吐还是反流？

要想判断患宠是否呕吐或反流并不总是那么容易，而且呕吐或反流物质的性状或外观也无法提供更多的帮助。区分呕吐和反流最可靠的方法是检查是否存在典型的前驱症状（剧烈的腹部运动），并检查呕吐或反流的物质中是否有胆汁或消化后的血液（“咖啡渣”）。如果没有这些标志，就无法做出准确区分。

在接下来的步骤中，应该使用硫酸钡造影来检查食道。如果怀疑存在食管穿孔，则应使用碘代替，因为如果发生外渗，碘的侵袭性和刺激性都要比硫酸钡低。最后，沿着颈部（直至进入胸腔）对食道进行物理学检查将有助于排除可以解释临床症状的肿块或者扩张。

有时，厌食不是呕吐而是胃肠道疾病（包括胃肠道肿瘤）的首发表现。

pH 值测定

尿液试纸条可以提供额外的诊断信息。呕吐患宠由于胃酸，尿液pH值通常小于5。尿液试纸通常显示血液呈阳性。

腹泻

如果腹泻持续2～3周或以上，则被认为是慢性腹泻。第一步是检查是否存在细菌感染、饮食方面问题和寄生虫。下一步是确定腹泻的起源是小肠还是大肠。

重要提示

如果结肠功能正常，可能很少或根本没有腹泻，因为腹泻是由于粪便中水分增加引起的。只有当结肠不能再吸收水分时才会观察到腹泻。

应该注意的是，无论其起源于哪里（小肠或大肠），腹泻都可能伴有呕吐，并且由于营养吸收不足（吸收不良）而导致的体重减轻比腹泻更早观察到。

体重减轻但食欲正常的患宠应重点检查小肠，慢性腹泻但体重未减轻的患宠应重点检查大肠。

有些大肠腹泻患宠的体重可能会下降，它们的粪便中通常会有便血和黏液。这些是源于大肠和回肠腹泻的标志性特征。

由于肛门控制障碍（排便困难）引起的里急后重和排便困难也是大肠腹泻患病动物的常见症状。

直肠和肛门检查应该是对腹泻患病动物进行任何检查中的常规检查内容。例如，肛门与直肠检查可用于更多的相关疾病的诊断，例如直肠息肉或肛门腺肿瘤。

犬的胃肠道肿瘤

胃肠道肿瘤在犬身上很常见。基本的诊断方法有物理学检查、超声检查、单纯和对比放射检查、内窥镜检查、计算机断层扫描和剖腹探查。

老年犬的胃肿瘤

通常患有胃癌的犬年龄较大（平均年龄为10岁），而且通常是雄性。松狮犬、斯塔福德郡斗牛梗、牧羊犬和比利时牧羊犬患病风险较大。

在人类中，肥胖似乎是弥漫性胃贲门腺癌预后不良的一个重要因素。

恶性胃肿瘤是一种浸润性病变，可增生并形成溃疡。由于明确诊断一般较晚，通常预后不良。第一个临床症状往往是厌食而不是呕吐。厌食症通常被错误地认为是老年动物的正常现象，只有当动物出现明显的体重减轻或开始呕吐时，主人才会寻求兽医的帮助。

如果幽门梗阻出现在疾病的早期阶段，则肿瘤可以更早地被发现，从而增加治愈的机会。

因此，对不明原因厌食症老年患者的诊断检查应包括排除胃部疾病的检查，包括微创检查，例如食管、胃、十二指肠镜活检，超声和超声引导穿刺活检等。

胃内发现的肿块并非都是恶性的。在许多情况下，它们可能是炎性息肉。

犬胃肿瘤主要有三种组织学亚型：癌、肉瘤和淋巴瘤。它们都表现出不同的生物学行为，同时治疗方法也各不相同。其他可以影响胃的肿瘤有腺瘤、平滑肌瘤、类癌瘤、肥大细胞瘤和浆细胞瘤（图14）。

以前被认为是平滑肌肉瘤的胃肠道间质瘤(GIST)也曾在犬的胃中被发现。

手术是治疗犬胃癌的唯一方法，其成功与否在很大程度上取决于疾病所处的阶段。最常见的方式是全胃切除术或部分胃切除术，边缘较宽，包括可能受影响的相邻组织结构。这些手术的目的是恢复正常的胃功能，但它们应该被认为是姑息性的，因为它们的预后非常谨慎。

幽门螺杆菌的重要性

幽门螺杆菌已被认为是胃癌的诱发因素之一。感染幽门螺杆菌会引起炎症，产生化生，最终可能导致幽门窦弥漫性胃腺癌。同时，细菌感染还会导致COX-2产生的增加，而胃液的酸度和一些研究发现香烟烟雾等污染物也会导致COX-2生成的增加。因此，COX-2抑制剂可能对预防胃癌至关重要。

由于对胃癌的治疗不是很有效，因此识别、预防和消除危险因素至关重要。唾液与胃酸发生反应，分泌出具有高致突变性和致癌性的活性氮物质，应防止宠物肥胖，同时需要治疗由食道反流引起的胃酸对食道黏膜的损害。

胃癌

胃癌是犬最常见的胃肿瘤。虽然总体而言并不常见（占比<1%的所有犬类肿瘤），但在某些品种中发病率很高。它通常出现在中年至老年犬身上（平均年龄为9岁）。好发于胃的下2/3、小弯、幽门窦处（图15），尤其是幽门，并延伸到胃的其他部分。

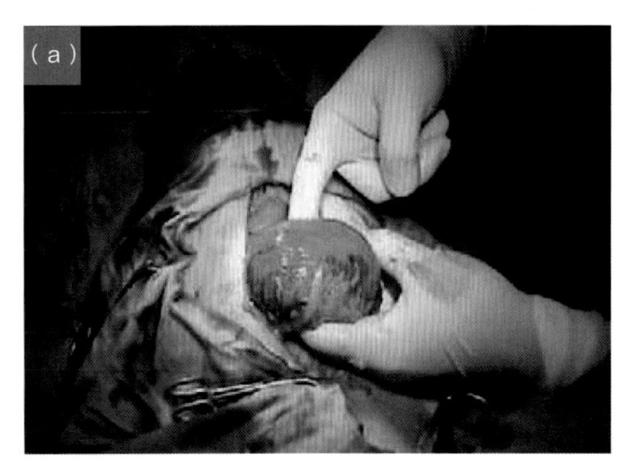

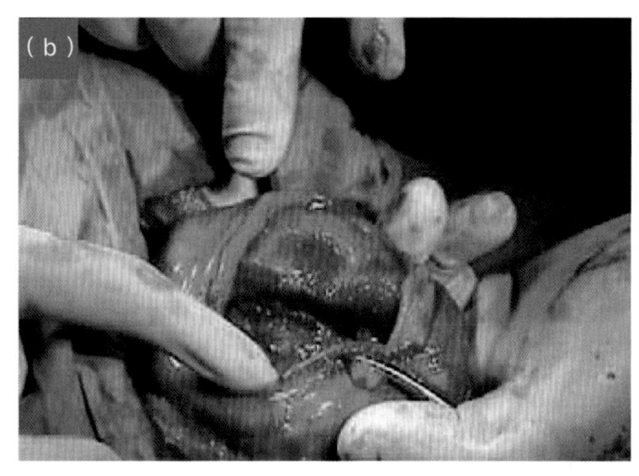

图 14 占胃 1/4 的胃部肿块。该肿块被诊断为原发性肥大细胞瘤 (a), 打开胃壁后的肿瘤外观 (b)

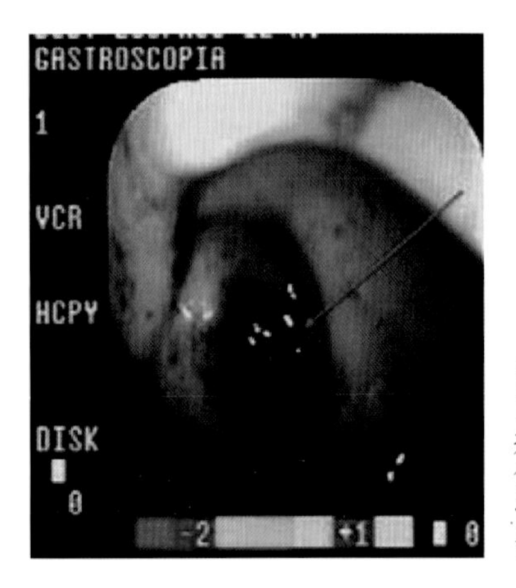

图 15　犬幽门部溃疡性胃癌的内窥镜图像。可见出血性溃疡（红色箭头）

胃癌被认为在雄性动物中更常见 [雄性和雌性比例为（2~3）：1]。比利时牧羊犬（及其变种）、斯塔福德郡斗牛犬、牧羊犬、布维尔德弗兰德斯犬、标准贵宾犬、挪威猎鹿犬和松狮犬都有胃癌的遗传倾向。

研究已经证实了环境和遗传因素在肿瘤形成中的作用。加工食品中的亚硝胺同样也与肿瘤相关。

临床症状和诊断

胃癌最常见的临床症状是呕吐、厌食和体重减轻。诊断通过内窥镜检查和活组织检查来确认。计算机断层扫描、X 线摄影、腹部超声和内窥镜超声也是非常有用的对胃癌进行分期的工具。

剖腹手术和腹腔镜检查反过来也可用于诊断和治疗。

鉴别诊断应包括平滑肌肉瘤、GIST 和淋巴瘤。

预后非常谨慎，因为大约 70% ~ 90% 的动物在确诊时发现存在转移（图 16）。识别特定生物标记物的研究正在进行中。

治疗

在可能的情况下，手术仍是首选的治疗方法。而对位于胃黏膜或黏膜下层的肿瘤，手术

辅助和新辅助化疗

辅助和新辅助化疗的使用存在争议。目前已经使用了依托泊苷、亚叶酸钙、卡铂、阿霉素、环磷酰胺和 5- 氟尿嘧啶等药物，但在特定领域对它们的使用缺乏广泛共识。

一些研究分析了手术、化学疗法和放射疗法的联合应用。少数可接受的结果往往与被认为对患者不可接受的毒性水平相关。腹腔内化疗也有报道，但治疗效果很差。酪氨酸激酶抑制剂的研究正在人体中进行，但迄今为止几乎没有可用的结果。包括金属蛋白酶抑制剂、细胞周期抑制剂和凋亡促进剂在内的治疗方案似乎更有希望。

联合辅助或新辅助化疗的治疗方法取得的效果更令人鼓舞，存活率接近 1 年。化疗的方案往往包括卡铂、多柔比星、环磷酰胺、顺铂和 5-氟尿嘧啶等药物之间的不同组合。

幽门腔内的肿瘤可以通过部分胃切除术或胃十二指肠切除术切除。幽门切除术伴胃十二指肠吻合术动物的生存期非常短。

手术治疗后的存活时间变化很大，根据我们的经验，存活时间从 2 个月到 2 年不等，尽管平均存活时间为 4 个月左右。仔细选择候选治疗方法是取得成功后果的关键。

一般而言，弥漫性或界限不清的肿瘤或形似印戒样细胞型肿瘤的预后比腺源性肿瘤更差。印戒细胞瘤往往未分化程度更高，因此更具侵袭性。

胃平滑肌瘤和平滑肌肉瘤

平滑肌瘤往往是孤立的肿块，临床表现很少。它们通过外科手术切除，通常不会引起任何进一步的问题。

平滑肌肉瘤是侵袭性肿瘤，大约 30% 的病例发生转移（图 17）。其中一些可引起副瘤性低血糖。

由于肿瘤在手术后容易复发，预后谨慎。在大多数病例中，手术切除的平均存活期约为 1 年。

化疗反应不佳。几种药包括多柔比星、卡铂、顺铂、异环磷酰胺或者这些药物组合的化疗方案已经作了介绍。

胃肠道间质瘤

对 GISTs 采用与平滑肌肉瘤相似的手术方法进行治疗，并且预后也相似。胃肠道间质瘤可能对使用酪氨酸激酶抑制剂的化疗有反应。大约 1/3 的病例发生转移（图 18）。

GIST 倾向于表达 c-kit 受体，该受体的突变在这种情况下能够发挥重要的致病作用。因此，对 c-kit 的表达进行分子学检测（免疫组织化学）可用于区分 GIST 和胃平滑肌肉瘤。

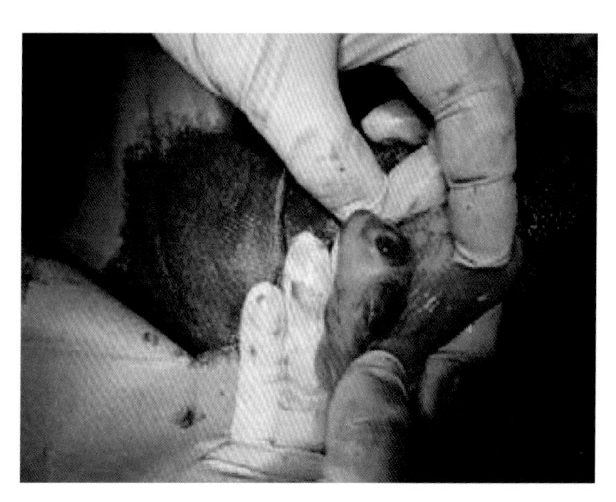

图 16　犬胃癌致肠系膜淋巴结转移

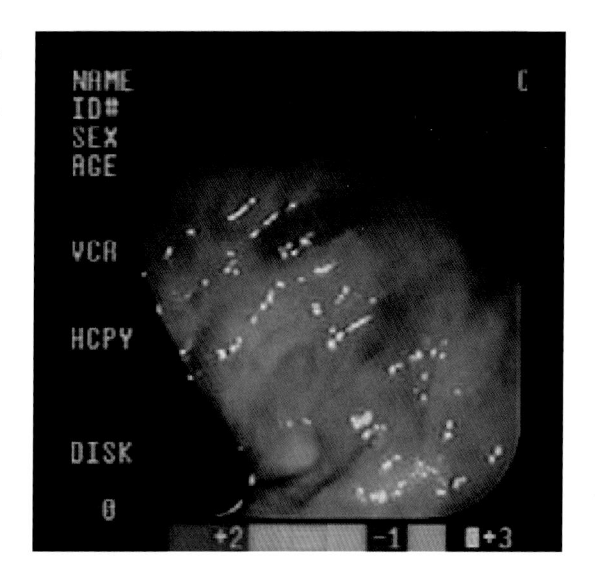

图 17　犬贲门处胃肉瘤的内窥镜图像。翻转的视图显示黏膜呈现不同颜色、特有的弹性丧失和局部区域增厚

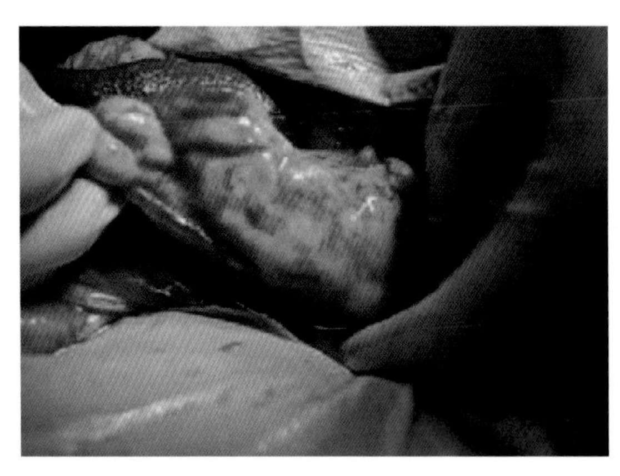

图 18　影响犬肠系膜淋巴结的胃肠道间质瘤

老年犬的肠道肿瘤

简介

腺癌、平滑肌肉瘤和淋巴瘤是最常见的肠道肿瘤。其次是平滑肌瘤、其他肉瘤、GIST、类癌、浆细胞瘤和肥大细胞瘤。

肠道肿瘤通常会影响 10 岁左右的老年犬。它们在雄性犬中更常见。

有研究表明，柯利犬和德国牧羊犬小肠肿瘤的发病率更高。

小肠腺癌

小肠腺癌分为四个组织学亚型：腺泡状、固体状、黏液状和乳头状。乳头状腺癌的表现与其他类型不同，它们水平生长、扩张，并且很少发生转移。其他亚型更多地表现为垂直生长，并倾向于扩散到浆膜和其他器官。但在猫中，肠腺癌具有相似的组织学特性。

大约 70% 的小肠腺癌能够扩散至肠系膜淋巴结、肝脏、网膜或肺。

COX-2 抑制剂可能具有潜在的重要的治疗作用，因为大约 50% 的小肠肿瘤都能够表达环氧化酶 $(COX)_2$ 酶。

首选的治疗方法是手术。虽然多柔比星和顺铂被认为是有趣的辅助治疗选择，但对肠腺癌使用化疗的研究并不多。

在没有转移的情况下患宠的平均存活时间为 10 个月。 出现远处转移患宠的生存期要短得多，大约只有 3 个月。

小肠和盲肠平滑肌肉瘤

大约 30% 的小肠和盲肠平滑肌肉瘤会发生转移。它们主要扩散到肝脏，但也会影响到淋巴结、网膜和肺部。副肿瘤综合征，如低血糖、糖尿病和红细胞增多也被报道。

首选的治疗方法是手术。如果疾病没有扩散，小肠平滑肌肉瘤患宠可存活一年左右，盲肠平滑肌肉瘤患宠可存活 7 ~ 8 个月。在存在转移的情况下，存活时间下降到仅 3 个月左右。

胃肠道淋巴瘤

胃肠道淋巴瘤在犬的发病率远低于猫。它约占犬所有淋巴瘤的 5%，主要影响老年犬（平均年龄为 8 岁）。雄性犬患胃肠道淋巴瘤的风险似乎略高

犬的临床症状与猫胃肠道淋巴瘤相似，包括呕吐、腹泻、厌食、体重减轻、消瘦、淋巴结肿大、腹部紧张、触诊疼痛（腹部防御）。其他常见症状有贫血、低蛋白血症、低钙血症、中性粒细胞增多和单核细胞增多。白细胞增多可归因于继发感染或存在肿瘤坏死的可能。

胃肠道淋巴瘤一般发生在小肠，但也可累及胃肠道其他部位，如大肠、胃等。它有时会影响多个部位。.

免疫组织化学可能对确定浸润中的细胞群是单型还是多态很重要。大约 75% 的胃肠道淋巴瘤是 T 细胞淋巴瘤，它们通常是具有黏膜浸润性的上皮淋巴瘤。而直肠淋巴瘤通常是 B 细胞淋巴瘤。

淋巴浆细胞性肠炎与肠淋巴瘤

肠淋巴瘤和淋巴浆细胞性肠炎可连续发生，在接触区可能难以对它们进行清楚区分。它们也可能在一定的距离之外分别发生。一些研究表明，淋巴浆细胞性肠炎可能先于淋巴瘤，尽管并不总是可以证明这一点。

炎症往往是浅表性的并且主要影响黏膜，而淋巴瘤累及的往往是黏膜下层或经颅黏膜。肠炎和淋巴瘤可同时在多个部位发生。这就是为什么收集肿瘤活检样本应从肿瘤的深部或整个肿瘤的多个部位，涉及肿瘤的整体厚度来取样的重要原因。

手术治疗、化学疗法或两者兼而有之的治疗结果不佳，预后较差，存活时间少于 2 个月。不过，直肠淋巴瘤也有例外情况，有存活时间可达数年的病例。

胃肠道间质瘤

GIST 在上一节关于老年犬的胃肿瘤部分中有所描述。

大肠肿瘤

大多数大肠肿瘤位于直肠，仅 10% 存在于结肠中。最常见的大肠肿瘤是腺癌，其次是平滑肌肉瘤、平滑肌瘤、淋巴瘤和浆细胞瘤。患宠往往年龄较大（大约 10 ~ 11 岁），并且似乎对雄性或者雌性没有特殊倾向（图 19 ~ 图 21）。

结直肠肿瘤

结直肠肿瘤从息肉到腺瘤，再到原位癌，最后到结直肠癌的明显转变已经被描述。结直肠癌在局部具有相当强的侵袭性，但很少转移。

腺瘤性息肉是良性的有蒂肿块，起源于黏膜并一直生长直至到达肠腔。

它们通常位于降结肠和直肠内（图 22 ~ 图 26）。

考虑到息肉转变为结直肠癌的可能性，早期手术是首选的治疗方法。对于其他技术，如冷冻疗法和激光疗法，也有一些有趣的结果。在没有多处病灶或弥漫型模式的情况下，复发并不常见。

结直肠癌的预后与局部疾病的程度有关。带蒂结直肠癌患宠可存活 2.5 年以上，局部复发率约为 50%。具有多个结节且基部较宽的犬的存活期约为一年。环状肿瘤的预后很差，生存时间不到 2 个月。

结直肠癌往往在局部发生，因此通常不能用化疗方法治疗。放射治疗由于其毒性和肠道的流动性而未被广泛使用，但它可以应用于最后一节肠管的病变。有关 COX-2 抑制剂的有效性的研究正在进行中。

犬消化道淋巴瘤通常预后不良。结直肠淋巴瘤在表现上似乎有所不同。其最典型的临床特征是便血。大多数结直肠淋巴瘤是 B 细胞肿瘤，据报道，全身、局部和联合治疗的生存时间较长。研究发现犬结直肠淋巴瘤的存活期能够长达数年 ，这表明我们需要将该肿瘤与其他胃肠道肿瘤进行区分 (Des- mas et al., 2012)。

猫的胃肠道肿瘤

老年猫的胃肿瘤

猫的胃一般不会受到胃肠道肿瘤的影响。胃癌很少见，不像更为常见的肠癌。

肠癌的主要临床症状为呕吐、腹泻、厌食和体重减轻。通过常规治疗无法得到改善。最常见的血液学检查异常是贫血、低蛋白血症和肝酶升高。

在检查猫的腹部肿块时，物理学检查、平片和对比射线以及超声检查都是非常重要的检查方法。超声检查是评估猫胃肿瘤最有效的诊断和分期工具之一，它通常可以检测到肿块之外的淋巴结肿大。

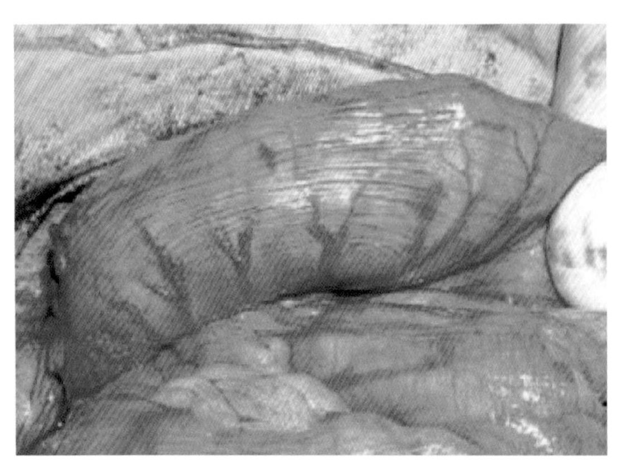

图19　犬大肠肿瘤，腹泻继发便秘。发现一个占据整个肠腔的肿块。活检确诊为平滑肌肉瘤

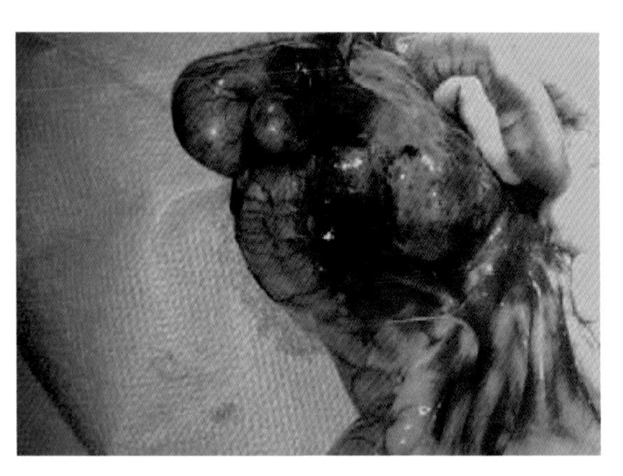

图20　犬大肠腺癌，侵犯局部淋巴结和肿瘤肿块受压引起的大血管病变

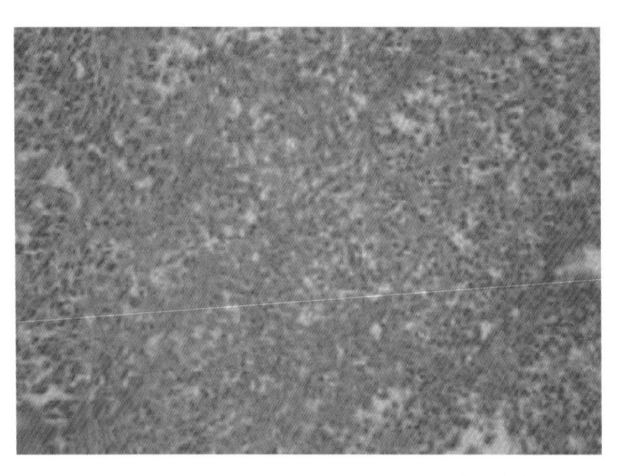

图21　犬大肠癌的细胞学检查表明有黏液样分化(200×)

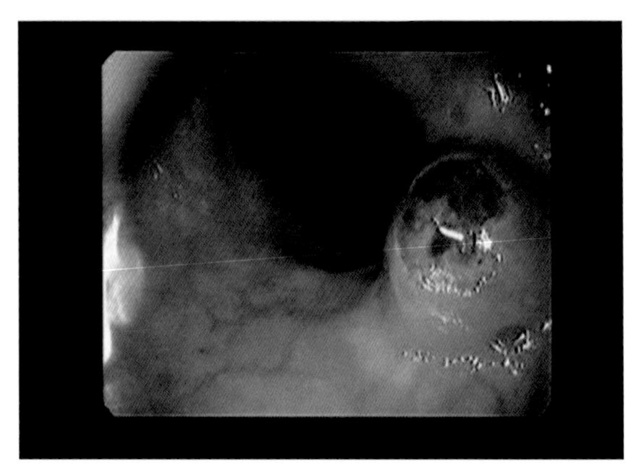

图22　犬横结肠内息肉溃疡、出血的内窥镜图像

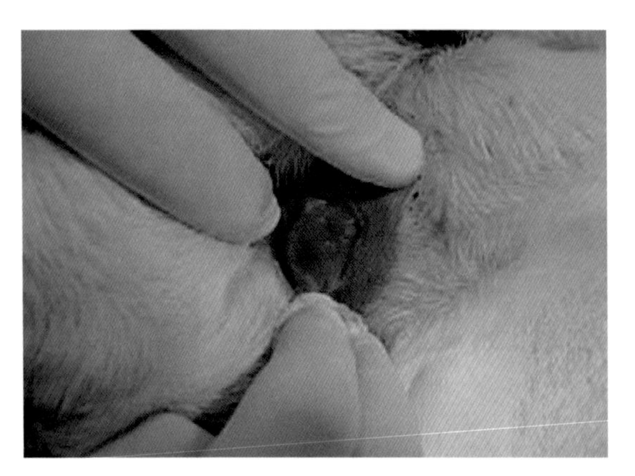

图23　犬良性腺瘤性息肉伴直肠出血

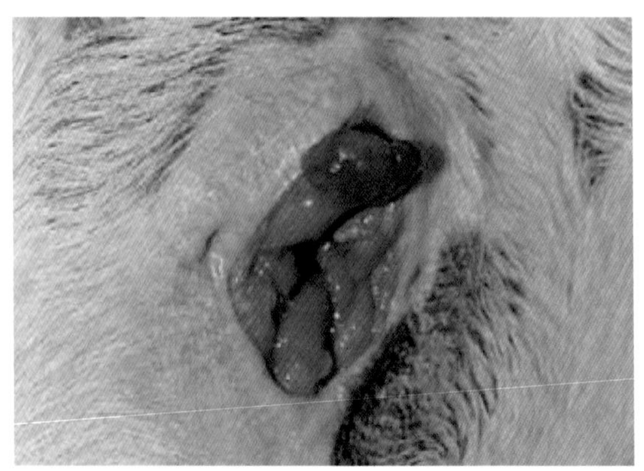

图24　犬良性出血性直肠息肉。因犬处于麻醉状态，直肠括约肌扩张。在正常情况下，息肉只在排便时可见

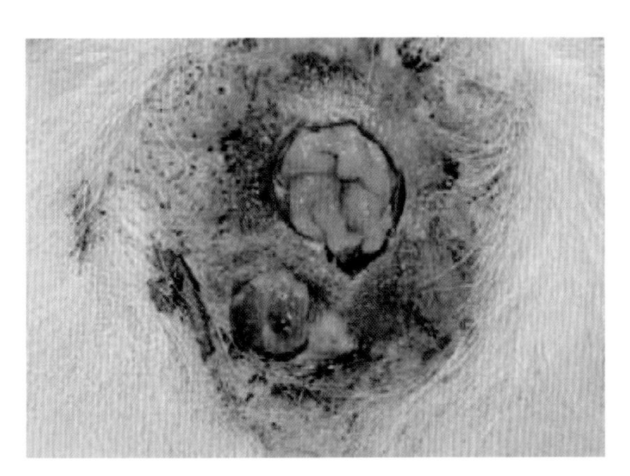

图 25　犬肛周区域的肝样出血性腺瘤

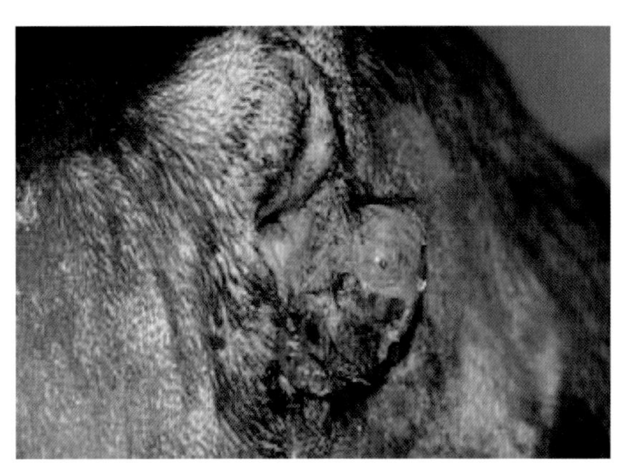

图 26　犬溃疡肛门肝样腺瘤

超声引导的穿刺活检也可以帮助建立初步诊断。内窥镜检查则是另一个可以探查身体部位和采集样本的有用方法。

在活检过程中收集大块组织标本很重要，因为很难区分淋巴浆细胞性炎症和淋巴瘤（图 27)。出现错误诊断是很常见的。

猫胃淋巴瘤对化疗的反应优于对局部治疗的反应。根据一些研究，手术对存活期或无病期没有显著影响。

重要提示

如果计划进行手术并且组织学证实为胃肠道淋巴瘤，则需要进行辅助化疗。

老年猫的肠道肿瘤

猫最常见的肠道肿瘤是淋巴瘤（图 28)，其次是腺癌、肥大细胞癌和神经内分泌癌。不太常见的肿瘤是纤维肉瘤、未分化肉瘤、平滑肌瘤、平滑肌肉瘤和浆细胞瘤。

肠道肿瘤往往发生在年老的猫身上（一些研究显示为 12 岁）。70% 的病例可见转移灶，最常见的部位是腹部浆膜层（图 29）。

肠腺癌

猫的肠腺癌往往发生在空肠和回肠。暹罗猫患此类癌症的风险最高。继发于慢性失血和黑便的贫血是由黏膜溃疡引起的常见表现。

肠道平滑肌肉瘤

肠道平滑肌肉瘤是猫最常见的肠道肿瘤类型，往往发生在盲肠和空肠。它们具有局部侵袭性，但也与晚期转移有关。

肠肥大细胞瘤

肠肥大细胞肿瘤的分化程度与相对应的皮肤相比往往较低。它们通常在小肠中作为单发或多发病变在腹部检查中被发现（图 30）。

超声波和放射学可以帮助诊断。腹部出血、发热和贫血都是可能表现出的症状。

预后较差，存活期可能很短。全身性肥大细胞增多症不常见。

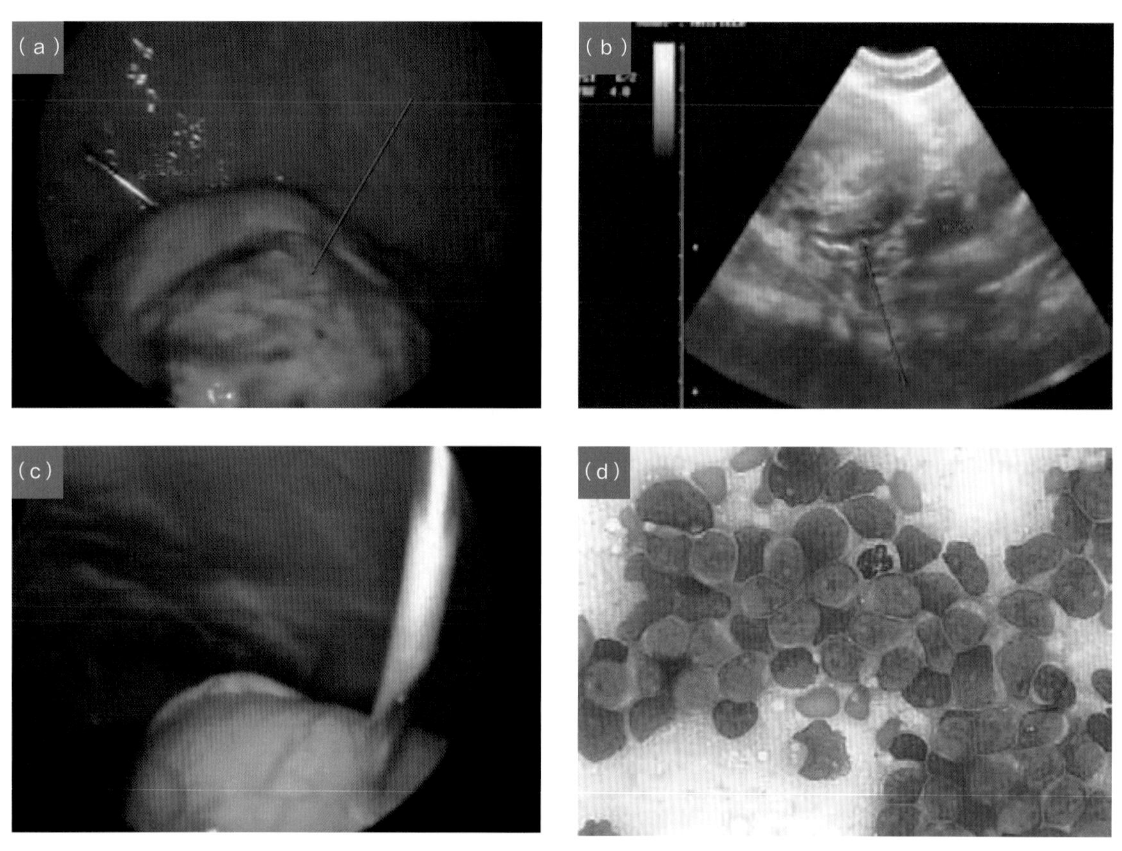

图 27　猫高级胃 B 细胞淋巴瘤内窥镜图像（红色箭头）。使用粗（Tru-cut）针进行经皮活检 (a)，肿瘤的超声图像 (b)，经皮活检的腹腔镜图像（c）。肿瘤细胞学，显示成淋巴细胞群 (1000×) (d)

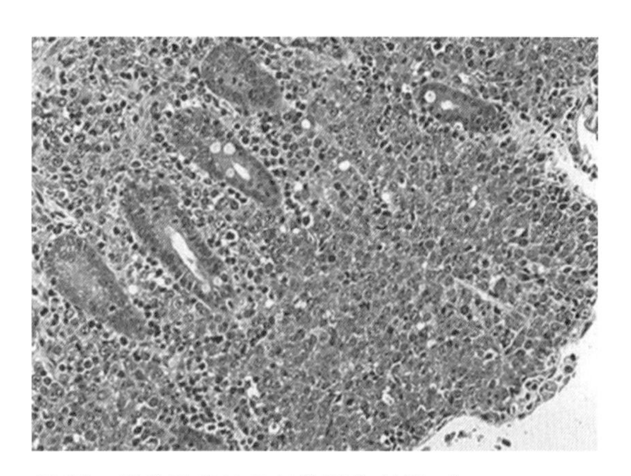

图 28　肠淋巴瘤的组织学图像 (400×)

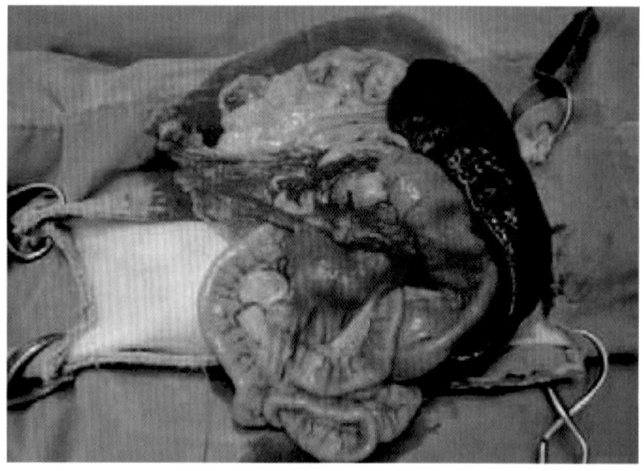

图 29　猫累及肠系膜淋巴结肠间变性肉瘤。注意图像中较大的肠系膜淋巴结

图 30 猫盲肠和结肠的肠道肥大细胞瘤，伴有肠内陷和扭转、粘连、局部淋巴结转移和腹膜炎

宽切缘（>5cm）手术是一种选择，但它并不总是能够达到预期的结果。

抗酸剂应从诊断那一刻起开具。术后即刻(2周）不建议使用皮质类固醇，因为它们会干扰愈合。有报道称长春碱和洛莫司汀可被用于新辅助化疗。

腺瘤性息肉

猫的腺瘤性息肉倾向于影响小肠。直肠息肉似乎在亚洲品种中很常见。

宽切缘（>4cm）手术是单发性肠道病变最常见的治疗方法。样本应取自局部淋巴结。虽然在这种情况下化疗的有效性值得怀疑，但多柔比星已被用作切除猫肠腺癌和平滑肌肉瘤后的辅助治疗药物。

胃肠道淋巴瘤

淋巴瘤是猫身上最常见的肿瘤，也是最常见的胃肠道肿瘤。它可以是单个病变，也可以是多中心病变的一部分。

淋巴瘤是所有淋巴瘤中最常见的(占所有病例的 30% ~ 75%)(图 31 ~图 33)。

淋巴瘤对品种没有特别的倾向，但它可能在雄性猫身上更常见。患猫年龄一般在 10 岁以上。

淋巴瘤、猫白血病病毒和猫免疫缺陷性病毒

患有胃肠道淋巴瘤的猫往往猫白血病病毒 (FeLV) 检测呈阴性，不过有一些研究表明患猫 FeLV 的感染率可从 0 到近 40% 不等。疫苗使用的增加可以解释 FeLV 携带者的减少。

猫免疫缺陷病毒 (FIV) 与淋巴瘤之间也存在显著的关联。同时患有这两种疾病的猫也容易患上 FeLV。

根据我们的经验，胃肠道淋巴瘤患者的 FIV 检测结果往往呈阴性。

临床症状和诊断

猫胃肠道淋巴瘤的临床症状是呕吐、体重减轻、厌食、腹泻、多尿 / 多饮和嗜睡。大约 25% 的患者有可被识别的腹部肿块，而 30% 的患者则显示肠道增厚。

猫的肠道淋巴瘤有两种不同的表现：

- 弥漫性，其特征是肿瘤淋巴细胞侵入固有层和黏膜下层，可导致肠道吸收不良、腹泻、脂肪泻和体重减轻。
- 结节状，其特征为节段性肠壁增厚。回结肠段是最常见的患病部位。肠壁增厚常导致部分肠道梗阻，使管腔缩小。 有时，肠道可能看起来正常。

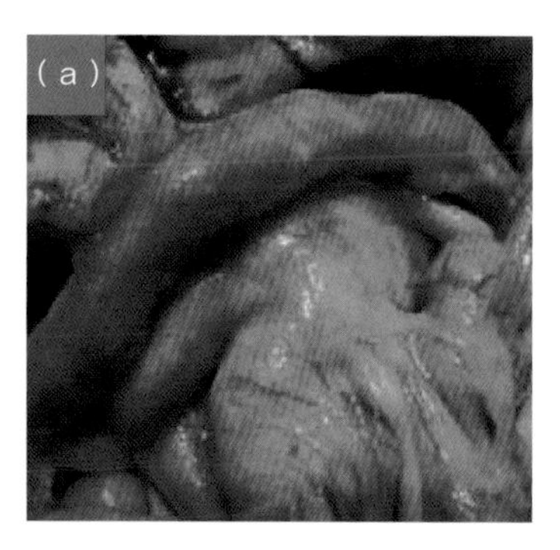

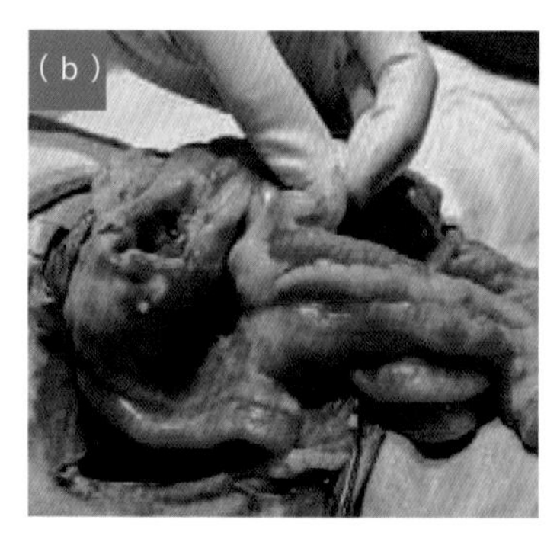

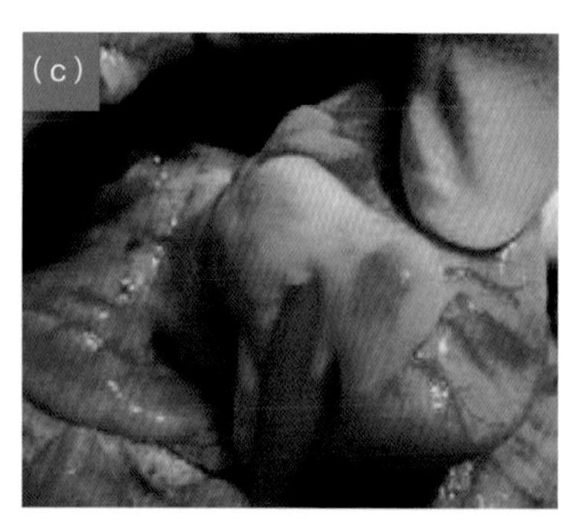

图 31　猫肠道高级别 B 细胞淋巴瘤累及肠系膜淋巴结（图片中央）(a)。注意患病部位的小肠壁破裂、粘连和受波及的胰腺病变 (b)。还要注意小肠附近肠系膜脂肪中的各种结节 (c)

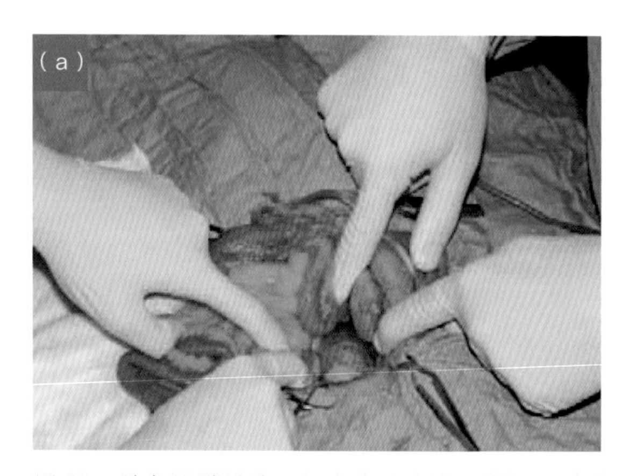

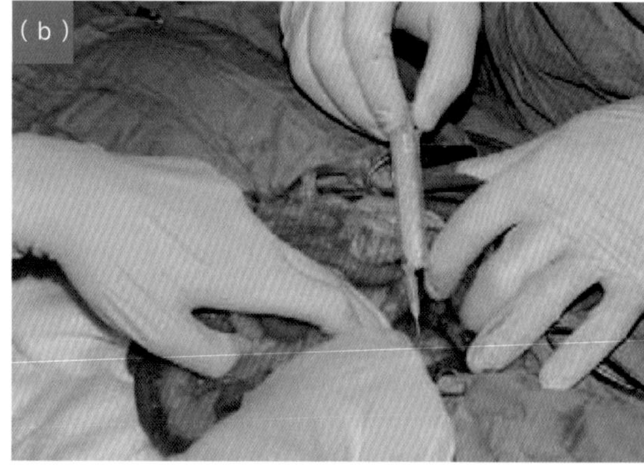

图 32　猫高级别肠道 B 细胞淋巴瘤累及局部肠系膜淋巴结 (a)，细针穿刺细胞学检查 (b)

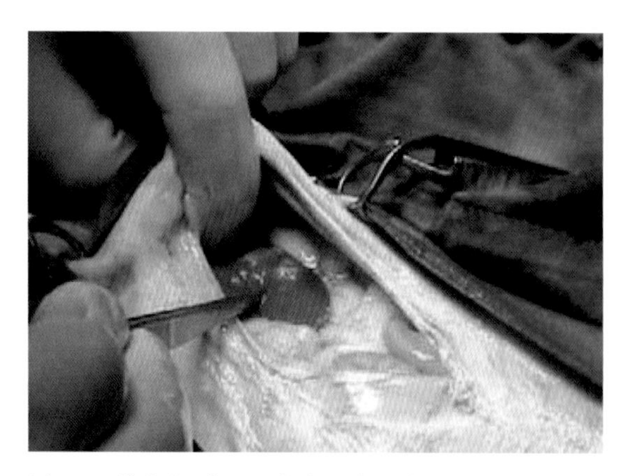

图 33　猫高级别 B 细胞淋巴瘤肝转移

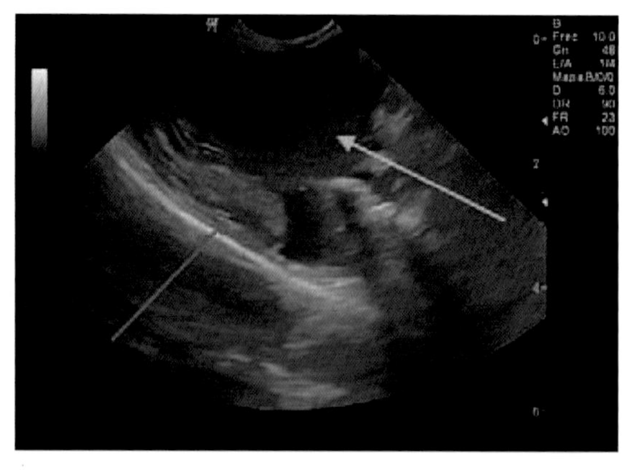

图 34　猫肠道淋巴瘤的超声图像。注意小肠增厚（红色箭头）和肠系膜区淋巴结（绿色箭头）

黏膜增厚通常是呈偏心性的，因此它不会完全阻塞管腔，尽管它可能引起动物表现出功能性阻塞的迹象。也可能发生溃疡。相比之下，肠腺癌则具有不同的外观表现。肠腺癌的病变被描述为类似“餐巾环”状的增厚，这会导致肠腔收缩。肠系膜淋巴结肿大在胃肠道淋巴瘤中很常见，可通过超声进行检查（图 34）。

气体的存在会对超声检查造成极大的限制，因为充满气体的结构在超声下很难被识别和评估。

肠内陷是肠淋巴瘤的常见并发症，并且明显影响空肠。肝脏受累也很常见，肝脏可呈现正常、弥漫性或结节样外观（图 35）。

治疗

研究建议不要使用 COP 化疗（环磷酰胺、长春新碱和强的松），因为它与较短的存活时间（约 2 个月）有关。

包含甲氨蝶呤的改良 CHOP 方案（L- 天冬酰胺酶、多柔比星、环磷酰胺、长春新碱和泼尼松）似乎治疗效果更好，存活时间约为 10 个月。

肿瘤分级很重要。接受包括苯丁酸氮芥和泼尼松在内的化学疗法治疗的低级别淋巴瘤患宠可能存活 1 ~ 2 年。

一般而言，单纯使用多柔比星或与其他药物联合使用对猫的治疗效果似乎不如对患有犬肠道淋巴瘤的犬有效。

实现肿瘤的完全消退对长期存活非常重要。

组织病理学结果应用于指导选择合适的治疗方案和确定一个准确的预后结果。关于消化性淋巴瘤是以 B 细胞还是 T 细胞成分为主仍存在一些争议。最近的研究结果似乎证实它们通常以 T 细胞为主，免疫组织化学研究结果也表明，大多数低级别猫胃肠道淋巴瘤具有 T 细胞免疫表型。

一些研究尚未发现免疫表型与治疗反应或存活率之间是否相关。然而，其他研究发现具有 T 细胞免疫表型的肿瘤患宠往往对治疗有更好的反应。

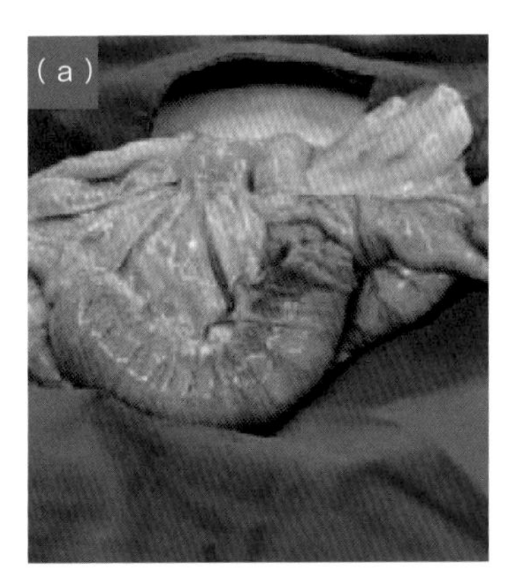

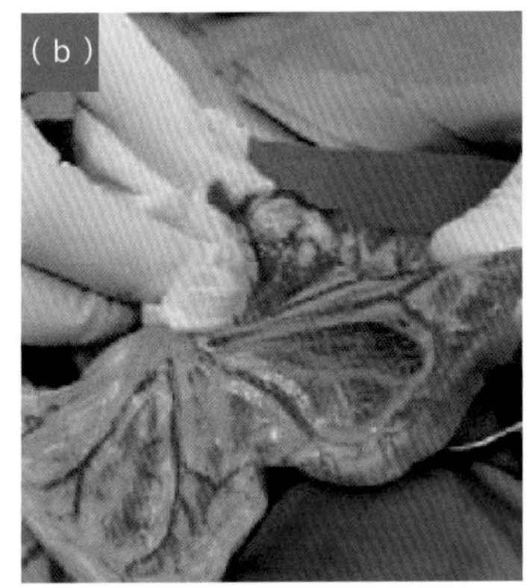

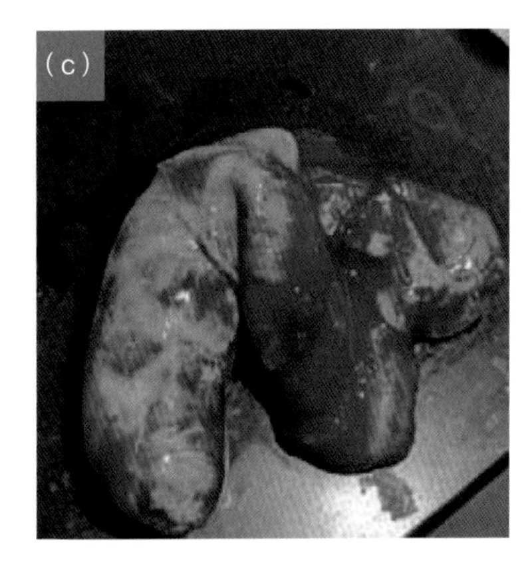

图 35　空肠内陷（肠套叠）。空肠看起来正常，但肠系膜淋巴结肿大（a）。在试图缩小肠系膜淋巴结时，肠系膜淋巴结破裂，暴露出内容物 (b)。整个肠道肿瘤部分的肠切除术（c）。在许多病猫中，最初怀疑因运动改变或存在异物导致，调查将表明内陷是由肿瘤引起的

对于猫胃淋巴瘤，免疫表型作为治疗反应和存活率标志物的价值尚未明确。

患有胃肠道淋巴瘤的猫何时需要手术?

在两种情况下需要手术:

- 出现肠梗阻或穿孔时;
- 当需要足够的样本进行明确诊断时。

重要提示

当化疗开始时，顶叶存在局灶性病变的患宠发生穿孔的风险更大。

一些有孤立性肿块的患宠可能受益于手术和新辅助化疗的联合治疗。

由于存在缝线裂开的风险，接受过手术治疗的患宠应推迟数天再开始进行化疗。

眼睑和眼眶肿瘤

简介

由于过去几十年来宠物在社会中角色的变化以及兽医学和营养学领域的进步，宠物的寿命越来越长。因此，影响眼睛及其附件的问题已成为咨询兽医的普遍原因，特别是在老年动物中。

重要的是要区分自然衰老的变化和老年疾病所导致的变化。老年宠物最常见的眼部疾病是核硬化和虹膜萎缩。

核硬化

随着年龄的增长，由于眼球的赤道处新纤维的堆积导致晶状体中心的纤维受到压缩，晶状体的核变得越来越密集（图1）。

当瞳孔扩大时，核呈蓝灰色，但这并不妨碍对眼底进行检查，这对于区分核硬化和白内障很重要。

核硬化症很少影响视力，但它常常会影响动物对附近物体的注意力。

虹膜萎缩

虹膜萎缩是另一种与年龄有关的变化，是导致瞳孔对光反射不全的最常见原因（图2）。瞳孔的边缘可能会显得不规则，并且可能虹膜会跟随瞳孔形状的变化而变化。有时，虹膜基质内可能有实际的孔，看起来像一个额外的瞳孔。

图1　核硬化

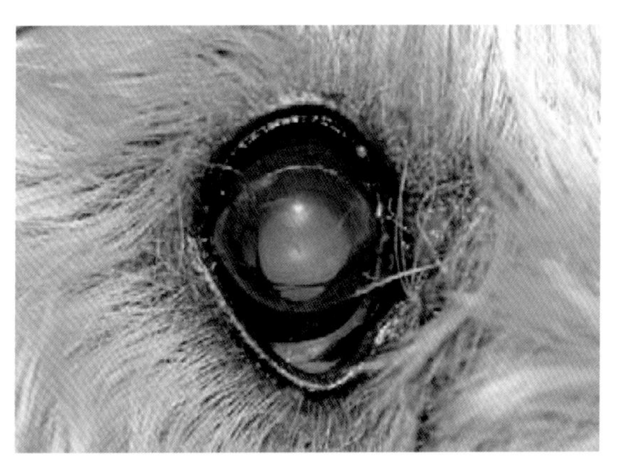

图2　虹膜萎缩

老年犬猫眼睑肿瘤

眼睑肿瘤在老年患宠中很常见，并且在大多数情况下是良性的（图 3）。宠物主人通常会让这些肿瘤生长一段时间，然后才去看兽医，而且许多人只有在注意到宠物角膜有刺激症状或鼻泪管受累及时才会带宠物来检查。

50% 以上的眼睑肿瘤都是睑板腺腺瘤。在这个位置看到的其他肿瘤是黑色素瘤、组织细胞瘤、肥大细胞瘤、鳞状细胞癌和睑板腺腺癌。

眼睑肿瘤在猫身上比较少见，但与犬科动物不同的是，它们几乎都是恶性的，例如鳞状细胞癌、纤维肉瘤和其他癌（图 4）。

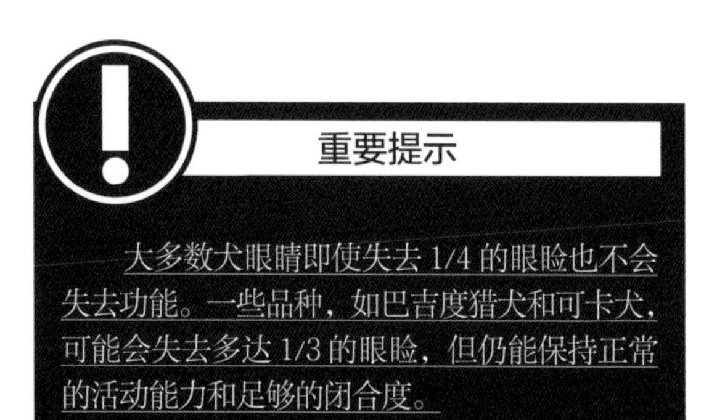

重要提示

大多数犬眼睛即使失去 1/4 的眼睑也不会失去功能。一些品种，如巴吉度猎犬和可卡犬，可能会失去多达 1/3 的眼睑，但仍能保持正常的活动能力和足够的闭合度。

首选的治疗方法是手术切除。一些外科重建技术涉及使用来自其他区域的皮肤或黏膜（如唇 - 眼睑瓣）。

冷冻手术是治疗眼睑肿瘤的另一种有效方法。

猫的眼睑肿瘤应该在它们变得太大之前及早进行手术切除。

睑板腺腺瘤和腺癌

睑板腺腺瘤累及 30 ~ 40 个腺体，这些腺体构成沿眼睑边缘的灰线。它们可以表现为色素沉着或没有色素沉着的单发或多发病变，可溃烂和出血。睑板腺腺癌很少见，尤其是在猫身上。

手术是腺瘤和腺癌的首选治疗方法（图 5）。在后一种情况下，大边缘切除对于防止复发至关重要。

黑色素瘤

皮肤黑色素瘤在狗中很常见，而且几乎都是良性的。相比之下，在猫中它相对不常见，且通常是恶性的。它是犬第二常见的眼睑肿瘤，与非皮肤形式的黑色素瘤不同，通常是良性的。

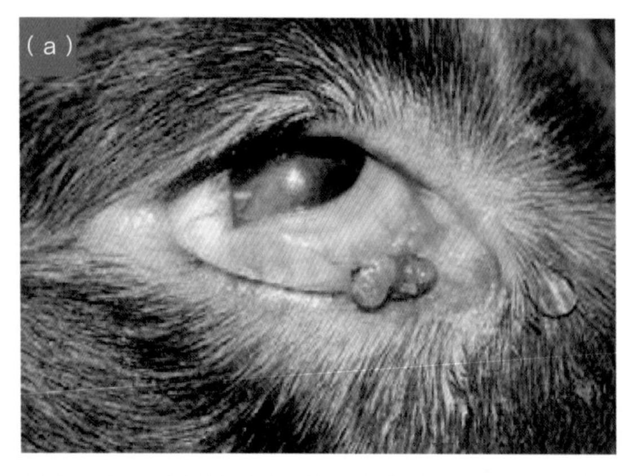

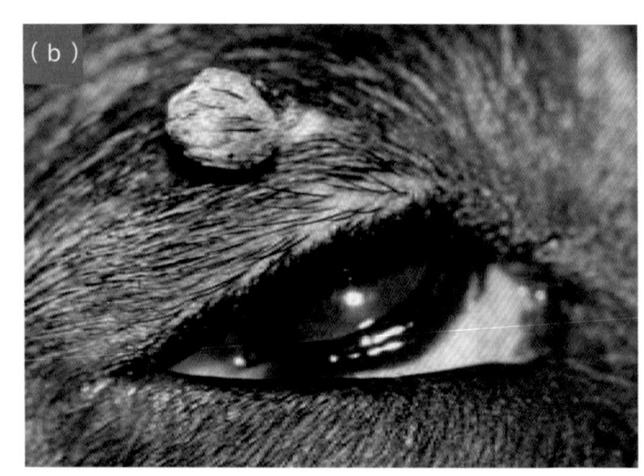

图 3　犬的睑板腺腺瘤 (a)，老年患犬上眼睑乳头状瘤（b）

然而，如果肿瘤没有从明显超出肿瘤肿块边缘处进行切除，就很容易会复发。

相比之下，结膜黑色素瘤是恶性的，以局部复发和远处转移为特征(图6)。它需要非常小心的治疗，因为它可以从结膜扩散到眼睑(图7)。

组织细胞瘤

组织细胞瘤通常影响幼犬（<4岁），但也不应将它们从年长动物中排除。尽管免疫介导的自发消退在组织细胞瘤中很常见，但这些肿瘤通常需要进行手术切除。这更多是因为溃疡和继发感染的存在，而不是因为它们的侵袭性行为(图8～图12)。

肥大细胞瘤

犬的肥大细胞瘤

肥大细胞瘤在犬身上很常见，可影响眼睑(图13)。当它们影响这个位置时，它们的外观和行为与其他皮肤肥大细胞瘤相似(图14～图16)。

治疗方法通常是手术切除。与其他肥大细胞肿瘤一样，切口的边缘大小也是一个重要的考虑因素，但由于眼睑的解剖特征，手术中因切除肿瘤需要，选用大范围手术切口的方案比较容易做到，也有人认为根据不同的病情使用合适的切口更好。

根据一些研究，1cm的侧缘和4mm的深度应该足以在I级和II级肥大细胞瘤中取得良好的结果。对于大的肿瘤应考虑全部摘除。

结膜肥大细胞瘤已在患有结膜肥大和过敏发作的患宠中有所介绍。在这些情况下，边缘相对较小的手术往往会成功（图17）。

Ki-67是一种在有丝分裂细胞分裂之前的细胞周期阶段被激活的蛋白质。因此，它对于II级肥大细胞肿瘤来说是一个有用的预后标志物。

放射治疗、化学疗法和应用酪氨酸激酶抑制剂可作为手术的替代方法，用于治疗无法手术治疗、复发或转移的肿瘤。

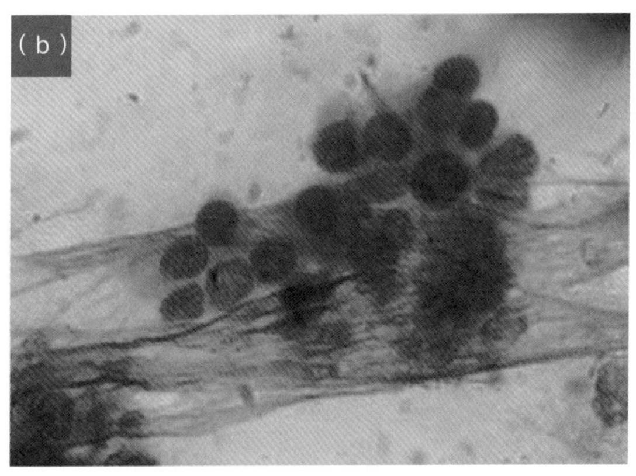

图4 猫的第三眼睑腺癌(a)。第三眼睑腺癌的细胞学检查。可观察到图片中组织细胞的细胞外基质非常丰富及与恶性肿瘤标准相符合的病变(b)

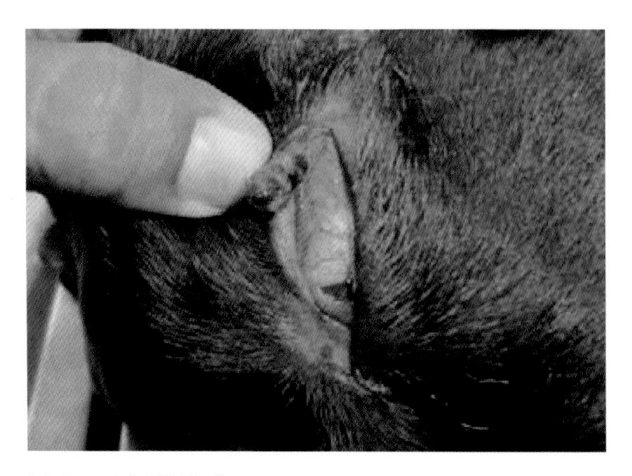

图 5　睑板腺腺癌

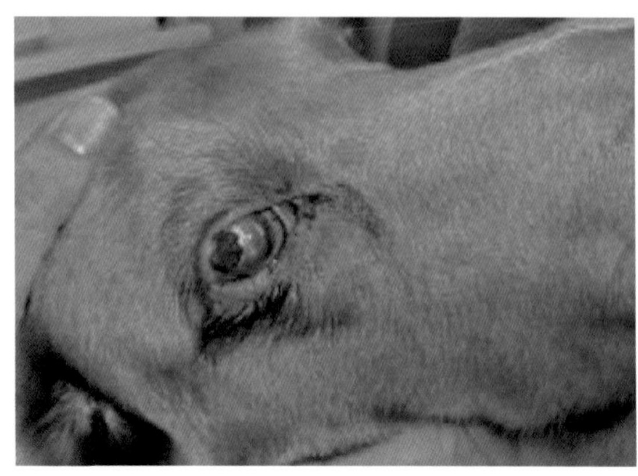

图 6　威玛犬眼睑结膜黑色素瘤

图 7　西高地犬黑色素瘤侵入眼球延伸至眼眶

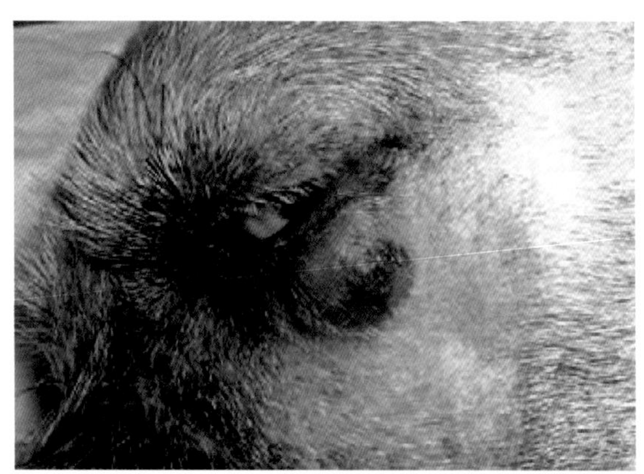

图 8　犬下眼睑组织细胞瘤

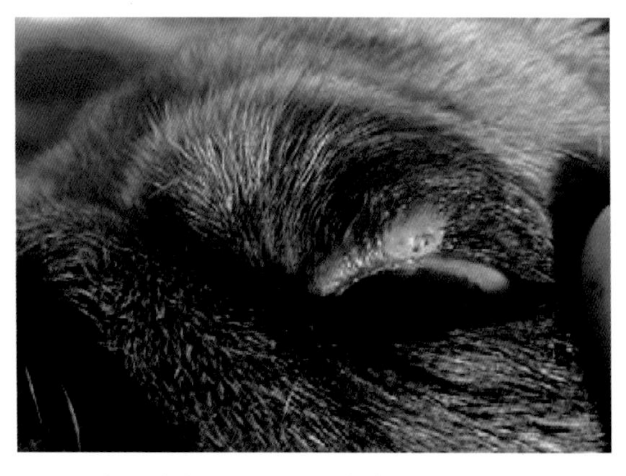

图 9　哈巴狗上眼睑组织细胞瘤

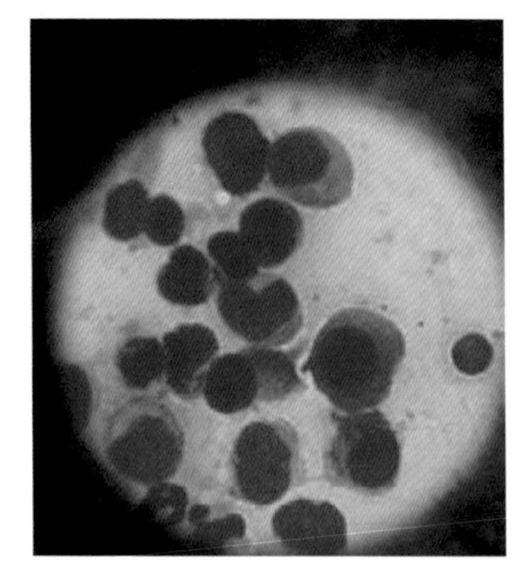

图 10　眼睑组织细胞瘤的细胞学检查。可见上皮细胞和圆形细胞大量脱落，并占优势

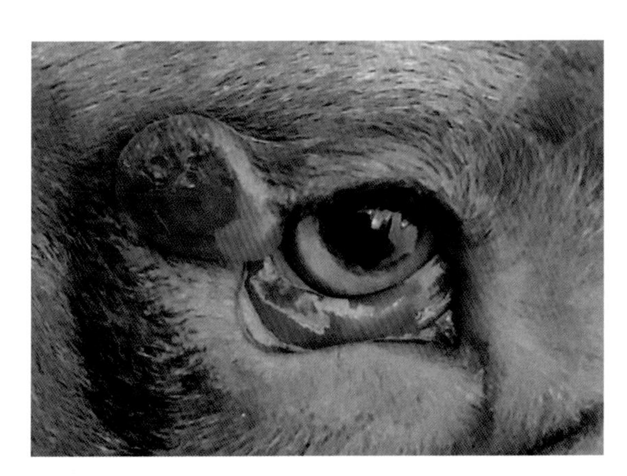

图 11　波尔多犬颞眼角晚期溃疡性组织细胞瘤

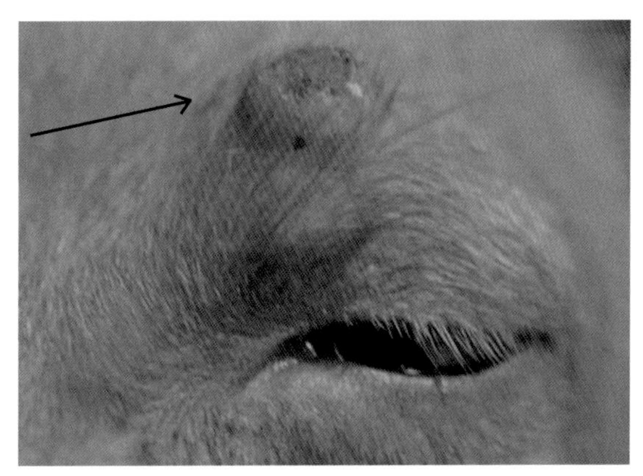

图 12　犬上眼睑的组织细胞瘤。注意肿瘤的按钮状外观

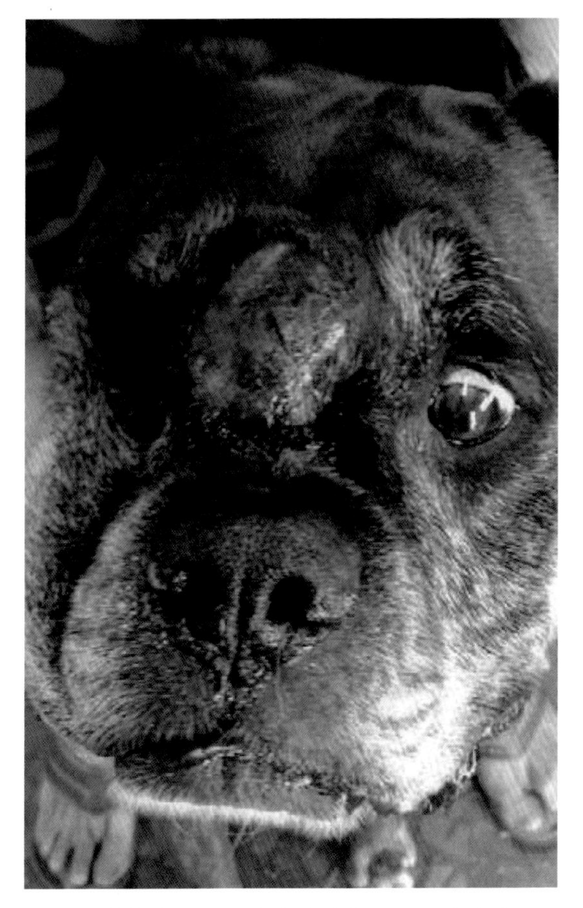

图 13　拳师犬面部的晚期溃疡性肥大细胞肿瘤

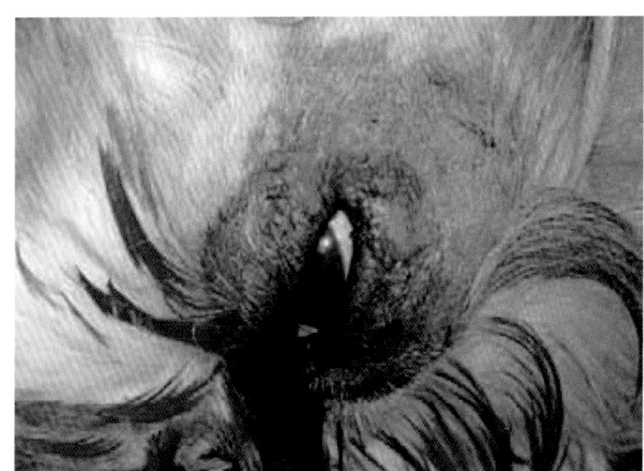

图 14　犬上眼睑 I 级肥大细胞瘤

图 15　犬上眼睑的 I 级肥大细胞瘤

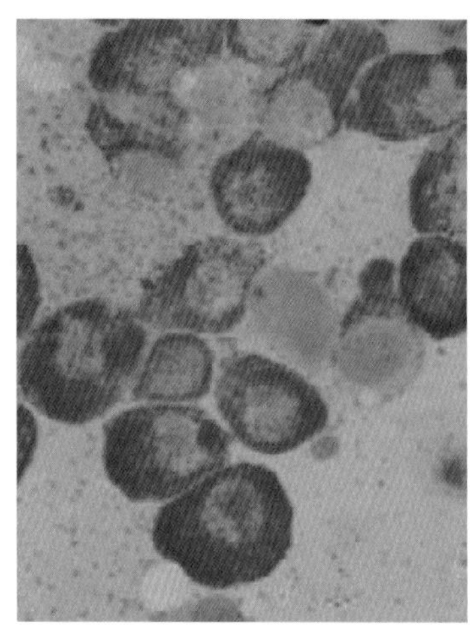
图 16 犬眼睑肥大细胞瘤的细胞学检查

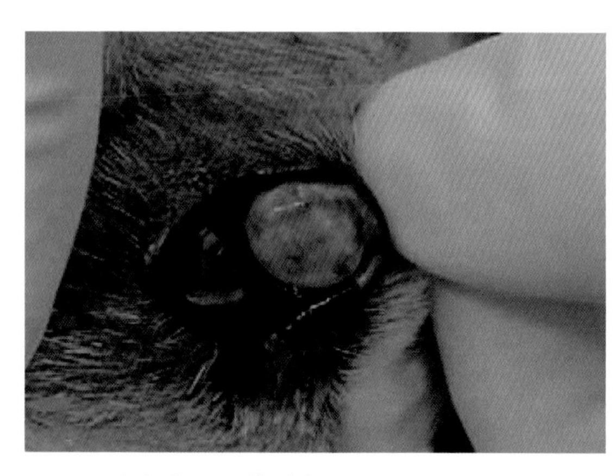
图 17 老年犬眼睑结膜上的肥大细胞瘤

猫的肥大细胞瘤

肥大细胞瘤占猫所有眼睑肿瘤的 25%（图 18 和图 19），并且它们往往会影响年轻的动物。它们通常分化良好，呈单发，略带粉红色，略微隆起，有时可见脱毛的肿块。尽管肥大细胞瘤往往位于眼睑边缘附近，但不会影响其生长。眼睑肥大细胞瘤往往比其他皮肤肥大细胞瘤的侵袭性低，因此一般有更好的预后。外科手术经常取得良好的结果，而不需要非常宽的切缘。

图 18 猫下眼睑肥大细胞瘤

汗腺囊腺瘤

汗腺囊腺瘤是一种影响猫的原发性肿瘤。它是良性的，但术后经常复发。它通常表现为眼睑上的多灶性、色素性、结节性病变。病变通常呈囊样，具有浅棕色内容物和炎症性组织细胞群。尽管一些人认为汗腺囊腺瘤和顶泌腺细胞瘤是同一实体，但顶泌腺细胞瘤通常是无色的，表现为单发性病变，通常不复发。

由于有棕色色素，汗腺囊腺瘤可能与黑色素瘤混淆。汗腺囊腺瘤经常引起眼睛分泌物增加。

周围神经鞘瘤

周围神经鞘瘤可发生在任何地方，但主要影响犬猫的眼睛和眼睑。周围神经鞘瘤更倾向于上眼睑。虽然周围神经鞘瘤很容易局部复发，但转移的可能性很低。

鳞状细胞癌

鳞状细胞癌约占猫所有眼睑和结膜肿瘤的 30%，使其成为这些部位最常见的肿瘤（图 20 和图 21）。它好发于白色的老年猫。鳞状细胞癌通常发生在眼睑边缘附近，周围组织开始发红，然后隆起，并且经常发生溃烂。

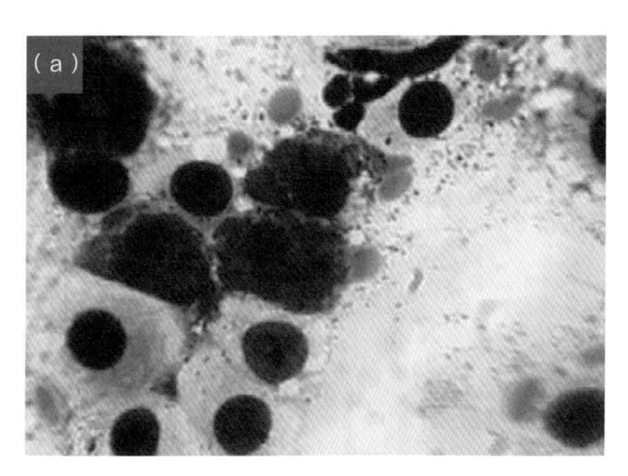

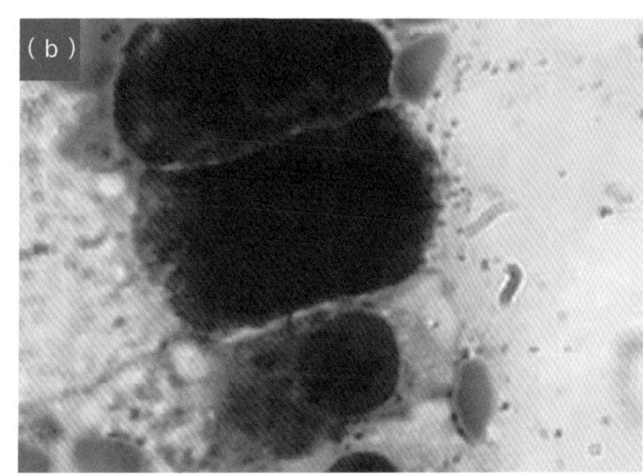

图 19　猫眼睑肥大细胞肿瘤的细胞学检查 (a)，详情 (b)

鳞状细胞癌可表现出明显的局部浸润(图22和图23)。它可以延伸到眼眶并扩散到局部区域淋巴结。远处转移可在疾病晚期发生(图24)。

根治性手术是可治愈鳞状细胞癌的，通常需要使用皮瓣或移植物。许多治疗技术已经被报道。冷冻手术、远程治疗(远距离放射治疗)、锶-90放疗、近距离治疗(近距离放射治疗)都被认为是有效的治疗方法。

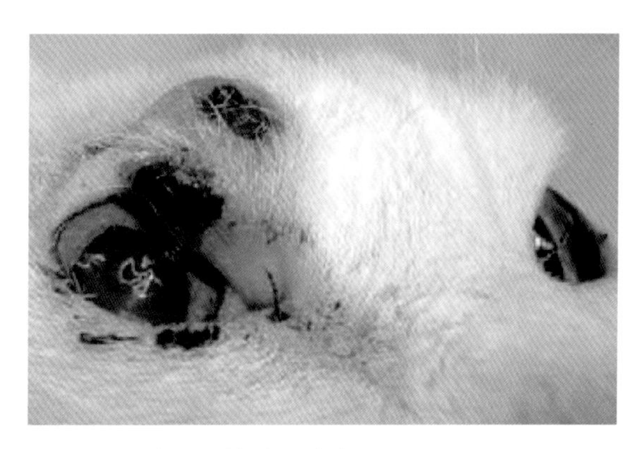

图 20　白猫眼睑鳞状细胞癌

基底细胞癌

基底细胞癌通常表现为界限清楚的结节状结构，与鳞状细胞癌一样，往往会溃烂。基底细胞癌通常遵循良性过程，局部治疗通常是可治愈的。

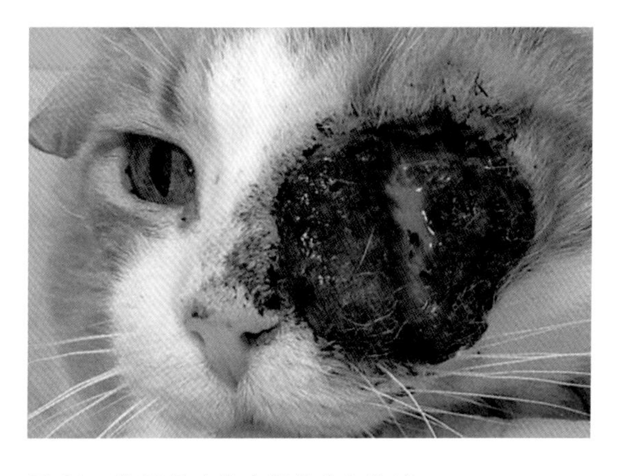

图 21　猫下眼睑的晚期鳞状细胞癌

纤维肉瘤

纤维肉瘤常见于老年猫。它们表现为结节性、脱毛性、一般溃疡性病变，需要广泛切除(图25)。预后取决于组织活检观察到的核分裂率。

纤维肉瘤通常与年轻动物中的猫肉瘤病毒有关，猫肉瘤病毒感染时，它总是预后不良。

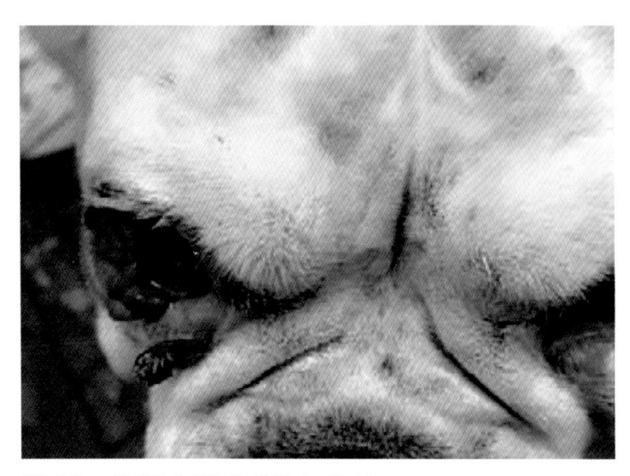

图 22　拳师犬眼睑鳞状细胞癌

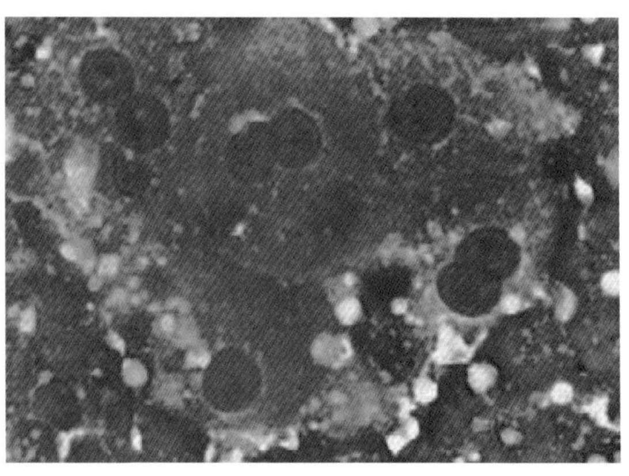

图 23　图 22 所示鳞状细胞癌的细胞学检查显示有多个多核上皮细胞，可观察到核仁和胞质差异较大

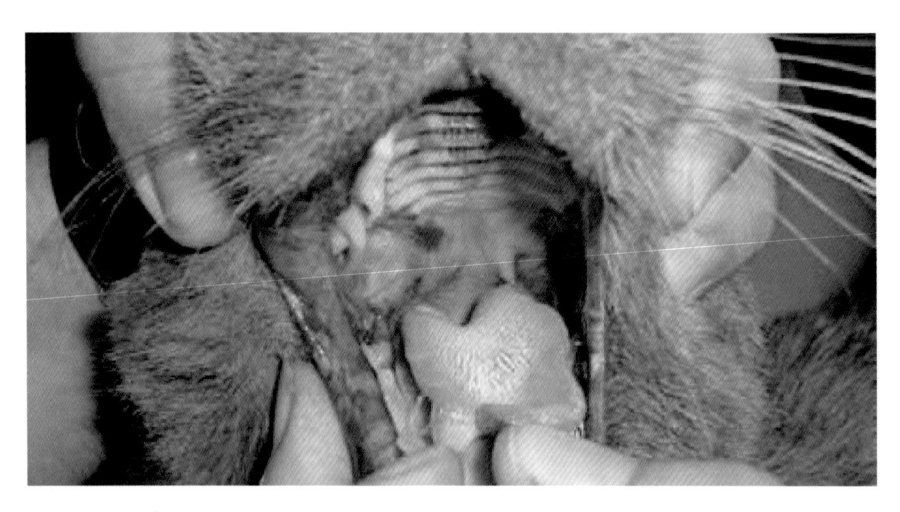

图 24　猫眼球后鳞状细胞癌伴口腔浸润

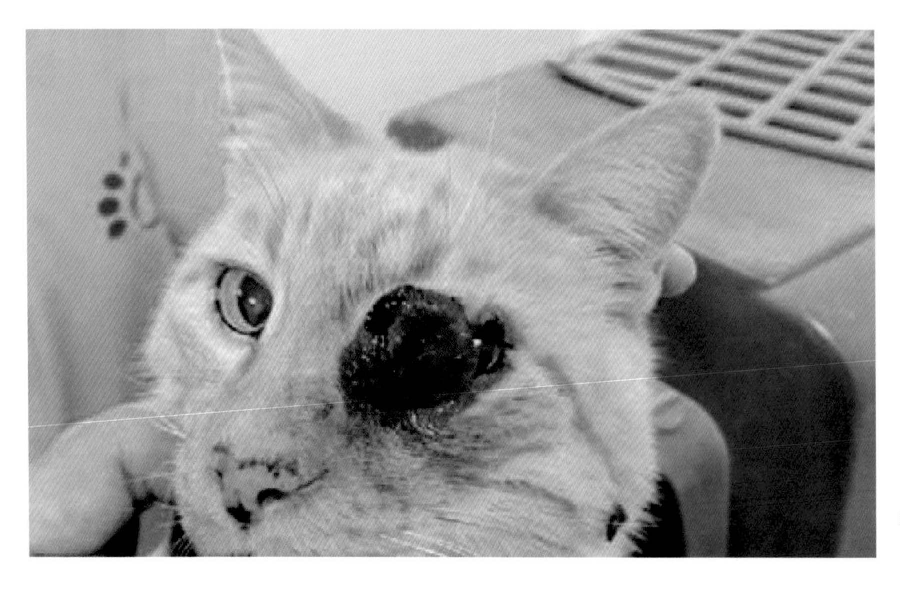

图 25　老年家养短毛猫下眼睑晚期、溃烂、出血性纤维肉瘤

老年犬猫眼眶肿瘤

眼眶疾病简介

眼眶疾病在犬猫中很常见，并且由于眼眶非常特殊的解剖结构而通常会给诊断带来挑战。形成眼眶的骨骼是不完整的，因为眼眶并未完全被骨性成分包围。眼眶是一个梯形结构，它包围着包含眼球、附件以及腺体、血管、神经和脂肪组织的空间。

上颌牙齿的根部紧邻眼眶，但两者之间的实际连接根据颅骨的形状而有所不同。牙齿疾病是狗和猫眼眶炎症的常见原因。

在调查眼眶疾病时，包括以下关键点的完整病史是必不可少的：

- 问题的起因和持续时间；
- 对食物的态度变化；
- 行为变化；
- 视力变化。

由于眼眶的空间有限，当受到炎症或肿瘤疾病的影响时，它所包含的任何结构都没有扩张的空间。

另一个临床局限性在于不能直接检查眼眶。因此，间接观察很重要，包括检查眼睛和附件的功能变化或外观以及位置的变化情况。

物理学检查

首先检查睑裂、主眼睑（上、下）的边缘和位置，以及第三眼睑的特征（形状、大小、位置、活动性等）。检查眼眶内眼球的位置和移动性是否对称。检查眼分泌物。

触诊整个眼眶和眶周区域。

合上眼睑并轻轻按压眼球（向后推），以此间接检查眼球后区域的空间。

经常检查口腔。每当怀疑有眼眶疾病时，即使没有明显的临床症状，也应进行 X 射线检查或根据位置进行其他诊断性检查。

检查耳朵，至少应包括耳镜检查和任何分泌物的细胞学检查。

最后，对眼睛和附件进行基本的神经学检查。

临床症状

眼眶疾病最常见的临床症状是眼球突出、眼球内陷和斜视。其他症状还包括眼睛、眼睑或任何眼眶结构或周围组织的解剖或功能变化。最常见的症状是结膜水肿、结膜充血、睑缘炎、眶周炎症、瞬膜升高（第三眼睑）、张嘴时明显疼痛、眼压升高、无法完全闭合眼睑（即眼球突出症，以及由此导致的暴露性角膜炎），患眼视力改变、瞳孔对光反射改变、巩膜畸形和面部不对称。

眼眶肿瘤简介

犬和猫的眼眶肿瘤倾向于影响老年动物(>8 岁)，原因在很大程度上是未知的。

高达 90% 的眼眶肿瘤是恶性的。

原发性眼眶肿瘤可起源于眼眶的任何部位。它们在犬身上更常见，例如骨肉瘤、纤维肉瘤、软骨肉瘤、视神经鞘脑膜瘤、横纹肌肉瘤、神经纤维肉瘤（涉及一些眶神经）、血管肉瘤和原发性或继发性淋巴瘤等。

继发性肿瘤在猫身上更为常见，它们可以从附近的任何结构（鼻腔、唾液腺、上颚等）扩散到眼眶，例如鼻腺癌、唾液腺癌、鳞状细胞癌、黑色素瘤、黏液肉瘤和远处肿瘤的转移瘤等。

眼眶结构的变化将根据受影响眼眶间隙的不同而有所不同。

- **肌锥外肿瘤。**除了斜视或眼球远离肿瘤外，通常还会导致第三眼睑突出。
- **肌锥内肿瘤。**它们往往会导致眼球突出。除非肿瘤非常大，否则一般不会引起第三眼睑突出。
- **骨膜下肿瘤。**这些肿瘤可能与肌椎外肿瘤相混淆，但通常在鼻腔或鼻窦区域会伴发疾病。

由肿瘤生长引起的眼球内陷并不常见，通常发生于从眼睛下方向眼眶前方延伸的肿瘤中。

眼眶的解剖间隙

- 眼眶可分为三个解剖间隙：
- **（1）肌锥外间隙** 位于肌筋膜锥外，眼眶软组织内（图中深蓝色区域）。
- **（2）肌锥内间隙** 位于肌筋膜锥内（浅蓝色标识）。
- **（3）骨膜下间隙** 位于骨膜下。

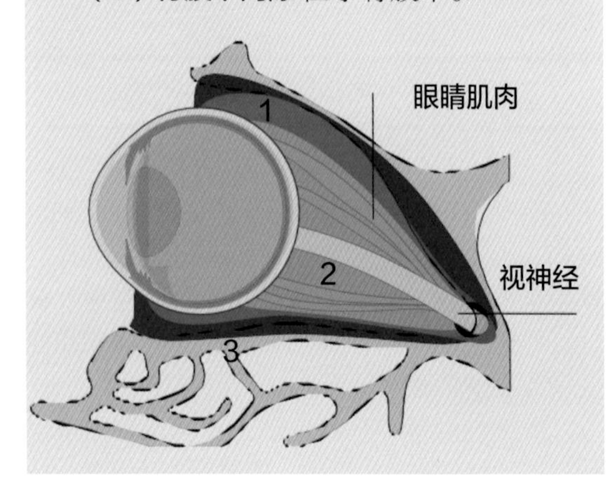

临床症状

凸出的眼球会发炎，这可能会迅速导致角膜溃疡。如果肿瘤影响到眼睛的视神经，动物的那只眼睛就会失明，瞳孔就会扩大。眼眶肿瘤通常只影响一个眼眶,但如果分隔骨被破坏，可以延伸至另一个眼眶。

临床表现发展缓慢，通常在数周或数月后才变得明显。眼窝肿瘤通常不伴有发热，并且在它们达到足够大之前通常不会引起疼痛。一些肿瘤生长迅速，因此可能由于缺乏足够的血液供应而开始坏死。肥大细胞瘤、淋巴瘤和肉瘤都是生长迅速的肿瘤 (图 26 ~ 图 34)。

诊断

应在物理学检查后和对受影响区域进行任何特定检查之前进行常规实验室检查以及胸部和腹部 X 射线检查。通常不会观察到白细胞增多症。眼眶肿瘤的颅骨 X 射线可显示眼眶或邻近区域的骨骼变化。

计算机断层扫描和磁共振成像等先进的成像技术非常推荐用于确定肿瘤的大小和规划适宜的治疗方案。计算机断层扫描是确定骨侵袭程度的最佳选择。骨侵袭是一个重要的预后因素。磁共振成像更适合解释仅累及软组织的眼眶肿瘤。

尽管检查区域受到眶骨的限制，但超声对于定位眼球后肿瘤非常有价值。大多数眼球后肿瘤在超声上呈高回声并显示后眼球畸形和移位。

明确的诊断只能通过组织学检查来确定。

治疗和预后

虽然有些肿瘤可以通过外侧眶骨切除，但为了保证良好的预后，完全摘除是非常有必要的。

根据肿瘤的起源，可能需要化疗和放疗。辅助化疗对某些肿瘤也很有价值，特别是在有转移的情况下。

患宠需要终生随访。

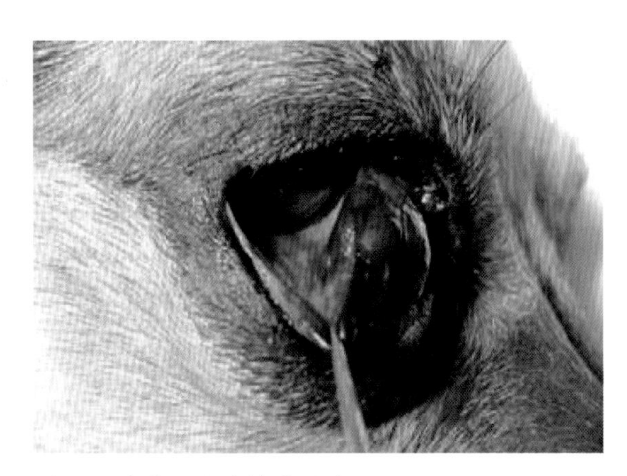

图 26　犬第三眼睑腺淋巴瘤

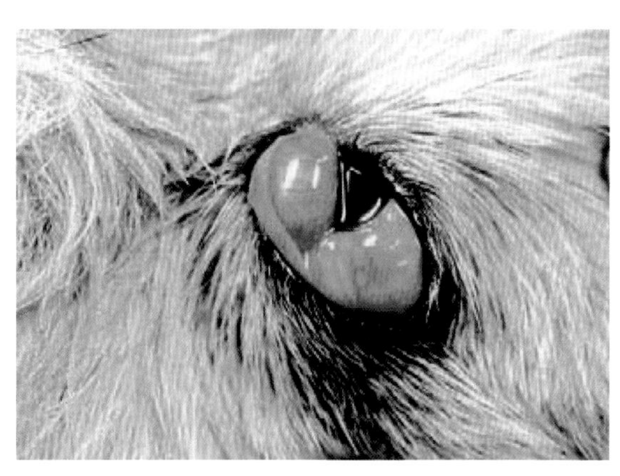

图 27　犬类似结膜水肿的第三眼睑淋巴瘤

图 28　拳师犬眼部淋巴瘤，是易患这种肿瘤的品种

图 29　猫眼球后淋巴瘤

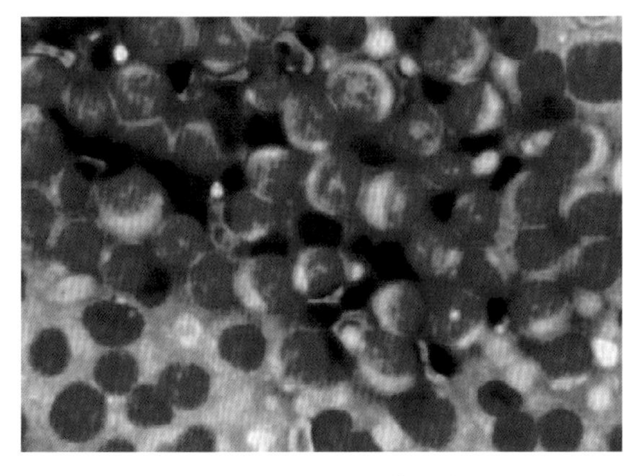

图 30　犬大细胞淋巴瘤的细胞学检查

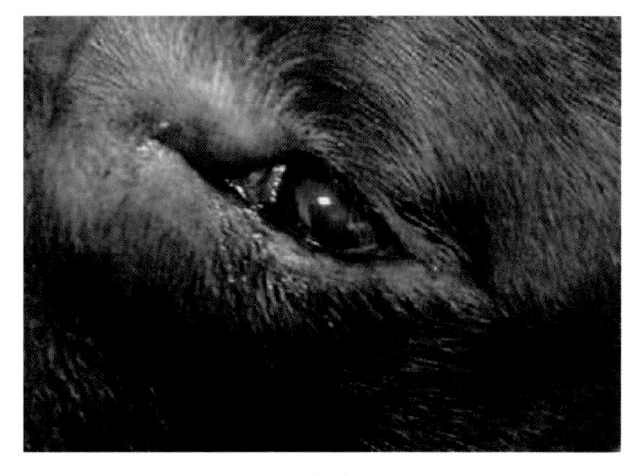

图 31　双眼睑组织细胞肉瘤

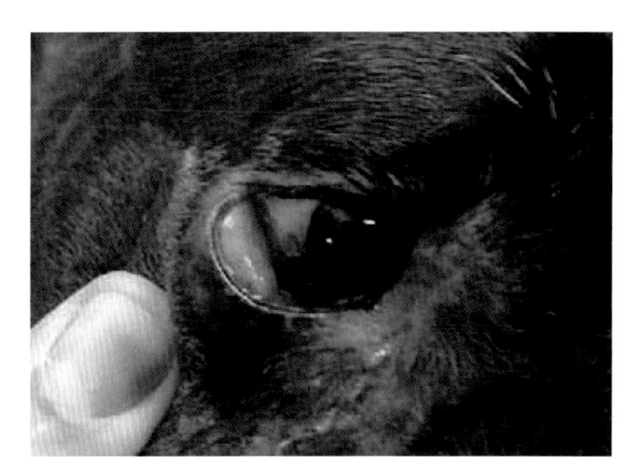

图 32　拉布拉多猎犬下眼睑组织细胞肉瘤

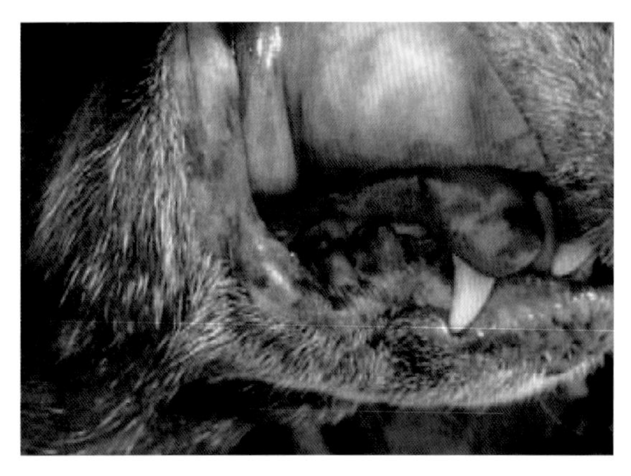

图 33　图 32 中同一患犬组织细胞肉瘤累及口腔黏膜

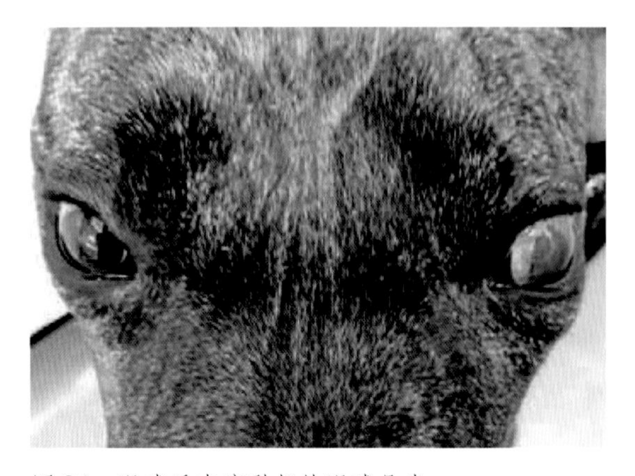

图 34　眼球后肉瘤引起的眼球凸出

预后通常很差。大多数肿瘤在手术后 6 ~ 12 个月内复发，但化疗可以延长无复发生存期。

在与宠物主人讨论眼眶肿瘤时，有效和真诚的沟通很重要。对于患有严重疾病或脑部肿瘤的宠物，必须考虑安乐死。

猫眼眶肿瘤

猫眼眶肿瘤很常见，而且通常是恶性的。眼球凸出症和斜视很常见。尽管有时会出现继发性炎症的迹象，但发病通常很慢。

大约 70% 的眼眶肿瘤起源于上皮细胞，通常是鳞状细胞癌。骨瘤、纤维肉瘤、淋巴肉瘤、畸胎瘤和骨肉瘤也很常发，但比较少见。

影响眶骨的溶骨性病变是最常见的影像学表现。

曾经有过猫科限制性眼窝肌成纤维细胞肉瘤的报道，也被称为硬化性眼窝假瘤，这是一种生长缓慢的肿瘤，其特征是眼睑活动的进行性减少和继发性角膜炎，最终可导致角膜穿孔。尽管可以是双侧发病，但通常表现为单侧发病。组织学通常显示筋膜表面有间充质细胞，伴有相对较少的炎症成分和丰富的胶原产生。

老年动物的肌肉骨骼肿瘤

骨肉瘤

骨肉瘤是最常见的恶性骨肿瘤。它占了狗所有骨癌的85%，而且通常影响老年动物。

肿瘤的表现和行为

骨肉瘤是一种高度恶性的间充质肿瘤，主要影响长骨(图1)。然而，它也会影响扁骨，尤其是上颌骨和下颌骨。

它具有局部侵袭性，可形成骨或骨样细胞外基质。它在犬身上有很高的转移潜力，但在猫身上没有。骨肉瘤主要通过血行途径转移，肺是最常见的转移部位。

因为骨肉瘤主要通过血液循环转移，所以很少扩散到区域淋巴结（腋窝或腹股沟浅表淋巴结，取决于前肢或后肢是否累及）。

四肢骨肉瘤主要影响干骺端，多见于前肢（图2）。阉割的犬发生骨肉瘤的风险是性功能完整犬的两倍 (Ru et al.,1998).

由于在分子特征、肿瘤行为和转移模式上的相似性，犬模型被用于研究人类四肢骨肉瘤。犬和人类之间的主要区别在于，在犬身上，骨肉瘤往往会影响老年患宠，而在人类中，它通常会影响年轻患者（8 ~ 16岁）。

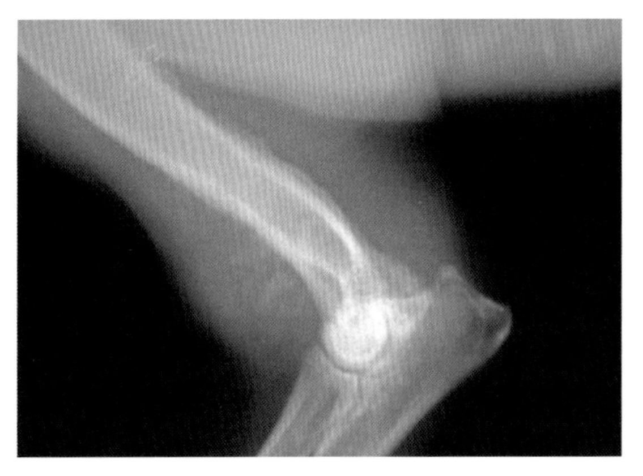

图1 早期骨肉瘤的X光片。注意肿瘤周围严重的软组织炎症反应

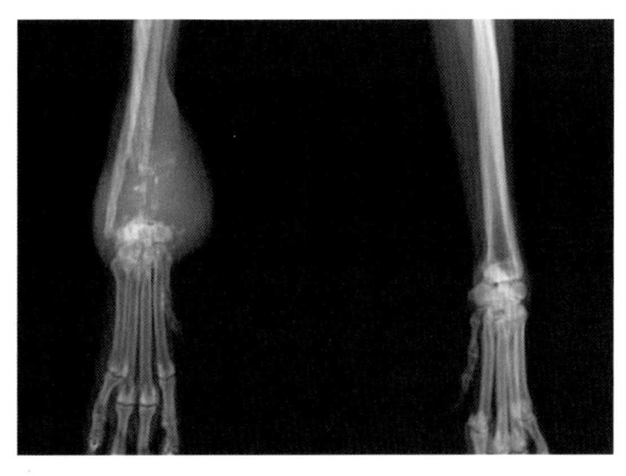

图2 桡骨远端骨骺骨肉瘤伴随广泛骨溶解的X光片

骨肉瘤的易感性

- 品种。骨肉瘤在大型和巨型犬种中更为常见，例如圣伯纳犬、大丹犬、拉布拉多犬、金毛猎犬、德国牧羊犬、罗威纳犬和灵缇犬等。然而，它也可能发生在小品种中。
- 年龄。骨肉瘤常见于老年动物（平均年龄 7 ~ 12 岁）。肋骨受累则在幼年动物中更为常见（平均年龄为 5 岁）。
- 性别。骨肉瘤好发于雄性动物（1.5 ∶ 1）。
- 它能够影响多个物种。图 3 是一只雪貂。

临床症状

治疗反应不良的跛行是四肢骨肉瘤的主要临床症状。急性跛行可能与未确诊骨肉瘤患者的自发性骨折有关（图 4 和图 5）。

轴向位置（脊柱、下颌骨）的临床症状会根据骨质破坏的位置和程度而有所不同。脊柱受累的动物会表现出神经症状，而下颌受累的动物会表现出流涎、口臭和咀嚼困难等症状（图 6）。

所有病例的共同特点是常规治疗不能改善疼痛。

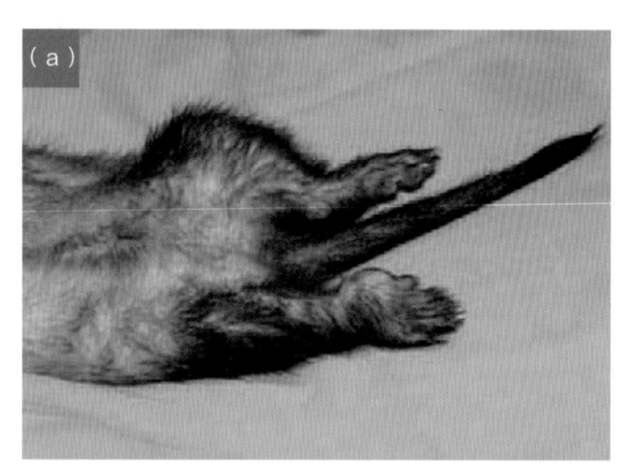

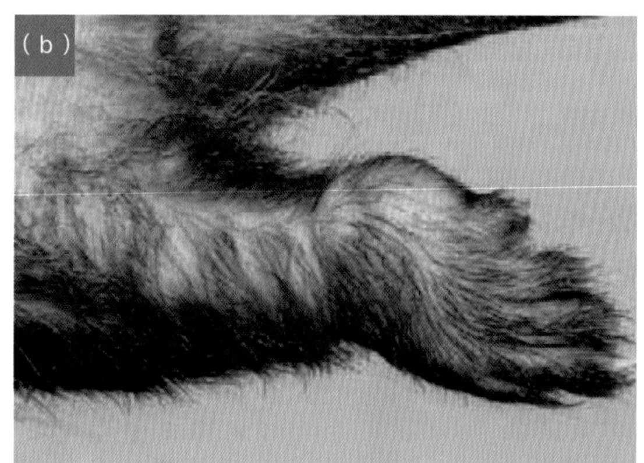

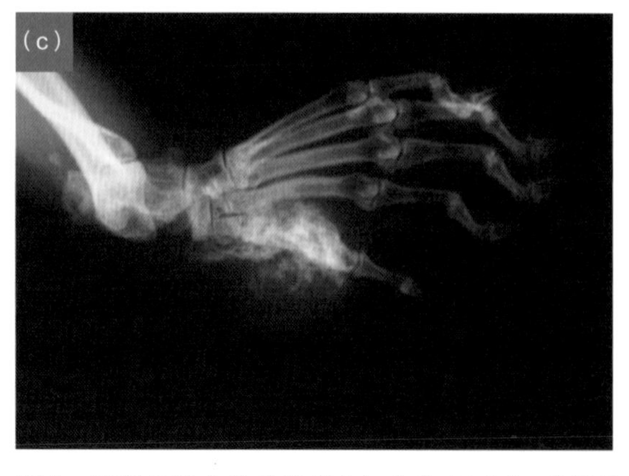

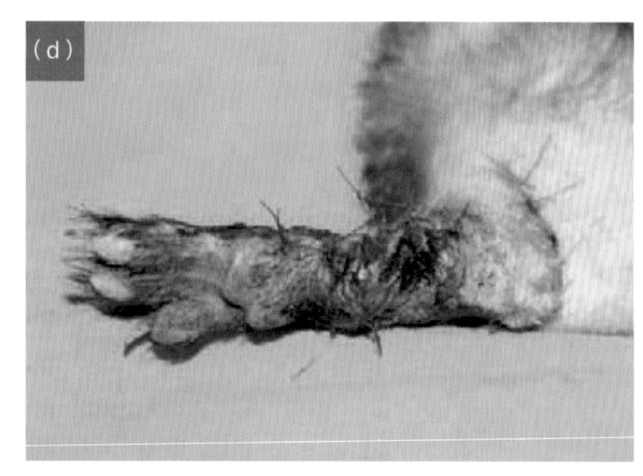

图 3　雪貂后腿上的骨肉瘤［（a）和（b）］，患宠的 X 光片 (c)，手术后的腿（d）

病因

与大多数癌症一样，人们对于骨肉瘤的病因缺乏普遍共识，但有许多报道称某些品种和血统的发病率较高，这证实了遗传因素的关键作用。

许多犬骨肉瘤病例可能与过去的创伤和使用可能导致腐蚀、金属离子释放和骨骼持续解剖应力的接骨材料（例如金属植入物）有关。

诊断

颅骨骨肉瘤的临床症状包括面部不对称、张口困难、食欲不振和流涎过多（图7～图9）。

跛行是标志性的临床症状，但四肢骨肉瘤的其他早期预警症状是对休息和非甾体类消炎药治疗缺乏反应。

在疾病的早期阶段，X射线检查结果可能不会提示骨肿瘤，但如果跛足和软组织炎症持续，尤其是对于那些会因年龄、体型或品种而增加风险的患宠，必须排除这种可能性。

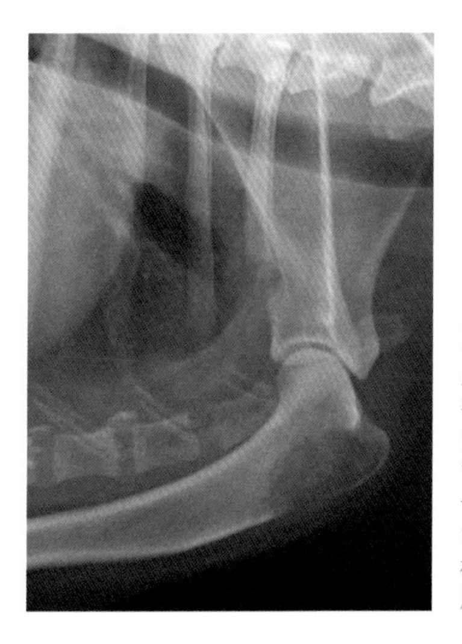

图4　肱骨近端皮质区伴有早期坏死的溶骨性病变的X光片。尽管外观均匀、生长缓慢的病变提示慢性疾病，但检查结果确诊为肱骨骨肉瘤

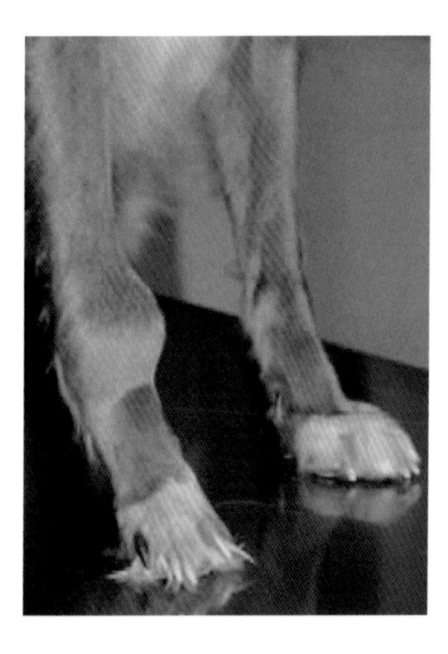

图5　桡骨和尺骨远端肿胀符合骨肉瘤特征。放射学检查证实为桡骨远端骨肉瘤

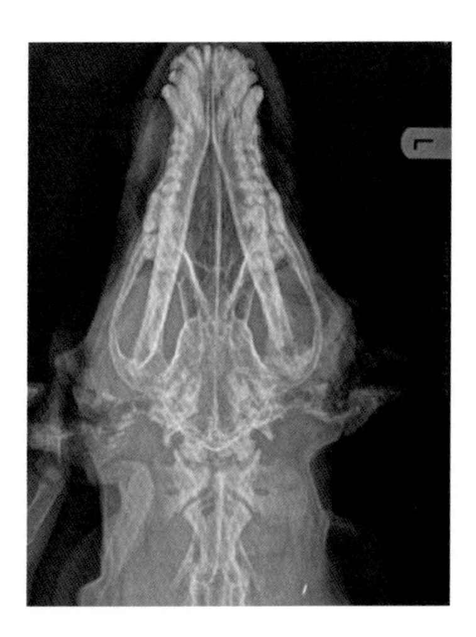

图6　让患宠无法正常张口的下颌骨骨肉瘤的X光片

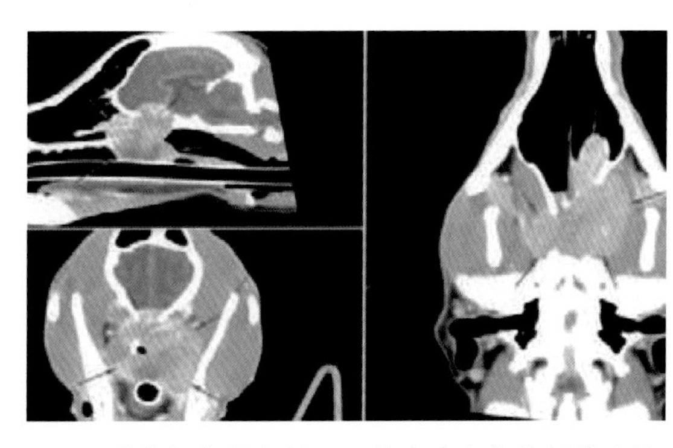

图7　计算机断层扫描显示骨肉瘤占据左侧鼻腔尾部，鼻甲严重受损，并侵犯鼻咽、眼球后间隙和头盖骨前腹侧区。图片由Bluecare动物医院提供(Mijas, Málaga，西班牙)

图 8　颧骨骨肉瘤导致面部明显畸形

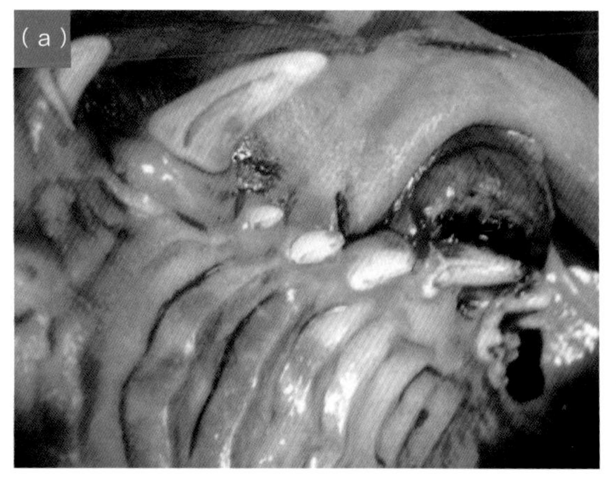

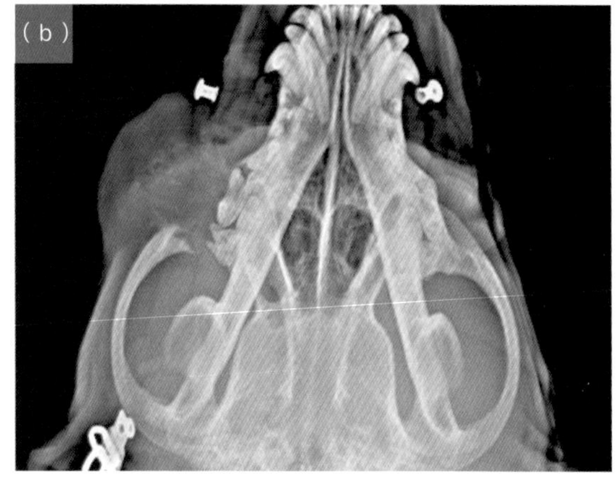

图 9　侵犯口腔的颧骨骨肉瘤（a）。来自同一患宠的 X 射线检查 (b)

下面列出了鉴别诊断中应考虑的主要实体。

- **软骨肉瘤。**这种肿瘤在犬骨肿瘤中的比例很低（10%）。尽管软骨肉瘤与骨肉瘤一样具有局部侵袭性，但它们只有低转移潜能，因此比骨肉瘤具有更好的预后和生存率。由于没有标准化的治疗方法或支持使用辅助化疗的结果，一般都需要截肢治疗 (图 10)。
- **纤维肉瘤。**这是一种在犬中不常见的肿瘤（<5%）。它具有中等转移潜能，主要扩散到心脏、心包、皮肤、骨骼或肺。
- **血管肉瘤。**血管肉瘤也不常见，与纤维肉瘤一样，它在所有原发性骨肿瘤中的占比不到 5%。它起源于血管内皮前体细胞。血管肉瘤可以影响任何品种或大小的狗。它具有很强的侵袭性，也有很高的转移潜能。

当 X 射线检查发现包括溶解迹象（皮质溶解）和邻近组织的增生时（与该区域的肿胀有关），进行细胞学和组织学检查以确认诊断并开始治疗是非常重要的 (图 11 ~图 16)。

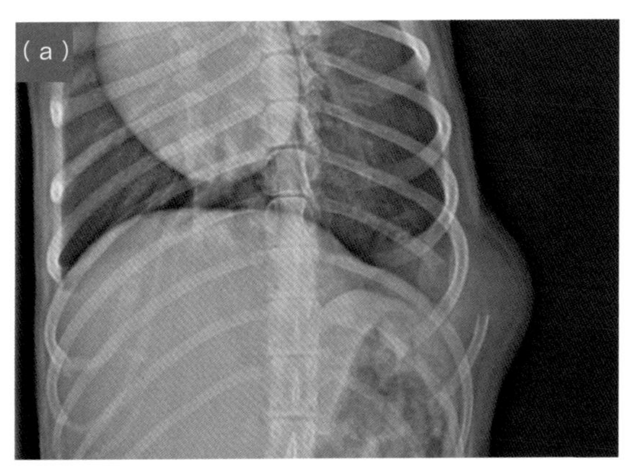

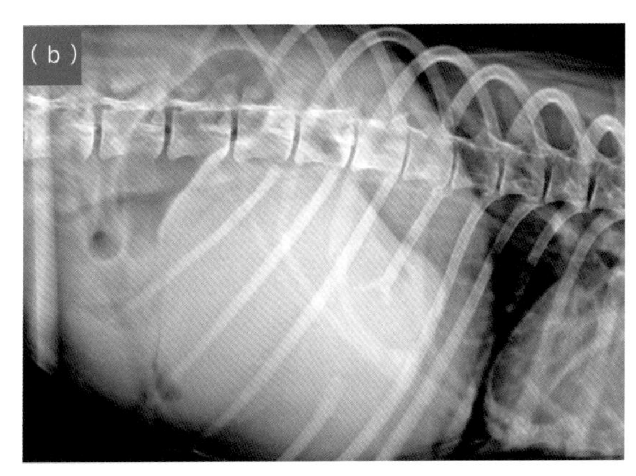

图 10 肋骨软骨肉瘤。略微倾斜的背腹位视图（a）。侧位视图 (b)

C-kit 受体表达的免疫组化染色也可采用。

碱性磷酸酶水平高和高钙血症也可以表明骨肿瘤的存在。

由恶性肿瘤引起的高钙血症已经在患有多发性骨髓瘤、鳞状细胞癌、支气管肺癌、间变性肺癌、淋巴瘤、白血病、骨肉瘤、纤维肉瘤和未分化肉瘤的猫身上被报道。

恶性肿瘤高钙血症可分为体液恶性肿瘤高钙血症或局部溶骨性高钙血症。

甲状旁腺激素相关蛋白 (PTH-rP) 是恶性肿瘤体液性高钙血症的主要原因，尽管其他体液因子也与这种副肿瘤综合征有关，包括破骨细胞激活因子、白细胞介素 (IL)-1、IL-6、肿瘤坏死因子 α(TNF-α)、转化生长因子 α 和 β(TGF-α 和 TGF-β)、前列腺素 E2 和骨化三醇。

科德曼三角

科德曼三角是出现在肿瘤和健康骨之间的过渡区突起的骨膜，被一些人认为是恶性骨肿瘤的早期表现，这在许多情况下是明确的迹象。然而，并不是所有人都同意科德曼三角是一个明确的肿瘤特征，因为它也被观察到存在于一些非肿瘤疾病，如骨膜下血肿和炎症性疾 病 (Ehrhart et al.,2013; García Real, 2013) (图 17)。

PTH-rP 可以在血液测试中检测到，对于确认恶性肿瘤的体液性高钙血症非常有用(Yuki et al，2015）。

治疗

目前还没有治疗犬骨肉瘤的好方法，但是还存在许多可以提高存活率、减轻疼痛，减缓肿瘤生长或扩散的治疗方法（表 1）。

患肢截肢是一种疼痛控制措施，也是最广泛使用的治疗四肢骨骨肉瘤的方法。手术作为单一疗法被认为是犬的保守疗法。从理论上来说，它也应该是猫的保守治疗方法，但在这种情况下的远期疗效要好得多，部分原因是猫骨肉瘤转移潜力低。

放射疗法能很好地控制疼痛，但应用较少。它并不是治愈性的治疗方法。

使用卡铂、多柔比星、顺铂或洛铂或这些药物的组合进行的化学疗法可改善临床状态并延长生存期。由于卡铂和顺铂等分子的毒性，猫应谨慎使用辅助化疗。.

目前还没有治疗肿瘤转移的特定化疗方案，但一些肺转移患宠可能会受益于每周 3 次口服托西尼布（2.5 ~ 2.7 mg/kg）。

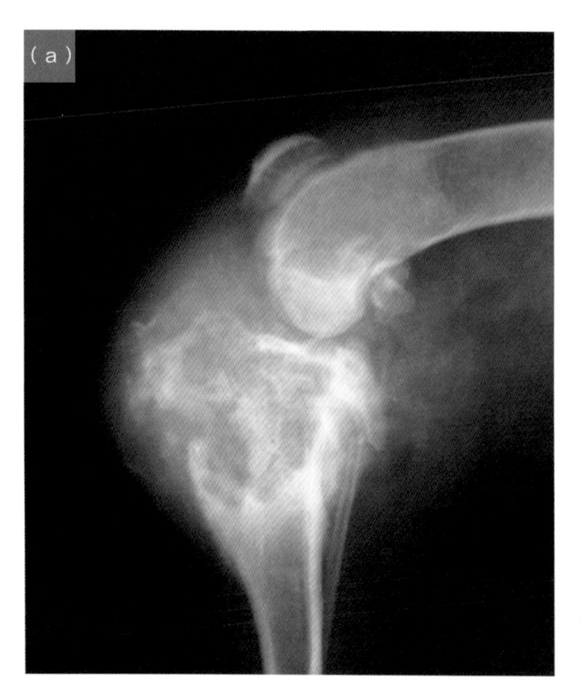

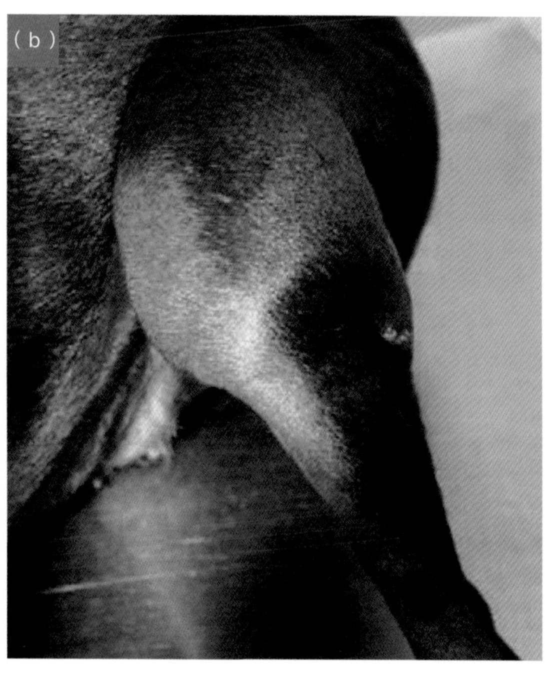

图 11　X 光片显示胫骨近端区域的骨肉瘤。注意主要的骨质破坏和关节的屏障作用，因为肿瘤没有影响股骨远端（发炎的组织除外）(a)。患宠膝盖的严重炎症 (b)

图 12　大型犬（大丹犬）肩膀骨肉瘤的典型表现

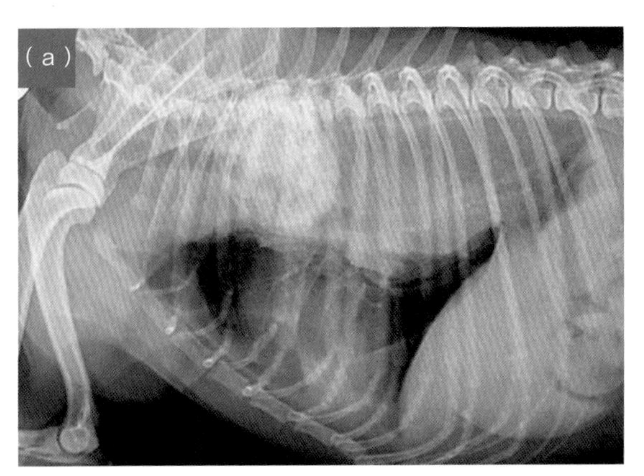

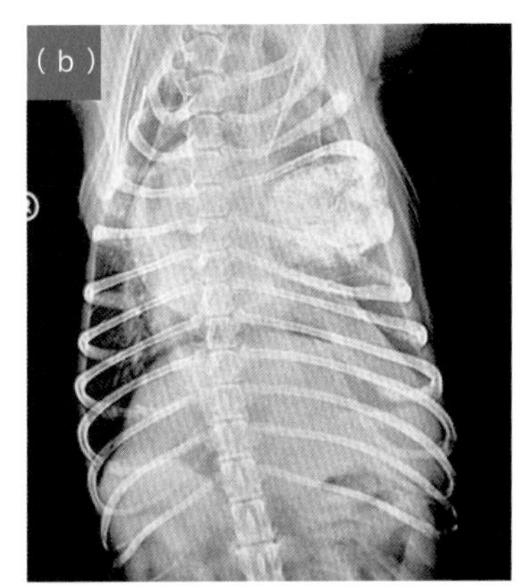

图 13 影响肋骨的骨软骨瘤的侧面（a）和背腹面（b）视图

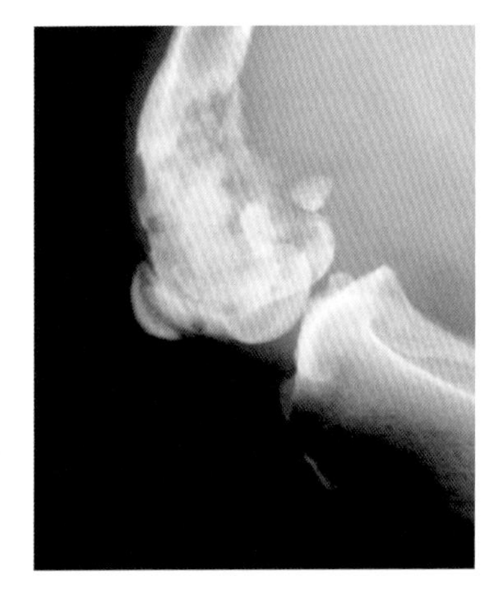

图 14 股骨远端骨骺骨肉瘤的 X 光片

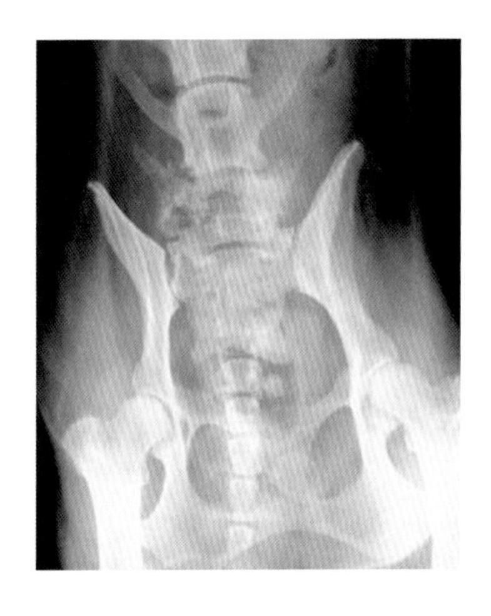

图 15 X 射线显示影响第七腰椎的骨肉瘤

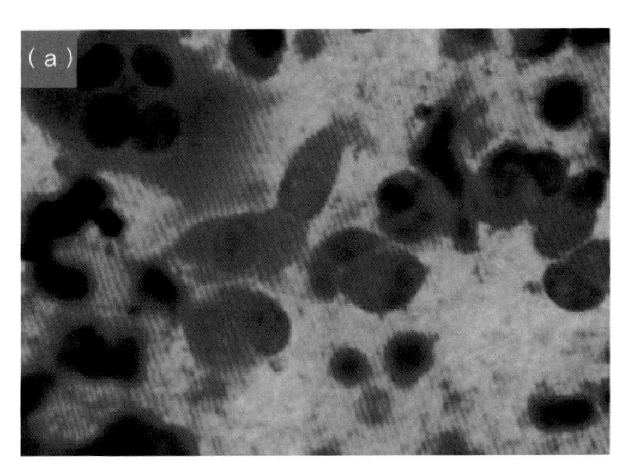

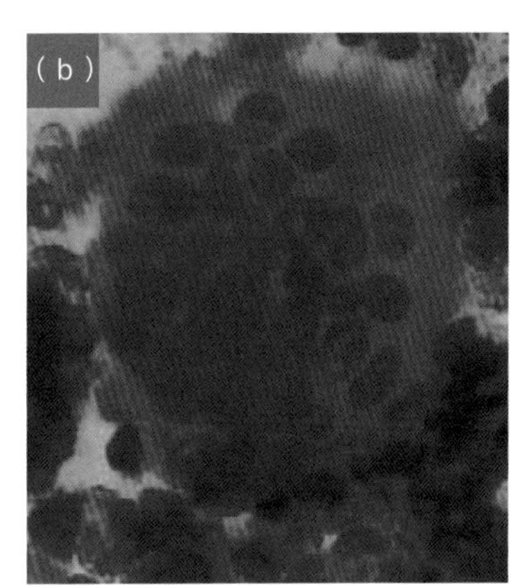

图 16 细胞学结果显示骨肉瘤特有的、丰富的细胞外基质，以及成骨细胞、破骨细胞和间充质细胞 (a)。破骨细胞的细节 (b)

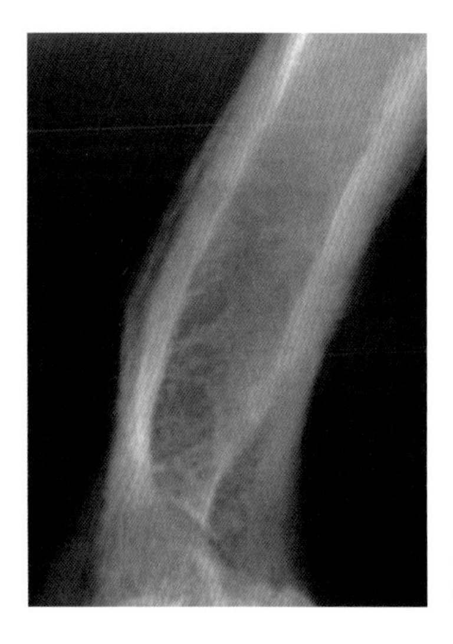

图 17　早期骨肉瘤的 X 光片。注意典型的骨膜反应（科德曼三角）和初期皮质骨溶解

表 1　用于四肢骨骨肉瘤患犬的化疗药物 (Morello et al., 2011)

药物	研究	平均总存活期 / 天	1 年存活期 /%	2 年存活期 /%
顺铂	Thompson and Fugent,1991	290	33	NR
	Shapiro et al.,1988	301	NR	NR
	Straw et al., 1991	262	38	18
	Kraegel et al., 1991	413	62	NR
	Berg et al., 1992	325	45.5	20.9
顺铂和多柔比星	Chun et al., 2005	300	NR	NR
	Mauldin et al., 1988	300	36.8	26.3
	Berg et al., 1997	345	48	28
多柔比星	Berg et al., 1995	366	50.5	9.7
	Moore et al., 2007	240	35	17
卡铂	Bergman et al., 1996	321	35.4	NR
	Phillips et al., 2009	307	36.8	18.7
卡铂和多柔比星	Bacon et al., 2008	258	NR	NR
	Bailey et al., 2003	235	NR	NR
	Kent et al., 2004	320	48	18
卡铂和多柔比星和吡罗昔康	Langova et al., 2004	450	NR	NR
洛铂	Kirpensteijn et al., 2002	NR	31	NR

注：NR——未记录。

双磷酸盐

破骨细胞活性是造成骨肉瘤中特征性骨破坏（和疼痛）的原因。双膦酸盐可调节破骨细胞活性，是治疗骨肉瘤的有效姑息剂。其临床应用包括治疗恶性高钙血症、控制向骨转移和缓解肿瘤疼痛。最广泛使用的双膦酸盐是唑来膦酸、帕米膦酸盐和阿仑膦酸盐。

Wouda 等 (2018) 描述了在包括犬骨肉瘤在内的不同肿瘤中短期联合使用托西尼布和卡铂的好处。这种组合在这种情况下似乎具有很大的潜力。

Liptak 等 (2004) 提出节律化疗联合多西环素、吡罗昔康、环磷酰胺治疗多发性转移瘤或不能手术的患宠。

最后，免疫治疗（疫苗）是一个新兴的领域，具有良好的安全性和充满希望，它为骨肉瘤和其他毁灭性肿瘤（如恶性黑色素瘤）的治疗打开了一扇新的大门。

c-kit 受体和酪氨酸激酶抑制剂的作用

c-kit 受体是一种具有酪氨酸激酶活性的跨膜蛋白，在造血、生育、色素沉着和肠道运动等多种生理过程中似乎发挥着非常重要的作用。还有证据表明它与过敏性疾病和癌症有关。

在人类中，c-kit 受体与胃肠道间质瘤、睾丸瘤、肺癌、急性髓系白血病和肥大细胞瘤有关。在兽医学中，它对肥大细胞肿瘤的致癌作用已得到证实。

目前，关于这种蛋白质在犬或猫骨肉瘤中的表达谱知之甚少。Wolfesberger 等 (2016) 研究了骨肉瘤和正常健康骨组织中 c-kit 表达水平的差异，研究了骨肉瘤和正常健康骨组织中表达水平的差异。他们的研究结果表明，犬骨肉瘤可以添加到 c-kit 阳性肿瘤列表中。

然而，猫骨肉瘤的情况并非如此，因为没有一个肿瘤 c-kit 的免疫组织化学染色呈阳性。

应用酪氨酸激酶抑制剂是一种非常有前途的犬骨肉瘤的治疗选择。最著名的药物是马西替尼和托塞拉尼，它们是目前唯一被批准用于治疗犬肥大细胞瘤的抑制剂。因为这两种药物都能够抑制多种酪氨酸激酶受体（如 c-kit)，它们针对的是参与肿瘤细胞生长和生存的关键因素。

在 Wolfesberger 等的研究中，大多数犬骨肉瘤但没有猫骨肉瘤能够表达 c-kit 的事实可能是因为可用于研究的猫科动物肿瘤太少了。然而，也有可能是 c-kit 表达会导致犬骨肉瘤的恶性程度更高，这样其预后比对应物猫科动物要差得多。

最后，未能在犬和猫的正常骨细胞中检测到 c-kit 的表达也能够表明该蛋白具有致病作用。

犬骨肉瘤的免疫治疗

来自患有骨肉瘤的犬群的数据表明，遗传和骨代谢改变是危险因素。标准的治疗方案包括截肢、化疗、放疗和控制原发肿瘤的转移。这些治疗方法中没有一种是可治愈肿瘤的，可能是因为肿瘤细胞具有耐药性，或者是因为存在未被发现的转移 (Fan,2016)。

犬骨肉瘤的新疗法以激活免疫系统为目标，尤其是检测和破坏肿瘤细胞。

免疫疗法的目的是诱导、增强或调节免疫系统。有两种类型：被动和主动免疫疗法。

- 被动免疫疗法包括使用免疫系统成分，例如抗体、补体和细胞因子。这些成分是在体外生产的，并希望在患宠体内刺激产生抗肿瘤反应。
- 相比之下，主动免疫疗法则寻求通过疫苗、激活的树突状细胞或低分子量免疫反应调节剂来刺激内在反应。

大约 50% 接受肢体骨肉瘤手术的犬会在手术伤口部位发生感染，这可能是由于手术过程中的污染造成的。伤口出现感染的患宠必须延迟启动化疗，但有报道称在这种情况下发生转移的时间更长（因此存活时间更长）(Lascelles et al.,2005； Liptak et al.,2006)。局部感染可能会刺激全身免疫系统对肿瘤发起攻击。这一过程将包括激活自然杀伤细胞和先天免疫系统的其他成员，如单核细胞和巨噬细胞 (Sottnik,2010)。在犬骨肉瘤的体外和体内模型中均观察到免疫刺激剂脂质体胞壁酰三肽磷脂酰乙醇胺 (L-MTP-PE) 的治疗活性，该药物与截肢或化疗药物如顺铂联合使用可延长存活时间。

也有研究在探讨表皮生长因子受体（如 HER2) 的表达及其免疫原性抗原表位的应用 (Flint et al.,2004，Manson et al.,2016)。表达 HER2/neu 蛋白的单核增生李斯特菌疫苗与化疗药物（卡铂）和截肢的联合使用，已经取得了令人鼓舞的结果，存活时间能够接近 1000 天。

犬猫骨肉瘤的临床过程和预后

骨肉瘤是犬猫最常见的恶性骨肿瘤（表 2）。对受影响的肢体进行截肢对发生于犬猫的病例都是首选治疗方法，但在猫身上能够获得更好的预后。在一项对猫骨肉瘤的回顾性研究中，Bitetto 等 (1987) 发现 50% 的患有四肢骨骨肉瘤的猫在接受截肢治疗后仍然能够存活 5 年之久。相比之下，在狗中这些病例的平均生存时间仅为 3 ~ 5 个月（由于转移）。

骨肉瘤的转移在猫中不太常见，在诊断时只有 5% ~ 10% 的病例中可见发生转移。相比之下，大约 10% ~ 15% 的狗在诊断时会出现转移性疾病，总体而言，90% 的狗会在疾病过程中发生转移。

尺骨骨肉瘤是一个有趣的病例，因为它预后相较其他位置的尺骨骨肉瘤有些不同。总的来说，这个解剖位置与预后关系不大，但是，在某些情况下预后可能比其他位置好。部分尺骨切除使相应的并发症发生率较低和预后良好，并且对平均生存率没有影响。然而，一种特殊的尺骨骨肉瘤，即毛细血管扩张性骨肉瘤，患病动物的存活率较低。组织学切片结果可以用于鉴别诊断（图 18)。化疗在骨肉瘤治疗中的重要性需要进行更多研究 (Sivacolundhu et al.,2013)。

表 2　犬和猫骨肉瘤的不同特征 (Helm and Morris, 2012)		
项目	犬骨肉瘤	猫骨肉瘤
年龄	老年犬 > 青年犬	成年和老年猫
转移	高潜能	低潜能
位置	四肢 > 中轴	中轴 > 四肢
累及肢体	前 > 后	后 > 前
肢体部位	桡骨远端、肱骨近端、股骨近端 / 远端	股骨远端、胫骨远端、肱骨近端
平均存活时间	8 ~ 18 个月	24 ~ 44 个月
术后反应 (截肢)	差 (由于高转移潜能)	好 (由于低转移潜能)

预后不良的指标

存活期较短的标志:

- 高碱性磷酸酶水平;
- 区域淋巴结转移;
- 组织学 Ⅲ 级， Ⅲ 期;
- 累及肱骨近端、肋骨或肩胛骨;
- 超重;
- 不完全手术切除;
- 肿瘤体积。

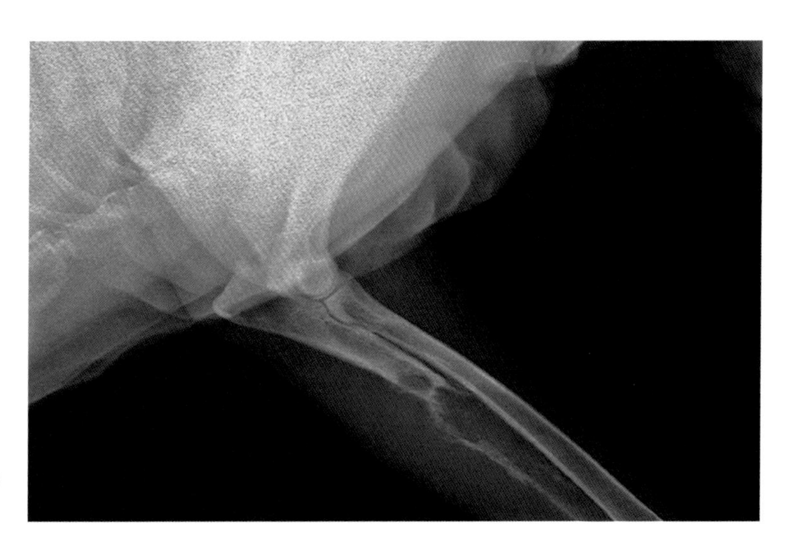

图 18　毛细血管扩张型尺骨骨肉瘤的 X 射线片。图片由 La Vicuña 兽医诊所 (西班牙马拉加贝纳尔马德纳) 提供

软组织肉瘤

简介

软组织肉瘤是发生于间叶组织的一大群肿瘤。它们是一组异质性肿瘤，包括纤维肉瘤、脂肪肉瘤、平滑肌肉瘤、恶性纤维组织细胞瘤、黏液肉瘤、黏液纤维肉瘤、淋巴管肉瘤和血管肉瘤。

软组织肉瘤发病率占狗皮肤和皮下肿瘤的15%，大约每10万只犬中有100只可能患有软组织肉瘤。猫软组织肉瘤不太常见，但猫注射部位肉瘤(ISS)发病率较高。

一般情况下宠物发病后，宠物主人在注意到其发生问题后或早或迟会带其去看兽医。有些病犬的肿瘤可能已经出现几个月了，可能有的最近才刚发生，也有一些犬的肿瘤突然出现，并在其后一段时间后保持稳定的大小(图19)。

虽然软组织肉瘤是一组异质肿瘤，但它们有几个共同的特点。在行为方面，它们通常呈局部侵袭性，术后极有可能复发(图20)，转移

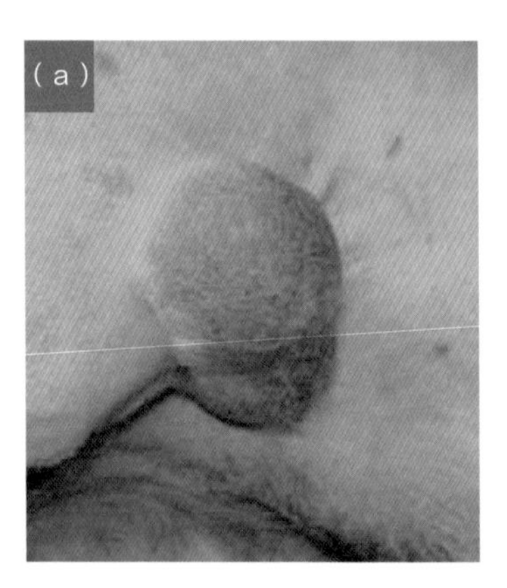
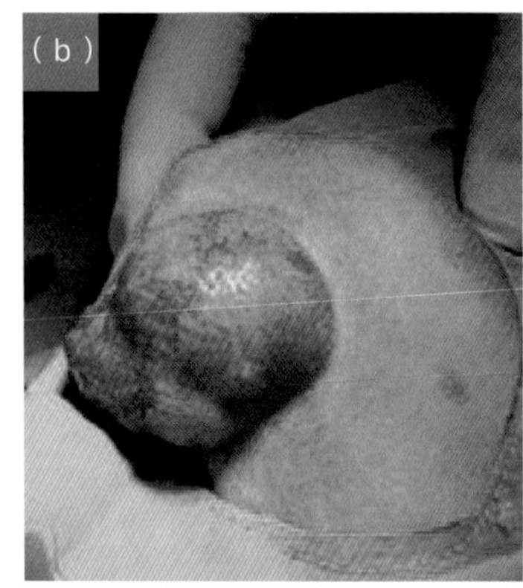
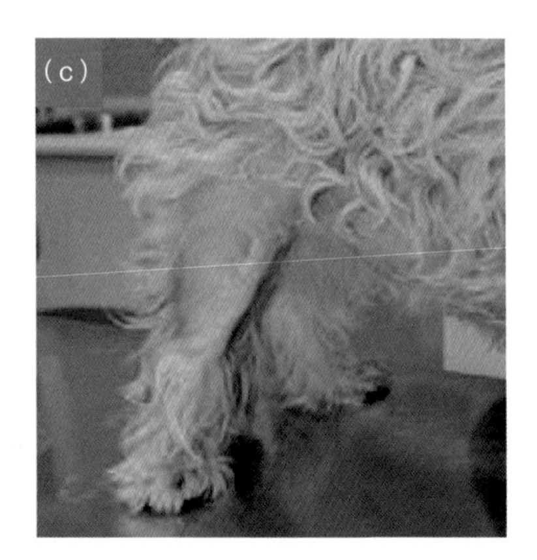

图19　老年犬膝关节神经鞘瘤(a)。术前肿瘤照片：神经鞘瘤的生长特征(b)。切除后的疤痕(c)

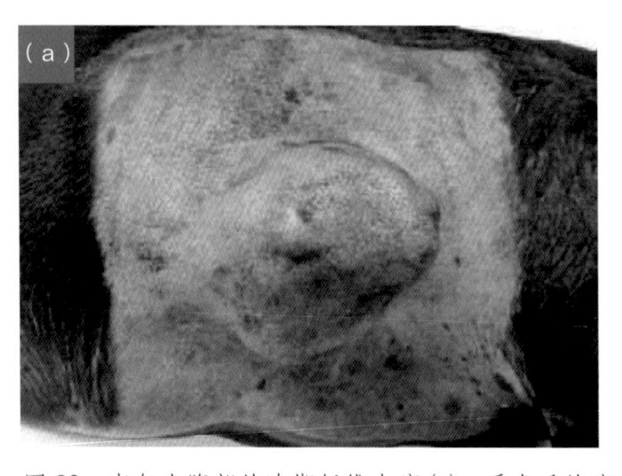
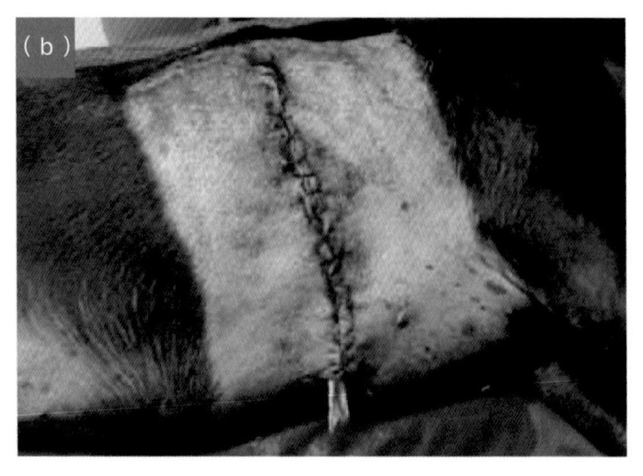

图20　老年犬腹部的晚期纤维肉瘤(a)，手术后的瘢痕较长(b)

不太常见，可能通过血源途径发生转移，局部控制通常是必要的。

Ⅰ级肿瘤的转移率 <15%，Ⅱ级肿瘤的转移率 <20%，Ⅲ级肿瘤的转移率 <50%。

诊断

临床症状：根据肿瘤发生的位置不同而呈现不同的表现，包括跛行、排尿困难和呕吐等。软组织肉瘤可以发生在身体任何部位。当它们发生在重要的解剖结构附近或重要器官时，手术切除前必须仔细计划后进行，并评估积极治疗的可能后果。当肿瘤难以触诊时，可能会延误诊断。

年轻动物体内高分级的肿瘤预后较差，而老年动物体内低分级的肿瘤一般预后较好，生存时间较长，复发率较低。

计算机断层扫描和磁共振成像都能对肿瘤的诊断提供准确的分期信息，这对治疗计划方案的制定至关重要。

细胞学检查有助于肿瘤的初步诊断，但必须应用活检来进行。术前可在预计切除区域的中心施行小切口取样活检，以保证活检取样的部位在确定的手术切除部位范围内。

细胞学在软组织肉瘤中的检查有一定的局限性，因为间质肿瘤脱落细胞不多，而且脱落的细胞可能易与反应性或炎性细胞混淆，影响诊断结果。

治疗

软组织肉瘤的治疗难度较大，手术切除肿瘤是对犬该病治疗的首选方法，部分病例通过手术切除肿瘤可以完全治愈。化疗和放疗是对手术治疗效果不好或无法应用手术进行治疗的病例可选择的治疗方法，但通常治疗效果不好。

- Ⅰ级或Ⅱ级肿瘤发生转移的可能性低，不推荐进行化疗。
- 在Ⅲ级肿瘤治疗过程中，化疗对患病动物改善预后的可能性小。
- 治疗结果表明阿霉素不能显著提高该病的生存率或平均生存率。
- 使用环磷酰胺和吡罗昔康进行有规律的化疗表明似乎有助于将肿瘤控制在局部。

该类肿瘤复发率高，因此切除肿瘤时应大于其侧缘至少 3cm 和深至肿块的筋膜平面。

软组织肉瘤被其周围组织细胞包围，形成所谓的假囊。这个假囊可能会让外科医生误认为这是肿瘤包膜，其实它的边缘可能已经超出了包膜，如肿瘤手术时不能完全切除，术后可能会复发。

大多数软组织肉瘤触诊时实感明显（图 21），但也有一些肿瘤（如血管外皮细胞瘤）柔软且呈分叶状，触诊柔软，类似脂肪瘤（图 22）。

虽然软组织肉瘤看起来是可移动的，但它们通常是生长在离骨较近的几层组织上，这一点手术时值得注意。研究表明，肿瘤位置越深，其复发的可能性越高，生存概率越低，预后可能越差。

因此，可将每个患病动物都作为个案研究，如果对犬肿瘤施行手术切除，其边缘没有足够的切除范围时，手术的结果可能是肿瘤复发率较高，则应考虑其他治疗方法，如截肢、更广泛手术切除或放疗等。

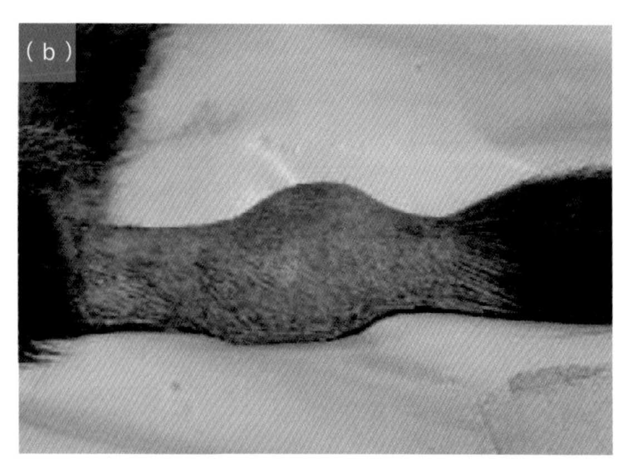

图 21　猫尾部高度侵袭性肉瘤 (a)；瘤外观照片 (b)

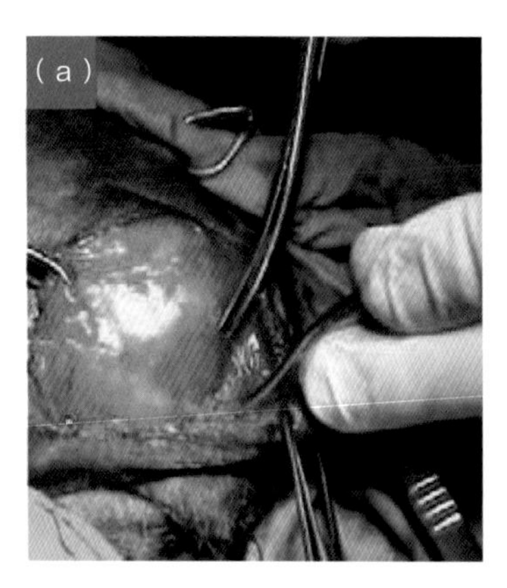

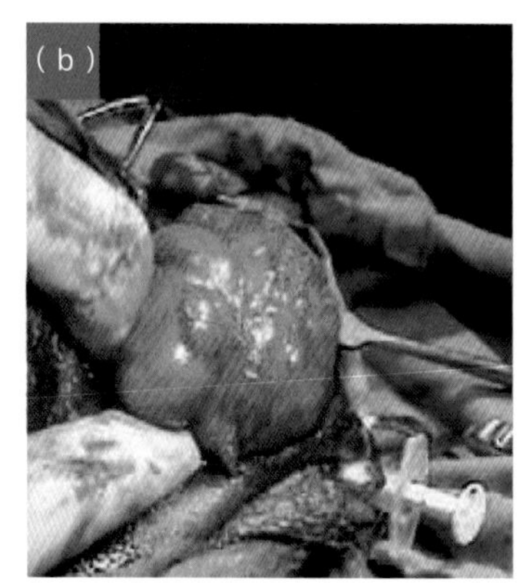

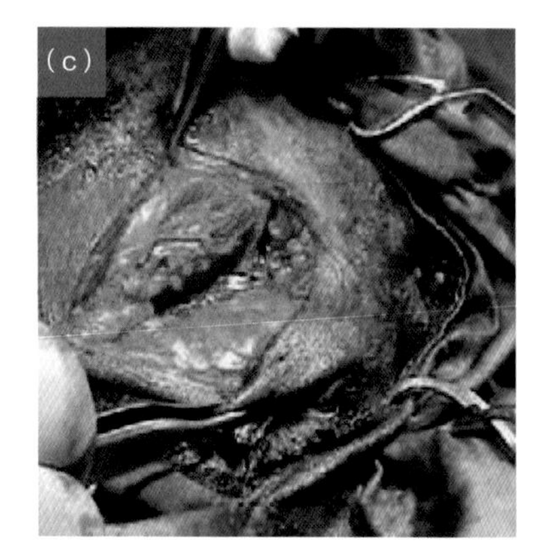

图 22　手术切除时脂肪瘤外观照片 (a)；手术分离出来的脂肪瘤照片 (b)；脂肪瘤切除后的手术创口外貌，注意观察手术切除肿瘤后的肌肉表面有无残留 (c)

预后

组织学检查是制定治疗计划和评估预后的一个非常重要的方法。

大量有丝分裂象与组织坏死有相关性，预示动物生存时间缩短，而有丝分裂象较多而无坏死象预示有肿瘤转移的可能。

在一些研究中，组织学分级已作为判断局部软组织肿瘤是否复发的重要参考因素。

手术前仔细触诊确定合适手术区域，确定肿瘤边缘与手术预切除边缘的合适距离，有利于术后有良好的预后，也包括患病动物的局部可能复发、无病灶生存时间和术后总的生存时间等。在不影响动物生活质量的前提下，可尝试对局部肿瘤进行大范围的手术切除。

老年动物不同解剖部位的软组织肉瘤如图 23 ~图 35 所示。

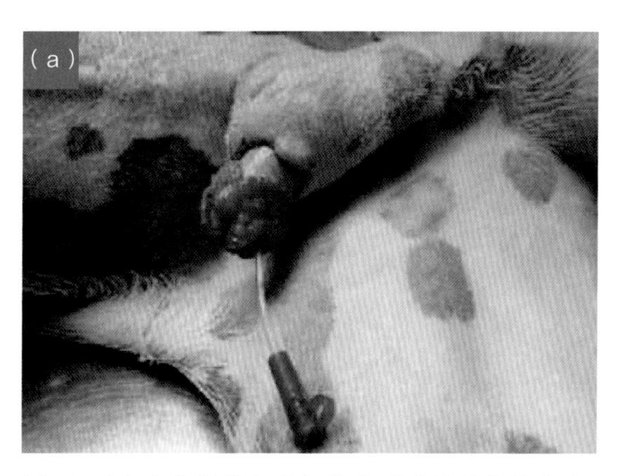

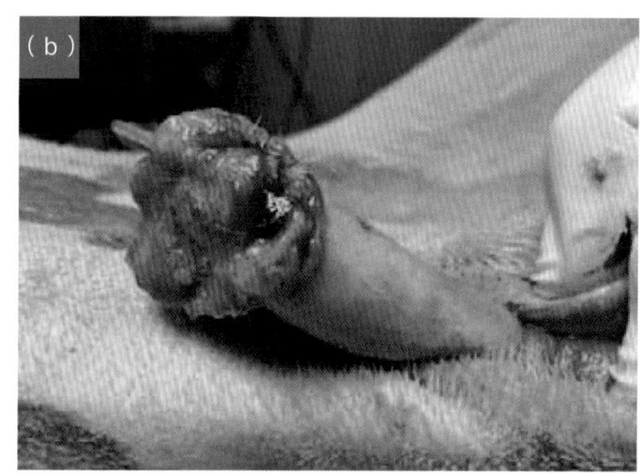

图 23 (a) 犬的阴茎龟头部发生严重的侵袭性肉瘤，尽管其表现不具有典型特征，注意与传染性因素引起的肿瘤的鉴别诊断；(b) 阴茎肉瘤外观照片

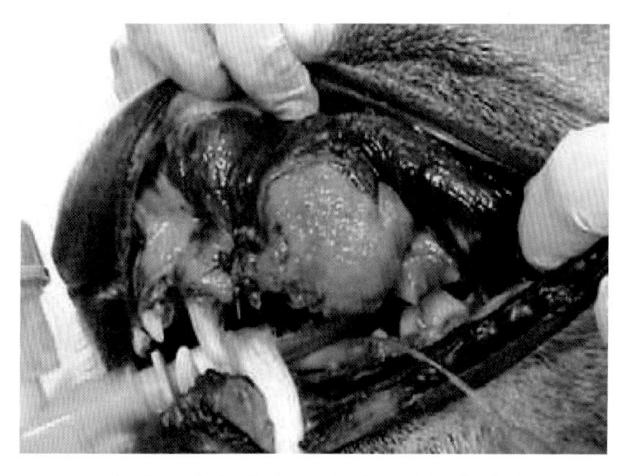

图 24 发生于老年病犬口腔的严重纤维肉瘤

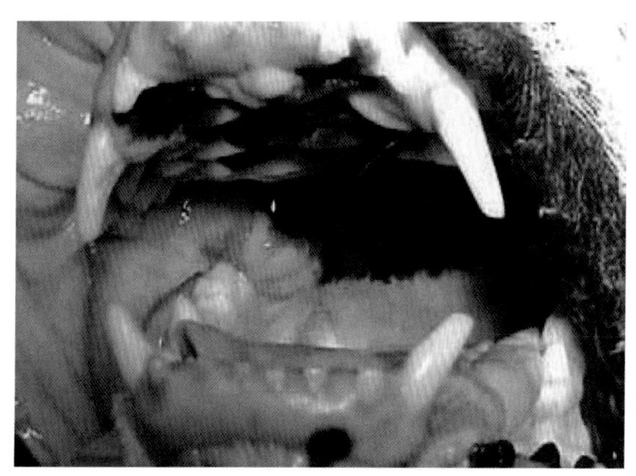

图 25 口腔纤维肉瘤影响颞下颌关节的开合，犬张口困难

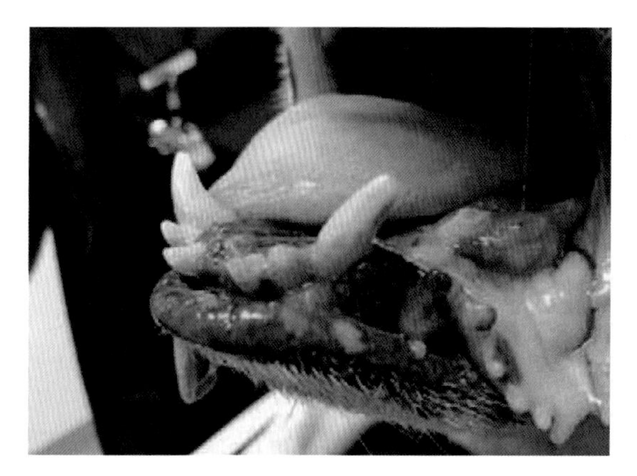

图 26 发生于老年犬下颌前臼齿间的口腔纤维肉瘤

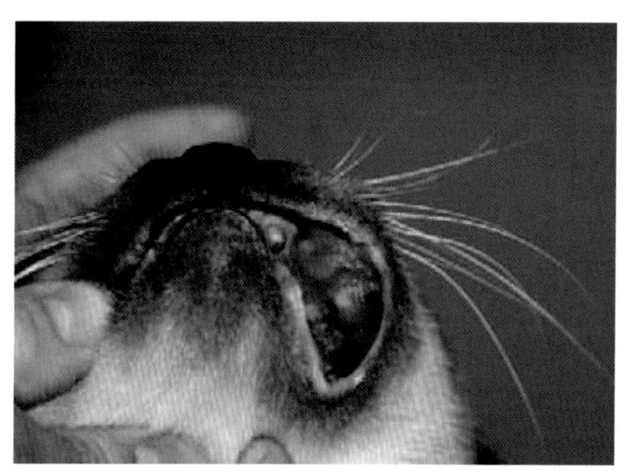

图 27 发生于猫上颌犬齿和第一臼齿之间呈浸润性生长的口腔纤维肉瘤

图 28　老年母犬子宫颈部平滑肌肉瘤

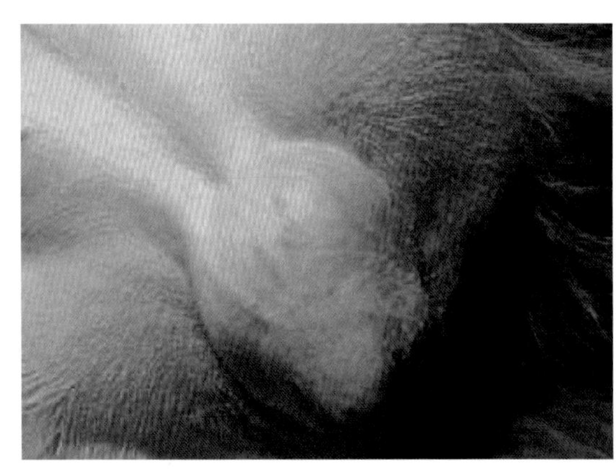

图 29　老年母犬阴道平滑肌肉瘤

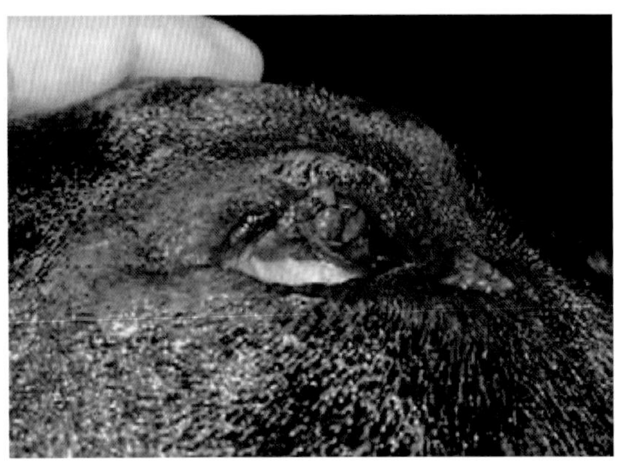

图 30　发生于犬上眼睑的平滑肌肉瘤

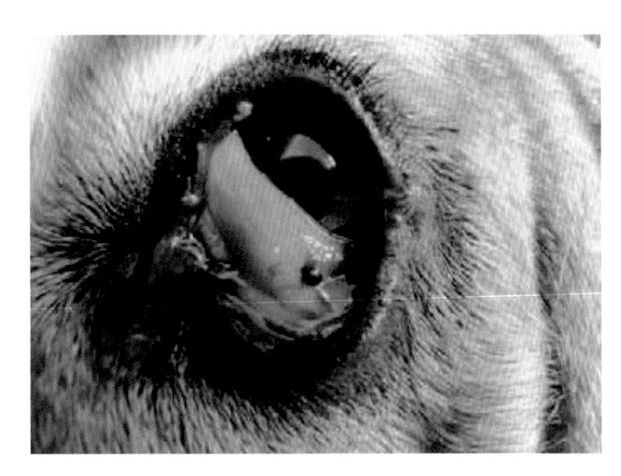

图 31　发生于犬第三眼睑外侧的血管肉瘤

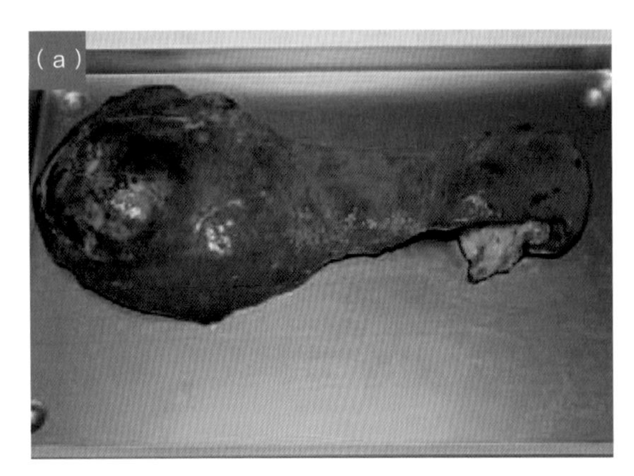

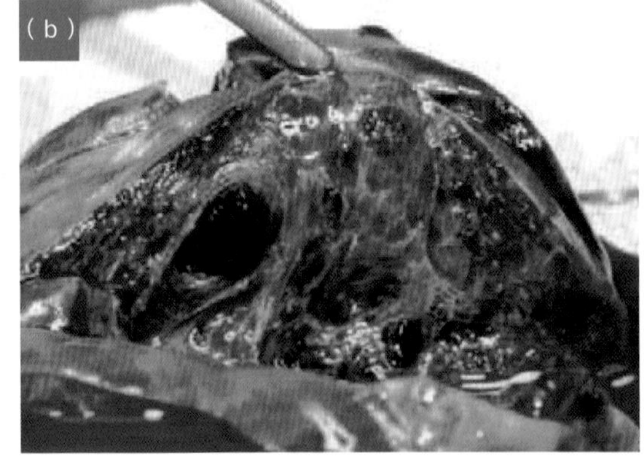

图 32　犬脾脏血管肉瘤破裂后，引起腹腔内出血，进行紧急脾脏切除手术 (a)；手术切除后的犬脾脏剖面结构 (b)

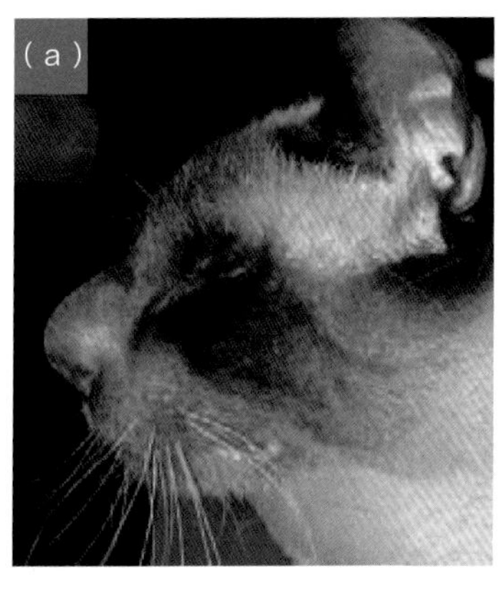

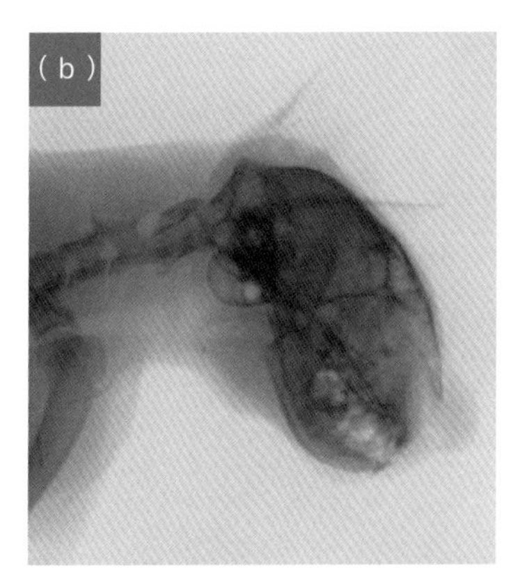

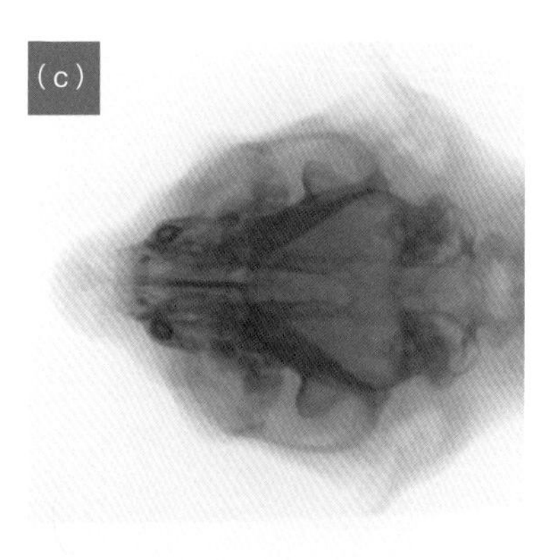

图 33　波斯猫低分化肉瘤引起的鼻部畸形 (a)；侧位片显示侧面凸起 (b) 和正位片显示背侧凸起 (c)

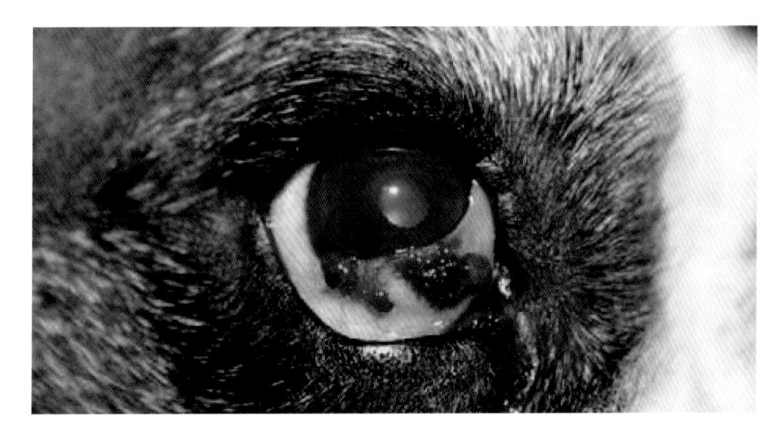

图 34　犬眼部球结膜血管外皮细胞瘤

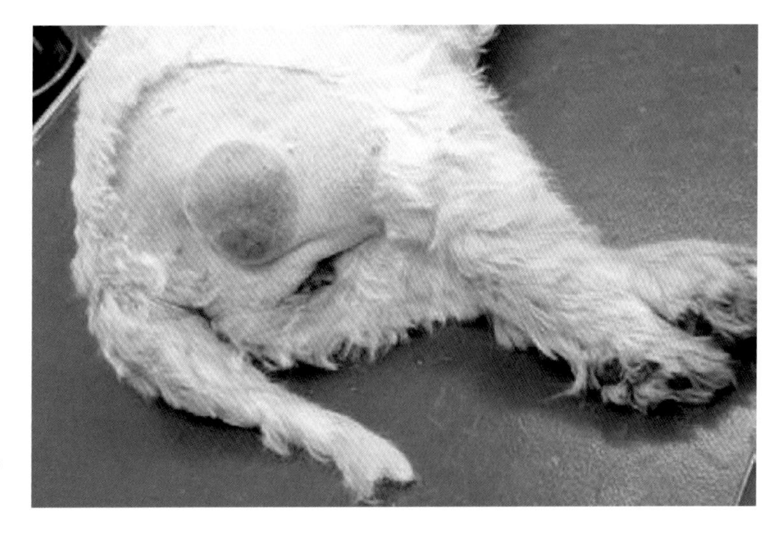

图 35　狗大腿后侧的血管外皮细胞瘤

猫注射部位肉瘤

猫的注射部位肉瘤（ISS）是主要发生于猫的软组织肉瘤，犬和雪貂也可发生（图 36）。

猫更容易发生 ISS，是因为它们对氧化应激高度敏感，这可能导致氧自由基的产生与身体的快速修复因氧化应激造成的损伤能力之间的持续失衡引发该病。

ISS 和疫苗

ISS 发生与猫的各种疫苗注射有关。疫苗注射引起注射部位强烈的慢性炎症，导致成纤维细胞增殖，随后转化为高分级的纤维肉瘤，局部呈高度侵袭性，转移可能性较低或中度。因此 ISS 是一个由多种复杂因素引起的疾病（Martano et al.，2011）。

为什么 ISS 会经常影响猫?

可能是因为猫某些特征性因素的存在：

- 猫血红蛋白有 8 个巯基（更容易被氧化），而其他动物只有 2 个巯基。
- 猫没有脾窦，可能降低了脾脏清除红细胞表面变性血红蛋白沉淀（亨氏体）的能力。
- 猫红细胞膜脂质过氧化的增加是炎症损伤的重要机制。自由基从细胞膜的脂质部分捕获电子，可能引发连锁反应，有利于附近脂质的过氧化作用。
- 在猫体内四聚血红蛋白可迅速转化为二聚血红蛋白。
- 动物体内葡萄糖醛酸化是通过偶联方式清除无用的毒素、药物或物质的途径。由此产生的物质更容易溶于水，也更容易从尿液中排出。猫体内催化这种复合反应（形成葡萄糖醛酸）的酶水平较低，这意味着其红细胞更容易受毒素影响，因此更容易受到氧化损伤。

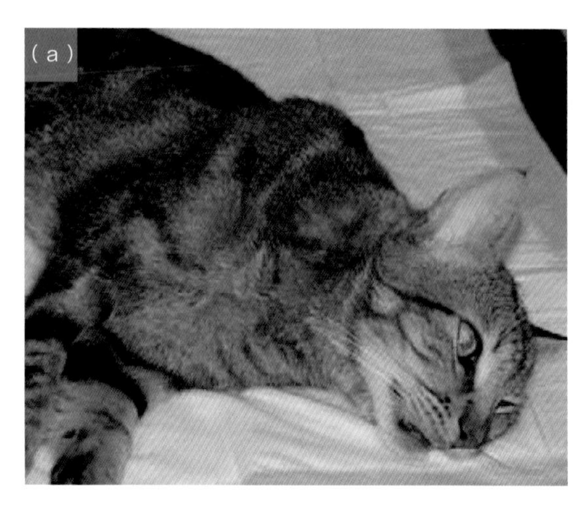

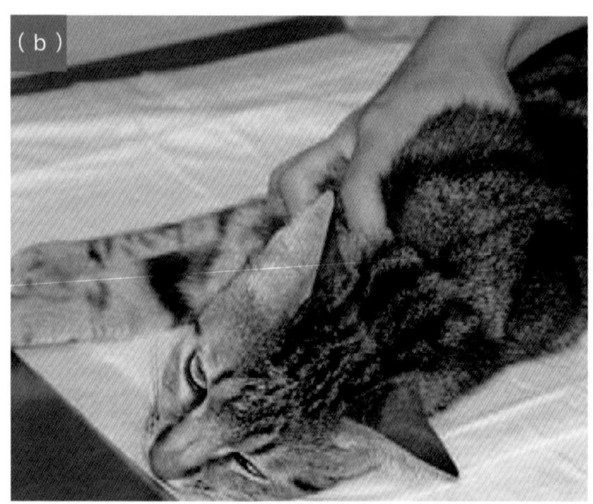

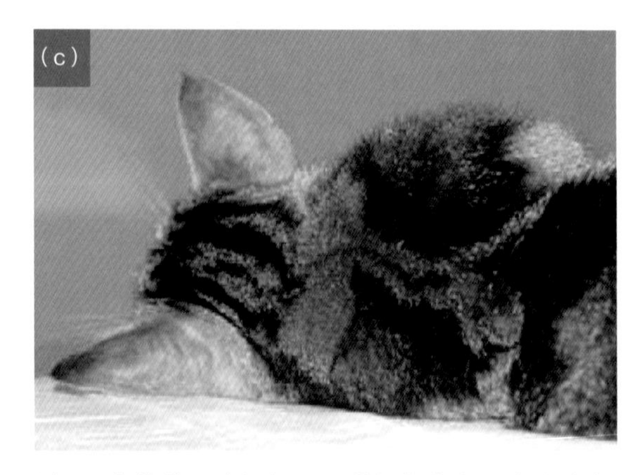

图 36 老龄猫，肩胛间区注射部位产生一个大的肉瘤 (a)；注意其为肉瘤晚期 (b)；背侧图 (c)

肿瘤通常发生在注射后3个月到3年之间。

由注射疫苗引发的ISS病猫往往比其他原因引发的ISS病猫更年轻(大约8～11岁)。由注射疫苗引发ISS的可能性似乎有随着年龄的增长而下降的趋势。

美国的调查发现每10000只注射过疫苗的猫中有1～10只可能发病。另据报道每5000次疫苗注射的猫有1只猫发生ISS (Dean et al., 2013)。

尚未有证据表明何种注射方式与ISS之间存在因果关系。ISS的发生可能与如下疫苗和抗生素等注射有关，包括疫苗及其成分、缓释类类固醇、长效抗生素、氯芬奴隆或美洛昔康。它还与许多其他材料有关，如不可吸收缝合线、微芯片、植入物(塑料、玻璃、玻璃纸)、手术后留下的纱布等。有研究表明，长效抗生素注射、抗猫白血病病毒疫苗(有佐剂)和狂犬病疫苗注射可能增加后肢ISS发生的风险。

所有疫苗都有ISS的风险。

最近的研究表明，猫在不同的药物或疫苗注射后发生ISS可能与遗传因素有关，表明ISS患病动物可能具有诱导该病的潜在遗传因子。虽然炎症可能是发病的一个重要促成因素，但尚无证据表明注射区域发生慢性炎症和ISS的发展之间存在必然联系。

鉴于注射和ISS之间可能存在的联系，研究猫肉瘤疫苗工作组(VAFSTF)建议疫苗可在动物四肢进行注射，特别是在其远端部位(肘部或膝盖以下)进行，这样即使ISS发展到严重时，需要进行手术截肢也易于操作。笔者推荐的注射部位为右肘以下的部分(可用于猫泛白细胞减少症、猫疱疹病毒1型和猫杯状病毒疫苗的注射)，而右膝以下(用于猫白血病病毒和狂犬病病毒疫苗的注射)(图37)(Scherk et al., 2013)。在尾部接种也是一种选择。研究表明，采取在动物后肢注射疫苗，加上因疫苗刺激引起的局部炎症反应发生率逐步下降，进而降低了ISS的总体发生率，特别是在某些解剖区域的发生率。

然而，发生在前肢的ISS病例仍然经常出现，并且有的病例会影响腹部两侧。根据对有些病例的描述，腹部发生肿瘤可能是由于在后肢的错误注射引起，而前肢和肩胛间区域发生肿瘤多由于没有遵循VAFSTF的建议。

诊断

ISS的诊断方法包括患病动物的血细胞计数和血液生化检查、猫免疫缺陷和白血病病毒的测试、胸部X光(可包含三种体位拍片)和腹部超声。CT和MRI对该病的检查也是非常有价值的。

1—— 猫泛白细胞减少症、猫疱疹病毒 1 型和猫杯状病毒疫苗。
2—— 狂犬病疫苗。
3—— 猫白血病疫苗。

图 37 推荐的疫苗注射网站 (Grigorita Ko, Shutterstock.com)

治疗

ISS的治疗包括根治性手术治疗和辅助性治疗，有时需要结合放疗。患病动物术后生存时间从 9 个月到 3 年多不等，一般平均生存期约为 2 年左右。接受手术的患猫有 40% 左右的局部病灶复发，有超过 10% 患猫发生全身其他部位转移。其他研究表明，大约 50% 的 ISS 患猫局部病灶易复发，而 30% 的患猫发生病灶转移到身体的其他部位。

在计划切除区域的边缘进行术前诊断性切口活检可以改善手术结果。

如果手术是唯一可以应用的治疗方法时，创口切缘应尽可能地宽，包括宽约 5 厘米的侧缘和两个深深的切面，需要时骨头也可切除。这些边缘可以将局部复发率降低到 15%，并将生存期延长到近 3 年。然而，宽切缘并不容易做到，例如，一个直径为 2cm 的肿瘤，需要大约 12cm 的切除区域。ISS 往往体积较大，切除面积也较大，会使术后护理更为复杂。

虽然放疗和化疗也是 ISS 治疗的必要的组成部分，但据评估，3cm 以下的肿瘤通常只需手术治疗。

术前放疗是一个非常有意义的选择，因为它既可以控制肿瘤的继续增大，也有助于将肿瘤控制在局部并使其边缘清晰。但放疗的操作较复杂，也会引起不良反应，值得注意。

ISS 患猫在如下情况下多预后不良：肿瘤直径大于高尔夫球(5cm)、突然发作的肿瘤、快速生长的肿瘤、溃疡性肿瘤和首次手术后复发的肿瘤等。

对化疗药的适应症尚有些争议。研究表明长春新碱、甲氨蝶呤和环磷酰胺对 ISS 的治疗没有任何效果 (Odendaal et al.,1983)。阿霉素、米托蒽酮和卡铂同样也无效 (Davidson et al.，1997;Straw et al，1992)，尽管其他人认为这些药物或它们的组合可能有效。

根据一项体外研究，TKI 米西地尼似乎对 ISS 有一些效果，但由于缺乏临床应用证据，米西地尼和托西尼布目前不建议使用 (Holtermann et al.，2016; 劳伦斯等，2012)。

局部免疫治疗有助于延长患猫的存活时间。重组猫白细胞介素 -2 金丝雀痘病毒载体疫苗推荐用于直径 2 ~ 5cm、无身体淋巴结或其他组织器官转移的纤维肉瘤，治疗方法包括手术、放疗或两者结合应用。疫苗可以直接注射到肿瘤的底部，因为它能引起局部组织白细胞介素 -2 的产生，所以不会引起注射后的全身不良反应。

3-2-1 原则

什么时候应该怀疑动物可能发生了 ISS?

- 注射药物 3 个月后注射部位肿块仍未消失;
- 如果肿块直径大于或等于 2cm;
- 如果在检查 1 个月后发现肿块仍不断增长。

预防 ISS

- 皮下注射疫苗，这将有助于发现可能存在的肿块。
- 不要在同一部位注射多种疫苗。
- 如有可能，疫苗溶解后 30 分钟内应立即注射。
- 使用无菌注射器和针头。
- 将疫苗储存在 2 ~ 7ºC 的温度下，尽可能将它们放在冰箱的中央位置。
- 如果不小心将疫苗溅到猫的皮肤上，立即用酒精清洁，并用稀释的漂白剂对桌子和墙壁进行消毒。

老年动物血淋巴系统肿瘤

简介

淋巴增生性疾病是由淋巴细胞的不同发育阶段引起的一组复杂的疾病。早期的分类方法是根据组织学或临床特征制定的，目前的方法是根据免疫表型 (B 或 T)、组织学特征、流式细胞术检测抗原和基因表达的变化来制定的。鉴别这些特征将使诊断更准确，并有助于合理治疗和改善预后。

白血病是一组以起源于骨髓的肿瘤细胞克隆增殖为特征的疾病。可根据白血病的细胞来源确认归类为淋巴或髓系白血病。随着流式细胞术、抗原受体重排 (PARR) 和聚合酶链反应 (PCR) 等诊断技术在兽医学中的广泛应用，传统的分类系统已被类似于人类医学的分类系统所取代。这些检查的结果，结合临床症状和组织病理学特征以及患者病史和体格检查的结果，能够作出准确的诊断，为更好地了解疾病、制定治疗方案、帮助确定预后打下良好的基础。

不过，详细的疾病分类有助于进行临床和流行病学研究的设计和规划，其目的是积累有助于防治白血病的资料。

虽然兽医学不具备人类医学那样的多种多样的淋巴瘤和白血病抗原，但常用的分子诊断方法，特别是流式细胞术，可以在大多数情况下帮助该病的确定诊断和评估预后。

需要进行瘤组织活检吗？

这是大多数癌症诊断中常见的问题。淋巴增生性疾病的诊断步骤是，第一步由组织病理学专家判断细胞学检查结果，如果结果与淋巴增生性疾病一致，第二步可应用 PARR 检测、流式细胞术或免疫组化来确定细胞类型。

PARR 可用于确定样本中的淋巴细胞是单克隆（源自单个前体细胞）还是多克隆（源自多个前体细胞）。单克隆通常表明有癌症存在，而多克隆侧表明有炎症性疾病。它还可以确定是 B 淋巴细胞还是 T 淋巴细胞。PARR 敏感性很高，还可以用于分析非常小的标本及以前染色过的或福尔马林固定的组织样品。

而组织学和免疫组化也是可靠的诊断方法，可以同时用于指导治疗和评估预后。

流式细胞术是目前应用较多的实验室检测方法，它应用来自细针抽吸样品或血液样本制作成的细胞悬浮液与特定的 T 细胞、B 细胞或其他谱系标记物来对比，以识别主要的细胞类型。

犬淋巴瘤

简介

淋巴瘤是老年犬中最常见的造血系统肿瘤，成熟淋巴样细胞（淋巴细胞）及其前体（淋巴母细胞）的生长速度不受控制。恶性肿瘤的分类标准可作为所有已知淋巴瘤的诊断标准（图1～图3）。

多中心淋巴瘤和犬乳腺肿瘤是兽医临床实践中最为常见的诊断和治疗的癌症病例。

虽然治疗乳腺肿瘤时手术切除是主要方法，但全科兽医对犬淋巴瘤经常使用长春新碱、环磷酰胺和泼尼松龙等化疗方案进行配合治疗。

犬淋巴瘤治疗周期长、复发可能性大及现有治疗方法的效果较差等是该病治疗过程中的难点，这可能也是需将患病动物转给专家治疗的主要原因。

每个兽医在面对淋巴瘤患病动物时都应该牢记的是，淋巴瘤并不是单一的具有多种表现的实体，而是具有共同特征的不同实体：患病动物的淋巴细胞表现异常。

有害的环境因素在人类和动物淋巴瘤的病因学中都起着重要作用。例如，生活在工业区比生活在低污染地区患淋巴瘤的风险更大。

犬淋巴瘤和（人）非霍奇金淋巴瘤在分子生物学、临床表现和治疗方面非常相似，因此各自构成了一种信息和经验的来源。

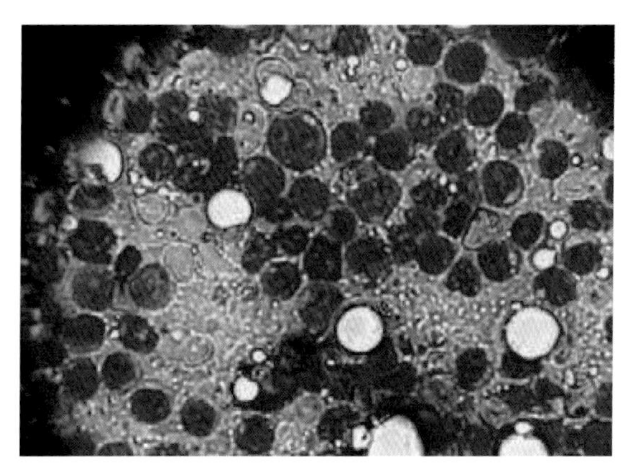

图1　肠肿块细胞学观察到大的淋巴母细胞（400×）

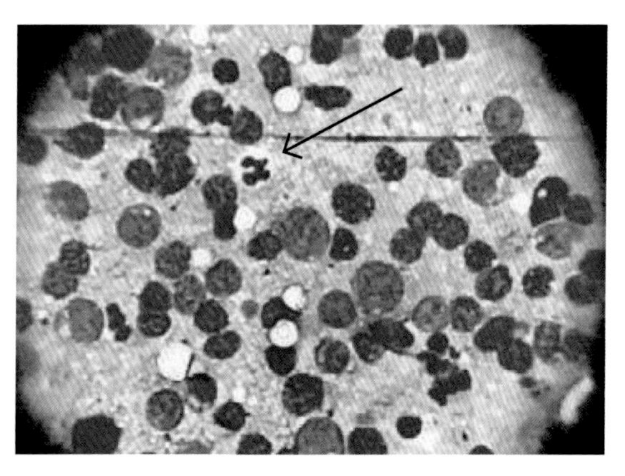

图2　猫肾淋巴母细胞淋巴瘤细胞学检查。注意淋巴母细胞的大小和特征及与视野中其他细胞（箭头：中性粒细胞）(400×）的比较

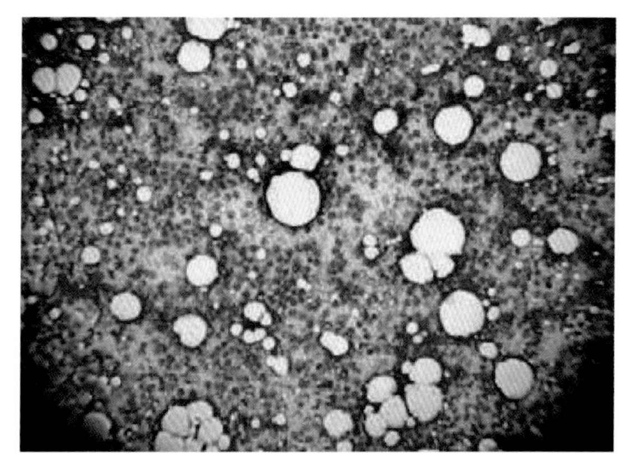

图3　肠团块细胞学检查：有大量大的淋巴母细胞（100×）

流行病学

犬淋巴瘤可以发生在任何品种或年龄的犬，最常见于中大型犬，特别是拳师犬、金毛猎犬、罗威纳犬和斗牛犬。

公母犬发病率没有明显的差别，不过完整的母犬受到的影响较小。在威斯拉犬 (Zink，et al.，2014) 和金毛猎犬 (Torres de la Riva，et al.，2013) 中，1 岁前阉割可能会增加患淋巴瘤的风险，但在拉布拉多猎犬中则不会 (Hart，et al.，2014)。

据人医中报道，绝经前妇女患非霍奇金淋巴瘤的风险较低。

上述描述表明，虽然雌激素和孕酮受体在新生的肿瘤淋巴细胞中的表达并不常见，但肿瘤的发生仍可能受到生理性激素活性的影响 (Teske et al.，1987)。

存活率似乎与患病动物的年龄、品种或性别关系不大，但据已发现的肿瘤特异性标志物证明，与有丝分裂率有相关性。从一项对 456 只犬的调查研究发现，所有低分化淋巴瘤的有丝分裂率都很低，而所有高分化淋巴瘤的有丝分裂率都很高。因此，有丝分裂活性非常高的犬的存活率要低得多。

高钙血症和犬淋巴瘤

高钙血症和贫血是犬淋巴瘤中最常见伴随的症候。它发生在 10% ~ 40% 的病例中，尤其常见于纵隔淋巴瘤 (Valli et al.，2013)。其发生与 CD4T 淋巴细胞产生的称为甲状旁腺激素相关蛋白 (PTHrP) 的一种肽有关，这种肽的功能有类似于甲状旁腺素对高钙血症的调节作用。

免疫与犬淋巴瘤

免疫抑制在人类淋巴瘤的发生中起着重要的作用，这可能也适用于犬，尽管这还有待进一步研究证实。

对人类淋巴瘤的研究认为淋巴瘤与 HIV 诱导的自身免疫疾病和免疫抑制状态的治疗之间可能有联系。虽然这些观察结果不能直接应用于犬的疾病诊断，但 Keller(1992) 的研究证明犬淋巴瘤的产生与各种自身免疫性疾病之间有联系。

几年后，Blackwood 等 (2004) 报道了一个用环孢素治疗的犬患淋巴瘤的病例，Santoro 等 (2007) 发现患有特异性皮炎的犬皮肤淋巴瘤的发生率较高，并对其中许多犬都应用环孢素治疗。

环境污染物和犬淋巴瘤

Marconato 等 (2009) 发表的一项研究结果表明，一般来说，环境污染物与癌症的发生之间存在联系，尤其是犬淋巴瘤的发生；作者还强调了家养宠物有作为癌症发生的潜在危险因素报警器的重要作用。虽然没有确凿的证据表明是什么导致了多种癌症，但从本质上来说，宠物更容易接触到环境中的致癌物质——仅仅是因为它们与潜在污染的地面有更多的接触。

多种因素参与了犬类和人类淋巴瘤的发生与发展，包括遗传和免疫因素，以及反复或长期接触潜在的致癌物质。

本节最后要考虑的一点是，宠物生活在吸烟者的家里会被认为是“被动吸烟者”，因此一生患癌症的风险会增加。

临床表现

犬的淋巴瘤可影响所有器官和组织，尽管某些类型更常见，如多中心淋巴瘤、胃肠道淋巴瘤、纵隔淋巴瘤、皮肤淋巴瘤、眼淋巴瘤、肺淋巴瘤和神经系统淋巴瘤。与淋巴系统关系不密切的变异不常见，如发生在椎体、肌肉和口腔的淋巴瘤。

多中心淋巴瘤

多中心淋巴瘤占犬所有淋巴瘤的 84%。Ⅰ期、Ⅱ期和Ⅲ期的特征是涉及多个淋巴结（非疼痛性周围淋巴结肿大），而Ⅳ期和Ⅴ期疾病可分别累及肝脏和骨髓（表 1，图 4 ~ 图 7）。

表1　多中心淋巴瘤的临床分期（根据世界卫生组织）(Owen, 1980)	
阶段	临床表现特征
阶段Ⅰ	只涉及一个淋巴结
阶段Ⅱ	涉及一个区域内几个淋巴结
阶段Ⅲ	非疼痛性全身淋巴结病
阶段Ⅳ	Ⅲ期加上肝脏和脾脏疾病
阶段Ⅴ	影响血液和骨髓

每个分期还可进一步分为 A 期，无全身体征；B 期，有发热、高钙血症、体重减轻等体征。

图 4　多中心淋巴瘤。一只老年拳师犬严重的淋巴结肿胀

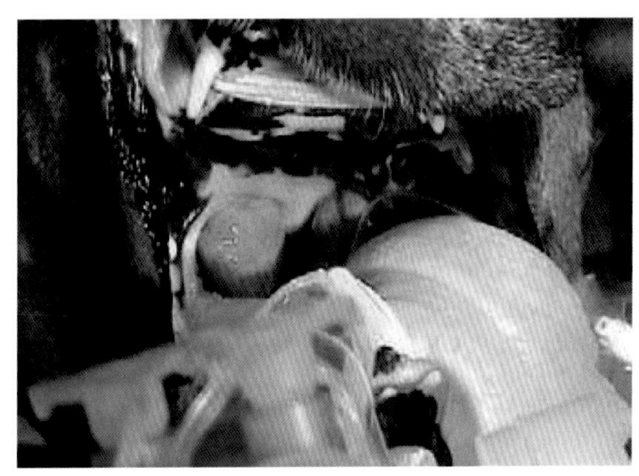

图 5　老年犬多中心淋巴瘤引发扁桃体肥大

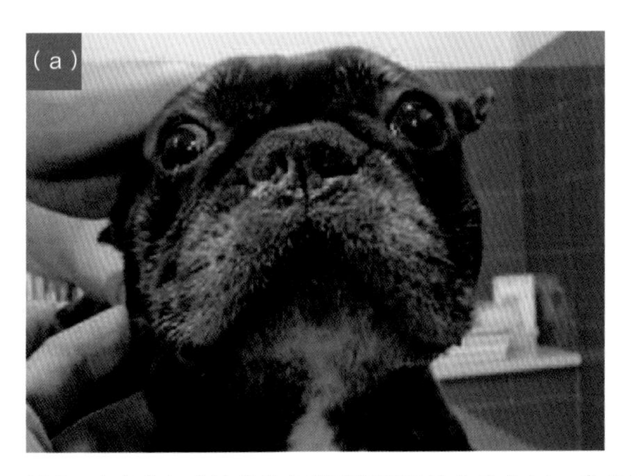

图 6　犬多中心淋巴瘤伴右侧下颌下淋巴结病变 (a)；发病淋巴结下明显肿胀 (b)

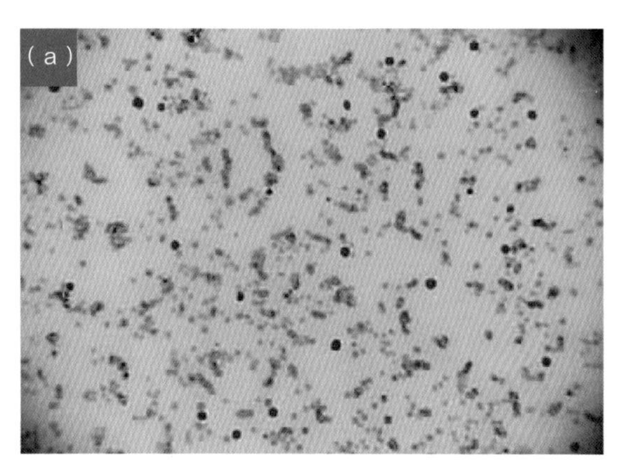

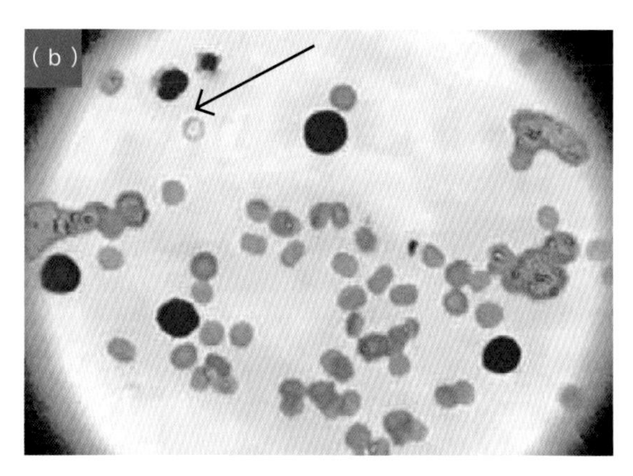

图 7　V级淋巴瘤细胞学检查。V级肿瘤影响到血液和骨髓 (a)；V级淋巴瘤的细胞学检查 (b)；淋巴细胞数量远低于其他阶段 (箭头)

由于犬多中心淋巴瘤涉及多个淋巴结，可以从不同的淋巴结中采集样本，不过通常应该避开下颌骨淋巴结，因为它们可能引起感染，也可能采样时易与唾液腺混淆。

胃肠道淋巴瘤

胃肠道淋巴瘤可表现为单个结节或波及整个胃肠道。

胃肠道淋巴瘤没有明显好发的年龄或品种，不过一些研究表明拳师犬和沙皮犬发病率较高 (科伊尔和斯坦伯格 ,2004；斯坦伯格等，1995)(图 8 和图 9)。

超声检查在肠炎和肠淋巴瘤的鉴别诊断中起着重要的作用。值得注意的是，有 25% 以上的淋巴瘤在超声检查下表现正常 (Frances et al.，2013)。肠系膜淋巴结受到波及时提示犬患肠淋巴瘤，但确诊必须通过活检。

肠黏膜活检有时可以提供诊断线索，但为了提高诊断的准确性，应对肠壁全层(即所有层)进行活检。

局部或全身嗜酸性粒细胞增多是胃肠道淋巴瘤常见的表现。

犬淋巴瘤预后一般较差，而化疗结合局部用药治疗对结直肠淋巴瘤效果较好。

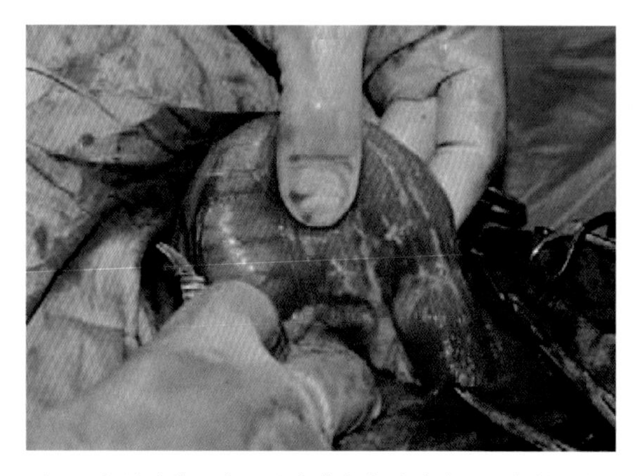

图 8　犬肠道淋巴瘤。注意黄白色的肿瘤组织与粉红色的健康组织相区别

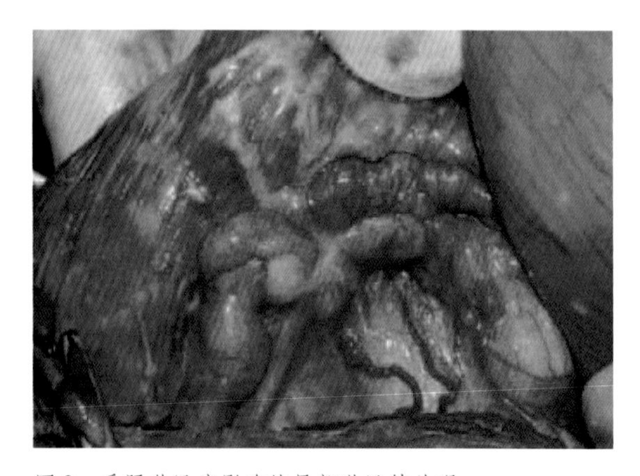

图 9　受肠淋巴瘤影响的局部淋巴结外观

肝淋巴瘤

犬肝淋巴瘤非常罕见。该病发展迅速，预后很差。超声显示结构缺失，临床有感染征象（如中性粒细胞增多）或肝功能下降（如低白蛋白血症、胆红素和胆汁酸增加）。肝脏中蛋白质合成不足也可能导致腹水（图 10）。低白蛋白血症是病犬治疗效果不好、成活率低的重要原因。凯勒等 (2013) 研究表明肝脾淋巴瘤和肝细胞性淋巴瘤是两种导致患犬成活率非常低的肝淋巴瘤。

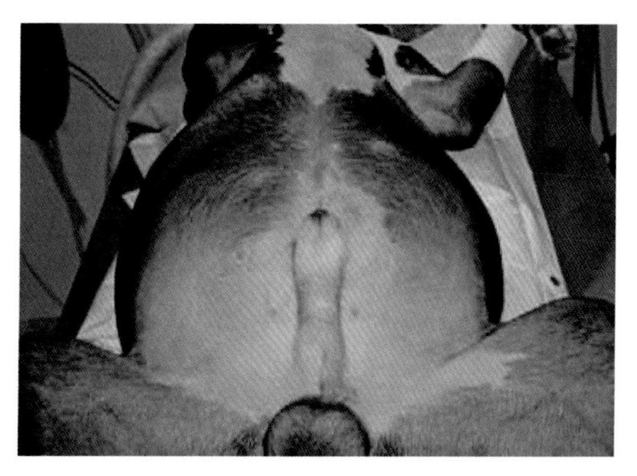

图 10　因肝淋巴瘤导致严重肝功能衰竭的患病动物有腹水

纵隔淋巴瘤

纵隔淋巴瘤在年轻的动物中较为常见，但它也可以出现在任何年龄动物，且大多病例为 T 细胞淋巴瘤。

纵隔淋巴瘤的临床主要体征为淋巴瘤对纵隔功能的影响而引发的相关典型症状，如呼吸困难、咳嗽（由于胸腔积液），以及由于纵隔肿块压迫腔静脉而引起的头颈部肿胀（腔静脉综合征）。高钙血症的动物也可能出现多尿和多饮（图 11）。

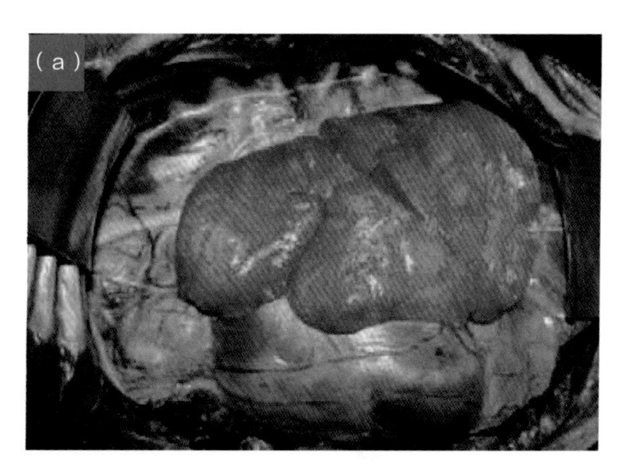

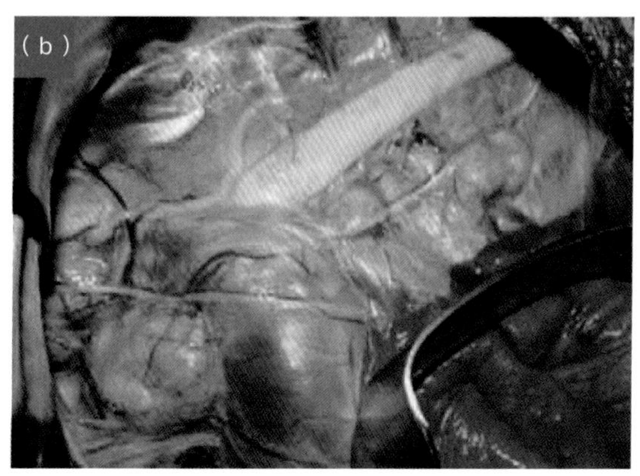

图 11　剖检图像显示纵隔淋巴瘤患宠的胸部 (a)。这种表现在老年患宠中并不常见。左肺切除后的图像 (b)。注意肿瘤尾部和心脏头部的尺寸较大

皮肤淋巴瘤

皮肤淋巴瘤在皮肤肿瘤一章中描述。

眼淋巴瘤

原发性眼部淋巴瘤不常见，一般为 B 细胞淋巴瘤。影响眼球的淋巴瘤往往与结膜淋巴瘤共存，但这两种淋巴瘤也可以单独出现。眼的附件结构也会受到影响，如引发第三眼睑的淋巴炎 (Donaldson and Day，2000；Hong et al，2011)。

大多数眼淋巴瘤是局部的，治疗效果较好。由于中枢神经系统与各种眼部结构联系紧密，如果肿瘤扩散至中枢神经系统 (CNS)，可能会出现并发症（图 12）。

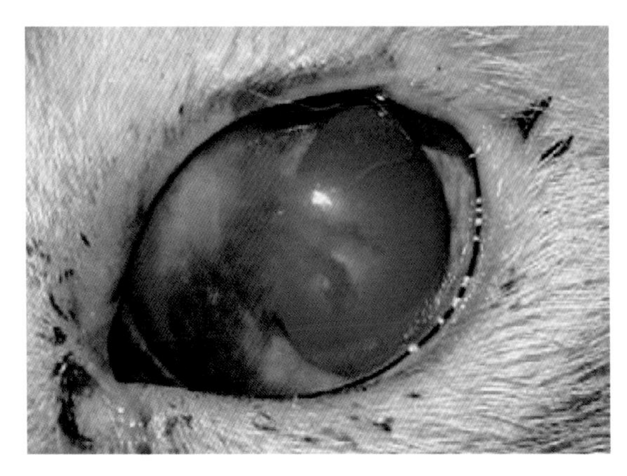

图 12 眼淋巴瘤发生于猫的角膜缘（使用钟面类比，位于 10 点钟方向）

其他部位淋巴瘤

犬淋巴瘤可发生于身体任何含有淋巴组织的部位。因此，淋巴瘤有许多不同的类型，这里描述的是犬淋巴瘤中最常见的类型（图 13 ~ 图 16）。其他如中枢神经系统淋巴瘤、呼吸系统淋巴瘤、口腔淋巴瘤、鼻内淋巴瘤、肾上腺淋巴瘤、滑膜淋巴瘤和幼龄动物鼻窦淋巴瘤的临床表现与病因的关联不明显（图 17），如肾上腺皮质功能低下。发生于关节滑膜与关节其他结构的淋巴瘤，可能引起前交叉韧带撕裂；也可引起中枢神经系统发生淋巴瘤，导致严重的癫痫发作或神经功能障碍。

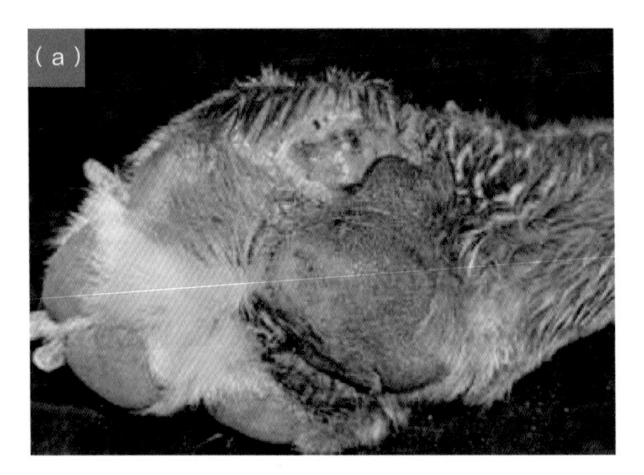

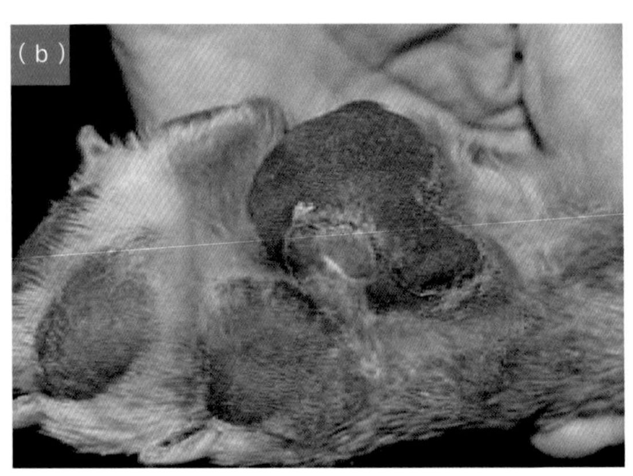

图 13 老年患宠脚垫上的非上皮性皮肤淋巴瘤外观 (a)；初次使用阿霉素治疗后的病变外观 (b)

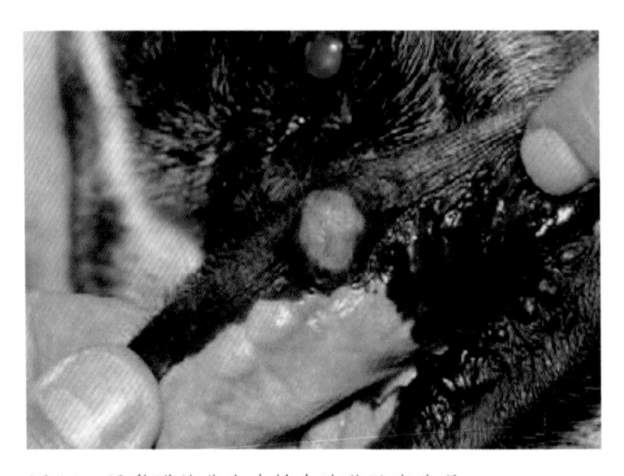

图 14 唇黏膜的非上皮性皮肤淋巴瘤外观

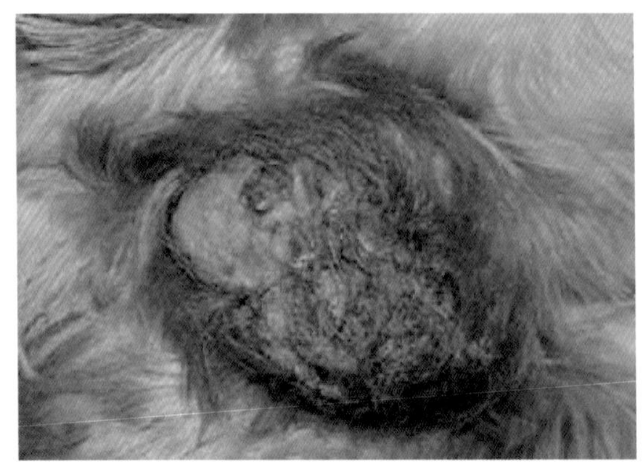

图 15 小型杂种犬发生在阴囊的嗜上皮性皮肤淋巴瘤外观

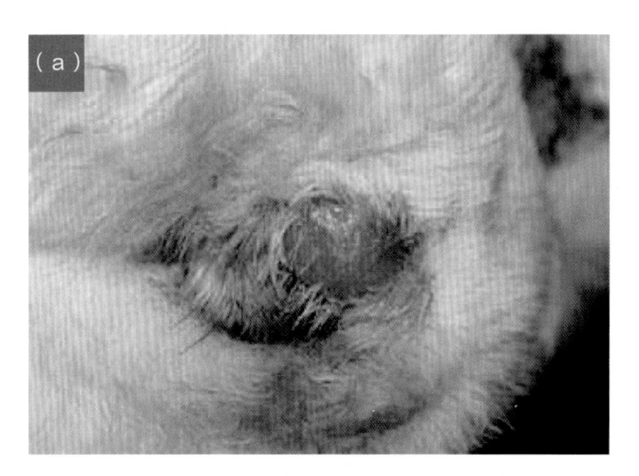

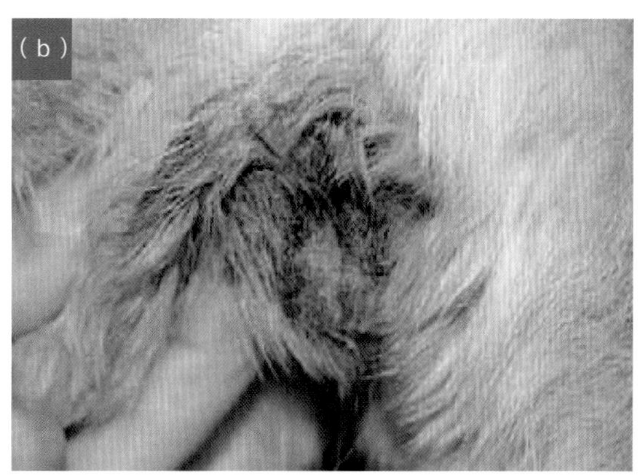

图 16　一只老年犬发生在外阴黏膜上的非上皮性皮肤淋巴瘤 (a)；使用环磷酰胺、长春新碱和泼尼松龙治疗 3 周后的病变外观 (b)

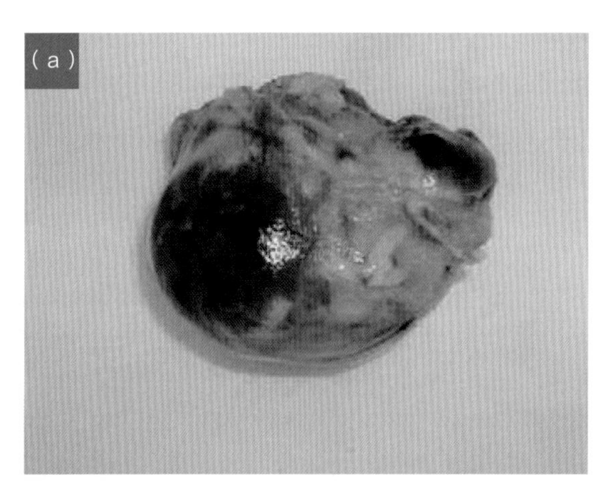

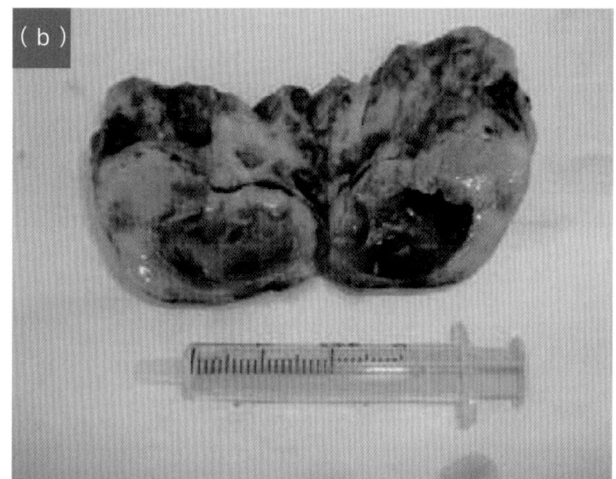

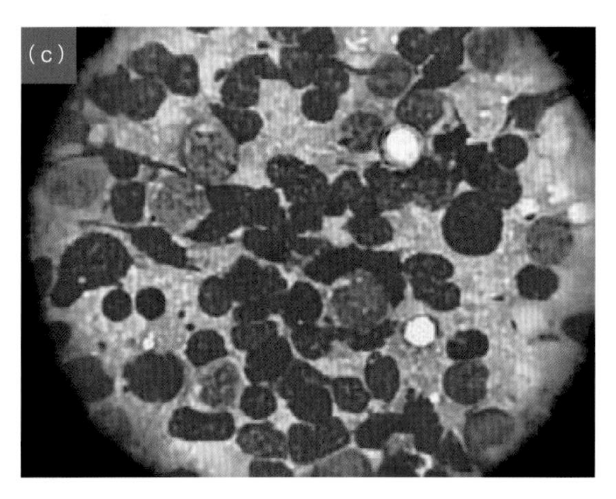

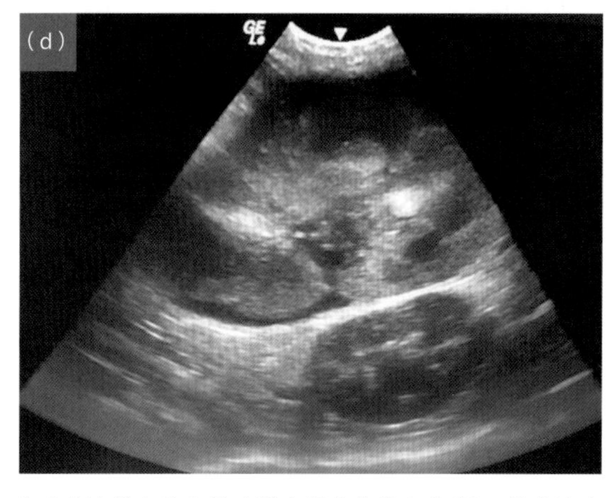

图 17　猫的高分化 B 细胞肾脏淋巴瘤 (a)。值得关注的是，由于淋巴增生病变导致肾实质结构的丧失 (b)。肾淋巴瘤的细胞学变化 (c)。超声图像显示肾脏正常轮廓被另一个不规则结构取代 (d)

诊断

所有的成像检查技术对纵隔肿块检查的效果都不错，但只有组织细胞学和病变组织活检可以区分淋巴瘤和胸腺瘤。在随后的疾病发展阶段，免疫学诊断可以帮助指导预后和监测病情进展。

超声波检查是诊断肝淋巴瘤及确认胃肠道淋巴瘤患病动物淋巴结受累非常好的工具。此外，在上述病例中，超声引导组织活检标本的安全采集是必要的。

分子诊断

分子谱分析技术可以提供独特的、互补的信息，有助于识别特定的淋巴瘤。例如，免疫组化可以区分 T 细胞肿瘤和 B 细胞肿瘤，而 PARR 克隆测试可以区分具有重叠临床特征的疾病，如猫的炎症性肠病和肠淋巴瘤。

免疫组化也可以检测出 c-kit 的表达，虽然 c-kit 的突变只能通过 PCR 来证实。流式细胞仪鉴定簇分化技术 (CDs) 是在诊断淋巴瘤时应用的另一种重要的分子诊断技术。

兽医肿瘤学家和兽医专家筛查各种诊断工具的目的，是从中选择一种既可以确诊肿瘤存在又具有最高的敏感性和特异性的方法，以弥补细胞学和组织学诊断在淋巴和造血的癌症诊断上的局限性。

免疫组化

免疫组化是使用特异性单克隆抗体检测未知抗原的技术。它的一个优点是，可以应用于大多数用常规技术固定在福尔马林或石蜡中的组织。除了一些不需要进行抗原保存的诊断技术外，当决定如何固定或嵌入组织及以后可能需要染色体抗体时，抗原的保存是一个重要的考虑因素。

免疫球蛋白 G 因其组织穿透能力而成为应用最广泛的抗体。

它具有高亲和力和特异性，可以检测非常小的特异性抗原。

抗原 - 抗体结合可以使用不同类型的标记物（荧光色素，如荧光素或罗丹明；酶，如过氧化物酶或碱性磷酸酶；放射性同位素；胶体金等）进行标记以便于观察，也可使用不同的技术（如荧光和磷光发射，直接的、间接的或竞争性酶联免疫吸附试验，以及放射性同位素、激素标记物等）。

流式细胞术

流式细胞术是一种分子技术，根据流经激光束的悬浮在液体中的单个细胞特征的辨别来帮助识别标记物或 CDs。这些细胞与标记的抗体一起孵化，而这些抗体与细胞表面抗原发生反应，导致激光束发出的光发生散射。.

流式细胞术被广泛应用于兽医肿瘤学中，以区分不同的淋巴增生性疾病。在犬淋巴瘤的案例中，它有助于建立更准确的预后，因为它可以区分 T 细胞和 B 细胞，并在随后可识别正在研究的细胞类型 CD 标记物（表 2）。

流式细胞术的局限性

流式细胞术的使用有较大的局限性，这与研究的样本有直接的关系。其要求样本必须包含足够数量的活细胞，并且在激光照射下的悬浮液体中，样品包含的细胞必须数量和质量（细胞保存状态）方面均满足要求。

CD（CD 抗原）	细胞类型
CD34	未分化的造血前体细胞
CD45	白细胞
CD20	B 细胞
CD3	T 细胞
CD5	T 细胞
CD4	T 辅助细胞
CD8	细胞毒性 T 细胞
CD14	单核细胞

表 2 遗传分化（CD）标记的例子

重要提示

犬淋巴瘤的预后因免疫表型不同而异；CD4+ 和 CD45 – 肿瘤患宠的生存时间最长可达 24 个月，而 CD4+ 和 CD45+ 肿瘤患宠的生存时间仅为 6 个月。

适应症

流式细胞术的应用适应症：

- 淋巴细胞增多症的患病动物中分化良好的非肿瘤性淋巴细胞。
- 动物血液循环中有淋巴母细胞出现，而动物患白血病时也有类似血象；动物患Ⅴ期淋巴瘤和白血病时，单靠血液中的白细胞难以区分且易混淆时，可应用流式细胞术。
- 对经细胞学检查或活检可以确认的小、中、大淋巴细胞。
- 对含母细胞成分不充分的可疑病变，辨别是否为非肿瘤性淋巴浸润时可应用流式细胞术。

聚合酶链反应

PCR 基本技术包括扩增和随后的 DNA 片段的特征描述。它们提供了卓越的诊断准确性。

PCR 抗原受体重排

PARR 对于区分炎症性疾病和肿瘤性疾病非常有用。

如果具有不同抗原受体但属于同一细胞类型的细胞（如 T 细胞）是多克隆的，通常与非肿瘤性（如炎症或感染性）情况有关。

相反，如果具有相同抗原受体的细胞是单克隆的，通常表明是癌症。

PARR 用于：

- 鉴定单克隆 / 寡克隆淋巴细胞群（肿瘤源）和多克隆淋巴细胞群（炎症源或感染性源）。
- 检测肥大细胞和胃肠道间质瘤中的 c-kit 突变，为预后和治疗提供必要信息。
- 检测 p – 糖蛋白，该蛋白也称为多药耐药蛋白 1 (MDR1) 或 CD243 或 ATP 结合盒亚家族 B 成员 1 (ABCB1)，可以预测高危病犬化疗后的不良影响，如柯基犬、短尾犬、德国牧羊犬、澳大利亚牧羊犬和长毛杂交赛跑犬等。

重要提示

单克隆/寡克隆结果并不总是标志淋巴瘤发生。例如，在皮肤组织细胞瘤中观察到淋巴细胞浸润也通常产生单克隆T细胞，但不一定是肿瘤产生的。同样，多克隆结果也不一定能排除淋巴瘤。

PARR与流式细胞术

PARR的优势

- 不需要特殊样品。PARR可以使用标准的细胞学切片进行。
- 适用于常规diff-quick和Wright-Giemsa染色。
- 样本可以是抽吸物、血液或体液。
- PARR的弱点。
- 灵敏度低于流式细胞术。
- 必须与流式细胞术结合使用，以确认淋巴细胞增生性疾病。

治疗

关于犬的血液淋巴系统疾病（淋巴瘤和白血病）的研究在不断进行中，详细描述所有新的治疗方法和发展超出了本书的范围。然而，在本节中，我们将简要回顾这一领域使用的主要药物和经典治疗方法。

淋巴瘤是最常使用化疗药物治疗的犬类癌症(Valli et al, 2013)。虽然化疗是治疗方法的选择之一，但也有其他方法可以选择。

化学疗法

使用任何细胞抑制药的目标是在尽量短的时间内使用尽可能低的有效剂量来治疗疾病，同时防止产生明显的副作用。从动物主人的角度看，目标是用化疗药物治疗动物疾病时确保副作用最小。

大多数化疗方案刚开始有两个不同的阶段：

（1）诱导阶段，即旨在诱导临床症状缓解的阶段。

（2）维持阶段，即旨在通过较短时间的治疗和较低的剂量使动物的肿瘤生长得到控制的阶段。当这个措施效果不明显时，就应及时进入治疗的第三个阶段，即抢救性治疗阶段。

许多研究都对抢救性治疗肿瘤的药物进行了充分的分析，它们应与诱导阶段使用的药物不同，且要求它们比之前使用的药物治疗效果更好。不过迄今为止的研究结果表明，抢救性治疗使用的药物的效果不太好，毒性却较高。

在抢救性方案中通常使用的药物和药物组合见框1。

框 1 抢救性化疗的主要药物及联合用药

- 洛莫司汀
- 放线菌素 D
- 米托蒽酮
- 达卡巴嗪 + 阿霉素
- 达卡巴嗪 + 蒽环类药物
- MOPP: 二氯甲基二乙胺 + 长春新碱 + 甲基苄肼 + 泼尼松龙
- DMAC: 地塞米松 + 美法仑 + α 放线菌素 D + 阿糖胞苷
- LOPP: 环己亚硝脲 + 长春新碱 + 甲基苄肼 + 强的松龙
- BOPP: 卡莫司汀 (BCNU) + 长春新碱 + 甲基苄肼 + 强的松
- MOMP: 氮芥 + 长春新碱 + 美法仑 + 强的松
- MPP: 氮芥 + 甲基苄肼 + 脱氢皮质醇
- 左旋天冬酰胺 + 环己亚硝脲 + 泼尼松龙

框 2 最为常用的多种药物化疗方案

- COP: 环磷酰胺 + 长春新碱 + 强的松
- COAP: 类似 COP 但加上阿糖胞苷
- CHOP: 类似 COP 但加上阿霉素
- L-CHOP: 类似 CHOP 但加上左旋天冬酰胺
- 麦迪逊 · 威斯康星医疗协议 (UW-25 或 UW-19)
- 根据 CHOP 医疗协议执行 19 或 25 周

多种药物配合治疗

多种药物化疗方案通常包含强的松龙和环磷酰胺(口服药物)、长春新碱和阿霉素等,在某些情况下,可以加上 L- 天冬酰胺酶(静脉给药)。这些组合是首选,并且是许多化疗方案中使用最为广泛的组合(框 2)。

单一药物化疗

有些疾病可用单一药物进行化疗,如阿霉素、米托蒽酮和 L- 天冬酰胺酶等,但尚未发现单一药物治疗比多种药物配合应用(如 COP、CHOP 和 L-CHOP 等治疗)后动物生存时间更长。

阿霉素按每 21 天口服一次为一疗程,连续用 5 个疗程,如有复发的情况可间歇性使用 (Higginbotham et al., 2013)。然而,在多种药物配合使用过程中,阿霉素并不这样使用。

对于需要进行姑息治疗的患宠来说,单一药物治疗是一个值得关注的选择。

糖皮质激素

糖皮质激素与细胞抑制药物(如长春新碱、阿霉素、环磷酰胺)联合使用已很广泛,且治疗效果良好。然而,当单独使用时,它们的有效时间非常短(姑息治疗)。

尽管糖皮质激素可诱导淋巴细胞凋亡 (Smith 和 Cidlowski, 2010),但在化疗前使用糖皮质激素会导致发病动物对细胞抑制药物的反应较差,缓解期较短。因此,糖皮质激素不应该在开始特定的化疗前使用 (Gavazza et al, 2008; Marconato et al, 2011; Price et al, 1991; Teske et al, 1994; Zandvliet, 2016)。

非甾体类抗炎药物

因为 COX-2 很少表达或不表达,且与肿瘤淋巴结相关的前列腺素水平不高,因此非甾体抗炎抑制剂 COX-2 不建议用于淋巴瘤的治疗。

皮肤淋巴瘤治疗

已经发现治疗犬皮肤淋巴细胞瘤的几种经典方法，包括：

- 洛莫司汀的有效率约为 80%，但维持动物不发病的时间较短，大约不超过四个月。
- 酪氨酸激酶抑制剂（如马西替尼等）的维持动物不发病时间与洛莫司汀相似，但有效率较低。
- 放射治疗，总剂量 30 ~ 50 戈瑞，效果良好。放射治疗效果明显是因为恶性淋巴细胞对放射非常敏感 (Grant，2017)。

靶向治疗

靶向治疗是通过阻断肿瘤的传导信号（传导抑制剂）、阻断肿瘤的血液供应（抗血管生成药物）和使用单克隆抗体作用于特定分子而起靶向作用的治疗方法。它与传统化疗的不同之处在于它并不作用于所有分裂或积极繁殖的细胞。

靶向治疗主要是作为化疗的辅助手段而发挥作用。广义上讲，化疗具有细胞毒性，而靶向治疗具有细胞抑制作用。因此，它提供了辅助的治疗效果。

免疫疗法

生物治疗是另一种形式的靶向治疗。它使用活的生物及来自生物的提取物，或将这些物质经实验室处理后用来治疗疾病。

免疫疗法是人类医学中治疗 B 细胞淋巴瘤的前沿技术，它包括使用与 CD20 高亲和力结合的单克隆抗体。

然而，抗 CD20 单克隆抗体在犬身上并没有产生与人类相同的结果，这为针对 CD20 抗原的新型犬单克隆抗体的研究提供了可能 (Ito，et al.，2015)。

在实验研究中已经发现了几种针对犬淋巴瘤的疫苗，包括：

- 将淋巴细胞加佐剂制成的疫苗。
- 化疗后淋巴管内注射自体肿瘤疫苗。
- CTERT（一种犬端粒酶逆转录）联合 COP 疫苗。

白血病

白血病这个词来源于希腊语 leuk ó s，意思是白色，haîma 的意思是血液。说明血液中白细胞总数增加(图 18 ~图 20)。

该病的特征是骨髓中肿瘤造血细胞的增殖，然而，白血病有可能起源于脾脏而不是骨髓。骨髓中细胞增加往往意味着血液循环中肿瘤性白细胞增多(白细胞增多)。这些白血病细胞可以侵入组织器官，如肝脏、脾脏和淋巴结等。

细胞缺乏性白血病是一种白血病的变种，在血液中白细胞很少或没有。

影响骨髓的肿瘤(例如多发性骨髓瘤和组织细胞肉瘤)不包括在白血病类别中。

白血病在犬类所有造血疾病中所占比例低于 10%，在猫类中所占比例低于 30%。

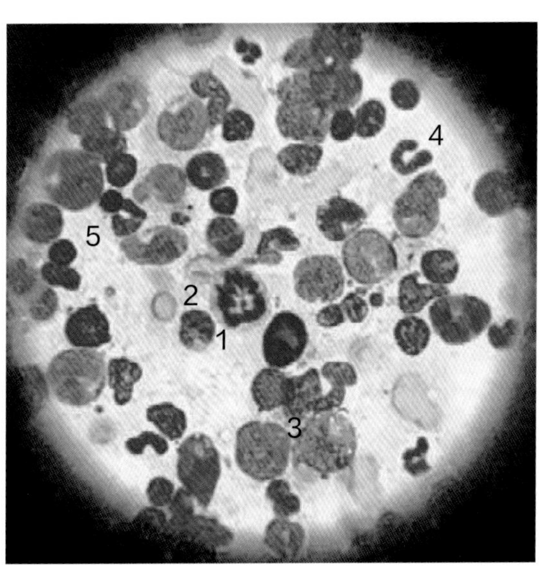

图 18　犬的血液涂片显示肿瘤性单核细胞：单核细胞性急性髓系白血病

1—浆细胞；2—分裂细胞；3—单核细胞；4—杆状性粒细胞，5—成熟淋巴细胞

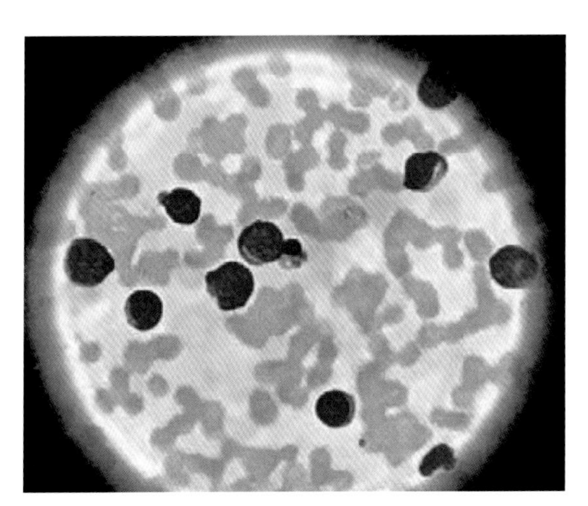

图 19　中型慢性 B- 淋巴细胞白血病血液涂片(1000×)

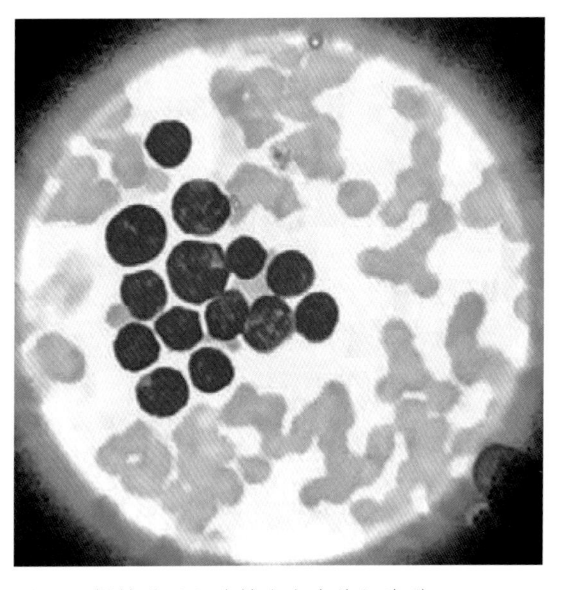

图 20　慢性淋巴细胞性白血病的细胞群

猫白血病病毒(FeLV)和猫白血病之间的联系是小动物白血病中唯一被证实的病因学联系。

分类

白血病根据以下标准进行分类：血液中的肿瘤细胞、临床症状、细胞分化和细胞谱系。

如上所述，并非所有的白血病都有较高白细胞计数。有的白血病贫乏征病例，其特征是血液中几乎没有白细胞，这种病例占所有白血病病例的10%。另一个例子是亚白血病，它的白细胞数很低。检测发现异常血细胞和细胞减少时，需要对动物评估骨髓、脾脏和淋巴结的状态。

动物白血病的分类使用由美国兽医临床病理学会动物白血病研究组根据人类白血病分类系统改编的版本(表3)。

白血病一般分为急性或慢性、淋巴细胞性或非淋巴细胞性（髓系）。

急性白血病

急性淋巴细胞白血病的特点是造血前体细胞的快速增殖和克隆扩增，能迅速取代正常骨髓细胞(图21)。

大多数患宠会出现白细胞减少、血小板减少和贫血的症候，除非发病非常急性的病例。

急性白血病的典型特征是侵袭率超过30%，骨髓细胞甚至可能被母细胞取代。癌症影响到未成熟(母细胞)细胞，结果要么表现细胞不成熟，要么细胞表现不正常成熟，功能发生障碍。

急性白血病可以发生在任何年龄或品种的犬，但它通常见于年轻或成年犬。白血病并不常见，发病率只占犬类所有造血器官肿瘤的10%不到。

疾病发生、发展通常很快，它可以影响造血系统的任何造血细胞。患病动物可能会在发病后几周甚至几天内死亡。

表3　动物白血病的分类

淋巴增殖性疾病

- 急性淋巴细胞白血病(ALL)
- 慢性淋巴细胞性白血病(CLL)

髓系或髓增生性疾病

- 急性粒细胞白血病(AML)
- 微小分化的急性髓母细胞白血病(AML-M0)
- 无分化的急性髓母细胞白血病(AML-M1)
- 成熟的急性髓母细胞白血病(AML-M2)
- 急性早幼粒细胞白血病(AML-M3)(尚未在动物中发现)
- 急性骨髓单核细胞白血病(AML-M4)
- 急性单核细胞白血病(AML-M5)
- 急性红细胞白血病(AML-M6)
- 急性红细胞性白血病(AML-M6Er)
- 成巨核细胞(巨核细胞的)白血病(AML-M7)
- 慢性骨髓增生性疾病
- 慢性粒细胞白血病(CML)
- 慢性骨髓单核细胞白血病
- 慢性单核细胞白血病
- 嗜酸性粒细胞白血病
- 嗜碱性粒细胞白血病
- 真性红细胞增多症
- 必需的血小板减少症
- 骨髓增生异常综合征(MDS)

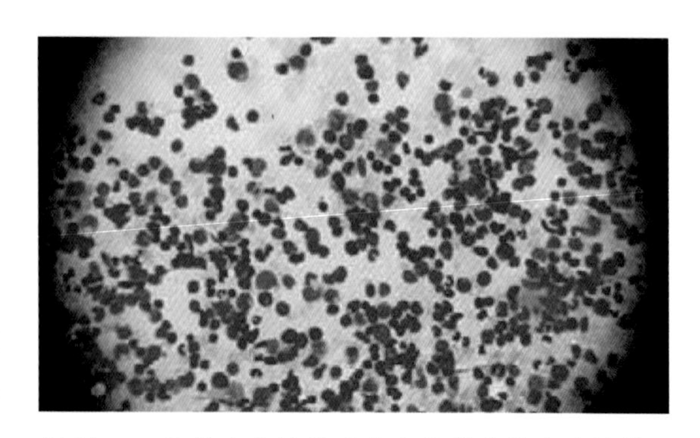

图21　一只患有急性髓系白血病的犬的血液涂片

临床表现为骨髓浸润，包括贫血、粒细胞减少引起的感染和血小板减少引起的出血等症候。

血小板减少是该病的常见临床表现，其他症状包括厌食、发热、体重减轻和间歇性四肢跛行。

体格检查显示可视黏膜苍白，肝脏、脾脏和全身淋巴结肿大。

贫血通常发生在血小板减少症或中性粒细胞减少症之后，因为红细胞有较长的半衰期。

带有大量肿瘤细胞的白细胞增多会引起血液黏度增高，增加出血性疾病的风险，并导致眼部变化、肾脏问题和血栓塞。白血病细胞侵入大脑会引起神经系统症状。急性白血病也会影响骨骼和胃肠道。

诊断：

- 实验室检查通常可见血液循环的早期骨髓细胞、有核的红细胞和乳酸脱氢酶水平升高。
- 白血病是根据所存在的未成熟的白细胞类型进行分类的，这必须通过免疫表型或细胞化学来确定。
- 准确的免疫表型对于区分白血病和高级别（Ⅴ期）淋巴瘤是必要的。鉴别肿瘤细胞的免疫表型，首先检测 CD34 是否为阳性。

这对于确认急性白血病的诊断和确定细胞系（淋巴系或髓系）及类型（T 细胞、B 细胞、单核细胞或粒细胞）至关重要。

慢性白血病

慢性白血病也有侵袭骨髓的倾向，但在本例中，恶性细胞普遍成熟或接近成熟，形态正常，大小与中性粒细胞几乎相同（图 22）。此外，细胞是完整的或至少具有部分功能。

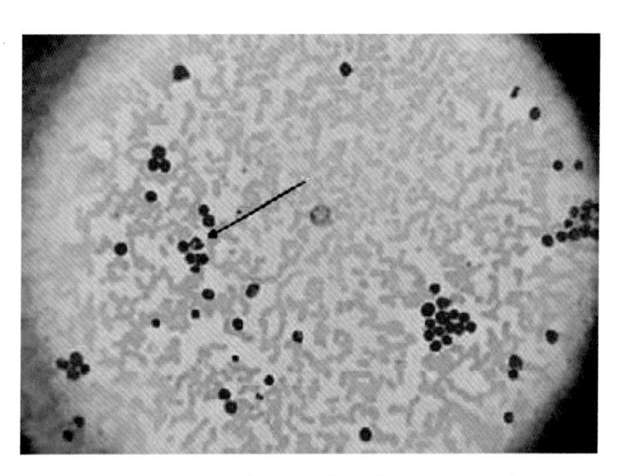

图 22　血液涂片观察显示慢性淋巴性白血病细胞相。显示嗜中性粒细胞（箭头）的相对大小

慢性白血病比急性白血病少见，往往影响中年或老年动物。

临床症状多为非特异性的或不明显，包括厌食、体重减轻、嗜睡和轻中度胃肠功能失调，而血细胞减少症并不常见。慢性白血病的表现往往是一个缓慢的过程，患宠可以存活数月甚至数年。该病的明确诊断可能是偶然的。

化疗往往仅能缓慢改善慢性白血病患宠的症状而不能快速缓解，而完全缓解更是不太可能，但可使动物生存时间延长。

恶性淋巴细胞增生性白血病

恶性淋巴细胞增生性白血病由恶性淋巴细胞的克隆群发展而来，检测的第一目的是确定这些细胞是淋巴母细胞还是淋巴细胞，第二目的是确定它们是 B 细胞还是 T 细胞。

急性淋巴细胞白血病

急性淋巴细胞白血病在动物临床中较为常见。这是一种骨髓淋巴母细胞入侵引发的白血病。

临床症状以感染、出血和贫血为主。血液白细胞总数可能较高、正常或较低，且在大多数病例的外周血液循环中可发现有早期骨髓细胞。

可通过检查骨髓样本来确诊。急性淋巴母细胞性白血病和涉及骨髓的V期淋巴瘤有时很难区别，患病动物淋巴结肿大和其他部位的肿块是淋巴瘤的典型表现。

重要提示

CD34 表面标记物有助于区分急性淋巴细胞白血病和淋巴瘤，用它对检测物标记时，白血病检测呈阳性，行检测时白血病呈阳性，而淋巴瘤检测呈阴性。诊断为白血病的病例预后不良。

急性淋巴细胞白血病比急性髓系白血病临床上更为常见。理论上，它应该更有化学敏感性，但事实并非如此。预后一般较差。理论上，任何淋巴瘤的治疗方法都可以用于治疗急性淋巴细胞白血病，但治疗结果因受到中性粒细胞和血小板减少的限制而预后不良。

慢性淋巴细胞白血病

慢性淋巴细胞白血病是一个缓慢、渐进的过程，往往影响年老的动物。其特征是成熟淋巴细胞数量增加，这些淋巴细胞看起来正常，但实际上功能发生障碍。

起初出现的警示信号是淋巴细胞增多，而未见血小板减少或贫血。鉴别诊断应包括埃立克体病、利什曼病、慢性感染、胸腺瘤和阿狄森氏病。

淋巴细胞计数超过 30000 个 /μL 表明是肿瘤而不是反应性疾病。在这种情况下，PARR 和流式细胞仪是非常有效的诊断工具。

可通过流式细胞仪进行免疫表型分型以确认克隆类型和定义肿瘤亚型，以便建立更准确的预后判断。大多数慢性淋巴细胞性白血病具有 CD8+T 细胞表型，而这往往与生存期较长和临床症状轻微有关。CD21+B 细胞表型也较为常见，往往与生存时间较长有关。如果发现非典型表型，必须排除V期淋巴瘤。

因为血液前体细胞滞留在骨髓的缘故，患病动物脾肿大、贫血、白细胞和血小板减少变得非常易于见到。

大约 75% 的犬慢性淋巴细胞白血病是由 T 细胞引起的，而大约 50% 的病例中可见大颗粒淋巴细胞。

慢性淋巴细胞白血病是一种进行性疾病，其特征为母淋巴细胞转化和里克特综合征，其体征包括发热、体重减轻和肌肉重量下降。这可导致该病与高分化淋巴瘤相混淆。血液生化检查、淋巴结触诊、脾脏检查是患宠随访和早期预测病情进展的关键。

骨髓增生性白血病

骨髓增生性疾病是起源于骨髓的非淋巴细胞血液病，称为髓系白血病。其有一个称为骨髓增生异常的癌前阶段。骨髓增生性疾病包括粒细胞性白血病、单核细胞性白血病、红细胞性白血病和巨核细胞性白血病。

急性骨髓细胞白血病

急性骨髓细胞白血病是由非淋巴细胞系产生的白血病。所有病例的临床表现几乎相同，与急性淋巴细胞白血病相似。细胞的形态特征有助于对这种白血病进行分类，但并不是所有病例都如此，因为母细胞可能未高度分化；在这种情况下，还需要运用其他检测技术，如细胞化学染色、细胞表面抗原表达和根据细胞遗传学等进行诊断。

一旦确定了细胞系，急性骨髓性白血病可进一步分为髓细胞白血病、早幼粒细胞白血病、单核细胞白血病、单核细胞白血病、红细胞白血病和巨核细胞白血病。

- **粒细胞白血病**为可能未见细胞分化或已显示分化迹象的白血病。
- **早幼粒细胞白血病**是一种急性髓系白细胞白血病，骨髓中含有大量的早幼粒细胞。这种病在犬猫上很少见。
- **髓单核细胞白血病**的特征是颗粒细胞和单核细胞增多。
- **红血球白血病或红细胞白血病**的特征是骨髓中功能障碍的血液前体细胞积累，表现为严重的非再生性贫血和网状细胞减少。
- **巨核细胞白血病**的特征是巨核细胞异常和不成熟，可能导致血小板减少或增多。

重要提示

无论哪种类型的急性白血病，其特征都是红细胞、白细胞和血小板的生成减少，同时可以观察到大量异常、功能障碍的白细胞。

急性髓系白血病对治疗的反应比急性淋巴细胞白血病更差。目前没有值得推荐的化疗方案，少数已在应用的治疗方案联合使用泼尼松龙、阿霉素、阿糖胞苷和环磷酰胺等，治疗后犬和猫的存活时间都很短（仅仅几周）。

慢性骨髓细胞白血病

慢性骨髓细胞白血病的特点是粒细胞增殖、粒细胞部分功能和外观正常。血液检测显示白细胞增多伴中性粒细胞增多和核左移（幼稚型中性粒细胞），可见嗜酸性粒细胞和嗜碱性粒细胞增多，脾脏也经常肿大。

粒细胞性或慢性骨髓性白血病和慢性骨髓性单核细胞白血病均为慢性骨髓性白血病最常见的亚型之一。它们的病程往往比较漫长，至少在慢性疾病期是如此表现的，因而常常不被主人注意到。

慢性髓细胞白血病与类似白血病反应的区别

类似白血病反应是指伴有核左移的严重白细胞增多。在人类医学中，它被定义为由白血病以外的病因引起的超过 50000 个细胞/μL 的中性粒细胞增多。

兽医学的定义应该包括淋巴细胞增多和嗜酸性粒细胞增多。当这种反应是由感染引起时，患病动物可能会出现发热并伴有其他症状，如全身恶化和虚弱。一旦治疗有效，白细胞数量就会逐步减少。

慢性骨髓性白血病最初的临床特征表现很少，有的可持续数年（2 ~ 3 年），然后表现为急性形式，以产生大量骨髓幼稚细胞和临床化疗反应差为特征。

真性红细胞增多症或红色红细胞增多症会影响人类、犬和猫。它的特征是由于红细胞生成增加而产生过多成熟、有功能的红细胞，而红细胞生成素水平可正常或升高。它引起典型的临床特征，如黏膜充血、血液高黏度、充血性心力衰竭甚至导致脑缺氧引起神经症状。

骨髓增生异常综合征

骨髓增生异常综合征与造血系统的细胞发育、成熟和分裂不良有关。一个或多个组织或器官可能受到影响。通常认为综合征是急性髓系白血病的早期阶段；综合征也被认为是急性白血病前体阶段的表征，因为检查的结果显示骨髓幼稚细胞数占血液中白细胞总数的 30% 不到，所以其与急性髓系白血病症候相比较有所不同。

最常见的临床表现是顽固性贫血，伴有血小板和白细胞减少。血液图片通常显示异常的有核红细胞和不成熟或异常的粒细胞。骨髓可能是正常的或反应性正常，不过由于造血作用丧失，在外周血液中可见血细胞数量减少。此外，血液中除了可见不规则巨核细胞外，还可观察到巨成红细胞。

骨髓增生异常综合征必须与药物、毒素、感染、炎症或免疫介导疾病引起的继发性骨髓增生异常相区分，当原发性病因得到治疗时，后者往往会消失。

骨髓纤维化

骨髓纤维化是一种骨髓增生性疾病，恶性成纤维细胞增殖并占据骨髓，阻止造血。临床试验应检查是否存在肝（肝肿大）、脾（脾肿大）或其他器官的全血细胞减少和髓外造血无效。

如何鉴别白血病

白血病的诊断相对明确，因为可从血液中检查到癌细胞。如果未发现，就应采集骨髓样本进行检查。

兽医实践中使用的常规染色剂可能不能从低分化系中识别细胞。在这种情况下，特殊的技术，如细胞化学、免疫组化和流式细胞术是非常有用的。

CCD79a、CD3、CD11b、CD41、CD1c、CD34 均可作为疑似白血病细胞的免疫表型使用。

区分分化良好的慢性白血病和炎症性或良性反应性疾病并不容易。在这种情况下 PARR 非常有用。

白血病的治疗

白血病的治疗措施包括：应用广谱抗生素、液体疗法、应用血液成分和营养支持等。

急性淋巴母细胞性白血病尚无有效的治疗方法，尽管淋巴瘤的化疗方案（例如 CHOP 方案）已经被使用。研究表明，尽管添加 L- 天冬酰胺酶似乎在一定程度上能改善结果，但 CHOP 方案的缓解率也低于 30%。

对慢性白血病的治疗，特别是对慢性淋巴细胞性白血病的治疗是有争议的，因为这种病的治疗往往很少能够导致临床表现改善。氯氨丁苯是治疗犬和猫慢性淋巴细胞白血病最广泛使用的药物，它通常与泼尼松龙合在一起应用。完全缓解该病是不易做到的，但接受治疗的动物可以多存活 1 ~ 3 年，生活质量也得到改善。

急性骨髓性白血病的治疗反应通常较差。虽然阿糖胞苷、阿霉素、环磷酰胺、长春新碱和泼尼松都已使用，但没有推荐的方案。COAP（环磷酰胺、长春新碱、阿糖胞苷和泼尼松龙）已被用于缓解动物肿瘤症状的维持治疗。

慢性白血病什么时候开始化疗？

慢性白血病在可观察到器官肿大、贫血、血小板减少、白细胞增多（如 > 60000 个淋巴细胞 / μL）及其他临床特征的变化时开始化疗。

慢性骨髓性白血病、血小板减少症和真性红细胞增多症均可用羟基脲进行治疗。静脉穿刺放血术，无论是单独或联合化疗应用，都可以有效治疗真性红细胞增多症。几乎所有的慢性骨髓性白血病患病动物在疾病的最后阶段都会经历一次急性变化的过程。

放射治疗、免疫治疗、抗血管生成药物和骨髓移植都可以用于该病的治疗。

目前正在研究中的酪氨酸激酶抑制剂是一种可以选择的、较新的治疗药物。

猫白血病

猫白血病病毒是一种逆转录病毒，世界各地的猫都可感染。猫白血病病毒有一条RNA链，属于逆转录病毒科、正逆转录病毒亚科和γ-逆转录病毒属。

随着对该病预防措施的实施（主要是接种疫苗），该病的发病率有所下降。

猫白血病病毒既可以水平传播（通过唾液或其他体液），也可以垂直传播（在怀孕和喂养期间从母猫传给胎儿和幼猫）。

大多数猫能够消除进入体内的病毒并能产生免疫力。然而，在免疫力缺乏的猫身上，病毒可能会感染血液和组织，也可能进入骨髓并“潜伏”下来，被潜伏感染的猫被称为带毒者。当病毒开始侵入组织并引发退行性和增殖性病变时，猫白血病症状就逐步变得明显，而其免疫抑制作用也可能引发其他疾病的发生与发展。

临床症状多种多样，包括患病动物产生肿瘤、免疫抑制、血液异常（贫血、白细胞和血小板减少症）、神经症状、生殖障碍和免疫介导疾病。

许多接触过病毒的猫处于潜伏感染状态，并可通过唾液、眼泪和尿液排泄和传播病毒。处于潜伏期的动物可能会在受到应激时突然发病。

诊断性检查包括血液常规检查、血液生化检查、X光摄像、骨髓抽吸检查、检眼镜检查和特异性检查(ELISA、免疫层析、PCR)。

无病毒血症和临床症状的猫可以不进行治疗，但应进行检查和治疗隐性继发性疾病。

对生病的猫通常采用支持疗法，包括液体治疗、输血及应用合成的类固醇泼尼松龙等。类固醇和免疫抑制剂在治疗时是禁止使用的，因为它们会降低机体的抵抗力，但在某些必须使用的情况下，应该严格控制剂量使用。

如果猫出现贫血症状，应该调查潜在的原因，如是否存在淋巴瘤、骨髓增生异常综合征，或免疫介导性疾病。皮下注射促红细胞生成素，剂量100单位/mg，每48小时1次。

反复感染的动物应长期使用抗生素治疗。

骨髓增生性白血病目前尚无有效的治疗方法。尽管如此，当它处于类似淋巴瘤发病过程时，多种治疗方法对该病是有益的。

平均大约85%的诊断为猫白血病的猫可能会在诊断后3年内死亡，50%会在2年内死亡。

疫苗接种

预防猫白血病的措施包括对成年猫检查结果进行分析和对病毒测试呈阴性的猫接种疫苗。在对存在携带病毒猫的地区，猫每年接种疫苗预防是很重要的。注意事项如下：

- 即使接种了疫苗，猫白血病病毒阳性猫仍然可以传播该病，而且接种疫苗不会改变疾病的进程。
- 被怀疑接触过病毒的白血病病毒阴性猫应在3个月后再次进行检查。

10% ~ 15%的猫与病毒阳性猫生活在一起会感染此病，但这可能更多是由于潜伏病毒被重新激活，而不是直接传播引起。

预防措施

- **隔离：携带病毒猫应与其他猫分开饲养，并至少每6个月接受一次检查。**
- **绝育：所有被感染的动物，无论公母，都应该先绝育，以防止传播，经常定时运动，平时保持环境安静。**
- **消毒：逆转录病毒在猫体外是非常脆弱和不稳定的，它们在体外只能存活几分钟，消毒药对其非常有效。**
- **特殊临床指南：如果感染的动物需要手术或住院，对待它们应该像对待任何免疫抑制动物一样进行治疗。**

03

老年动物常见肿瘤临床病例

老年动物常见肿瘤病例

因肿瘤引起的贫血病例

临床病史

迪克，是一只 16 岁的白色雄性贵宾犬，其主人叙说它最近精神较差，昏昏欲睡，行动迟缓，且不太喜欢户外活动。

临床检查

眼结膜及口腔黏膜色泽正常。患宠的心肺音也未见明显异常，体重也未见下降。触诊两侧睾丸有轻微不对称，且其中一个睾丸失去弹性。阴囊皮肤上被毛较为稀疏，提示肿瘤可能导致动物激素（雌激素）分泌异常。

诊断性检查

体格检查提示可能是睾丸肿瘤（癌），血液检查证实有红细胞外形正常、轻度着色程度较低、再生性贫血。最近的检查结果显示血液计数呈明显下降的趋势，具体见表 1。

睾丸在阴囊内，可观察到不对称，其中一个睾丸触摸困难，同时验血结果疑似为睾丸癌，需要手术切除。

没有进行超声检查，因为睾丸病变很明显。然而，在其他情况下，超声波检查对于确认肿瘤的存在是非常有诊断意义的。

治疗

因为可能由于肿瘤产生的较高雌激素水平导致贫血，并且考虑到可能会引发骨髓产生不可逆转变，决定进行手术切除睾丸，不过患病动物的年龄较大并伴有其他疾病（严重的椎关节炎和抗生素有效果但易于复发的支气管肺炎），手术时应格外关注。

切除睾丸是治疗睾丸肿瘤最有效的方法。

表 1　血检结果

检查	10/01/2017	21/03/2017	30/03/2017	16/05/2017	参考范围
红细胞计数 /(10^6 个 / μL)	5.87	5.18	4.3	6.94	5.5 ~ 8.5
血细胞压积 /%	40.3	34.6	28.5	46.4	37 ~ 55
血红蛋白 / (g/dL)	12.7	12.0	10.2	14.1	12 ~ 18
网织红细胞 /%	1.7	0.8	1.1	1.1	–
网织红细胞计数 /(10^3 个 / μl)	98.9	42.7	48.1	75	10 ~ 110

切除睾丸后雌激素水平很快下降，贫血症状很快得到改善(图1和图2)。
定期的红细胞测试显示贫血有所改善。
将切除的睾丸组织送实验室作组织病理学检查(图3和图4)。

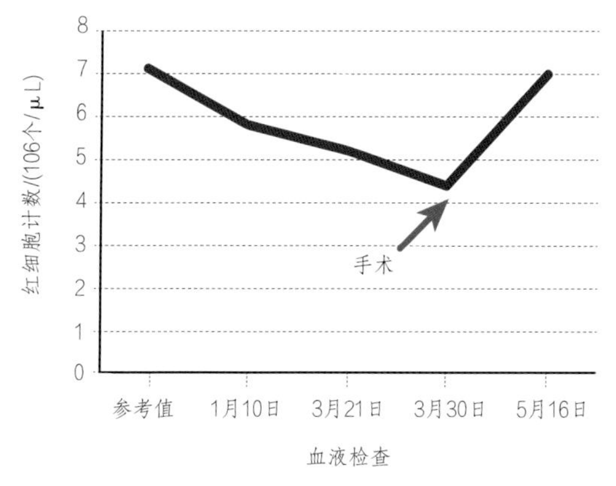

图1 红细胞水平的变化。箭头显示了过量的雌激素产生的停止点(肿瘤刚切除后)

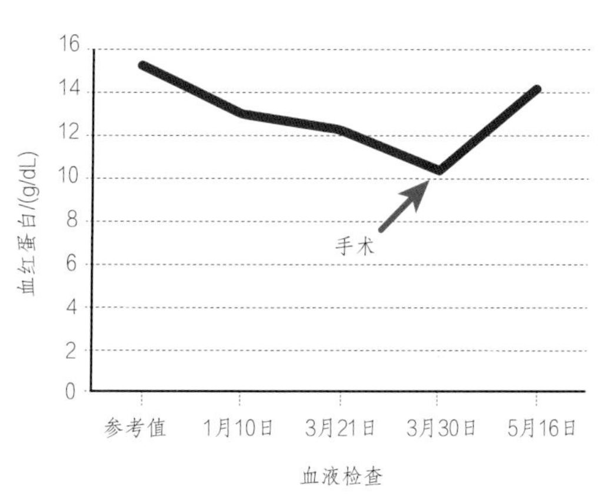

图2 血红蛋白值的变化。如图1所示，箭头显示大量产生雌激素在手术切除肿瘤后急剧下降

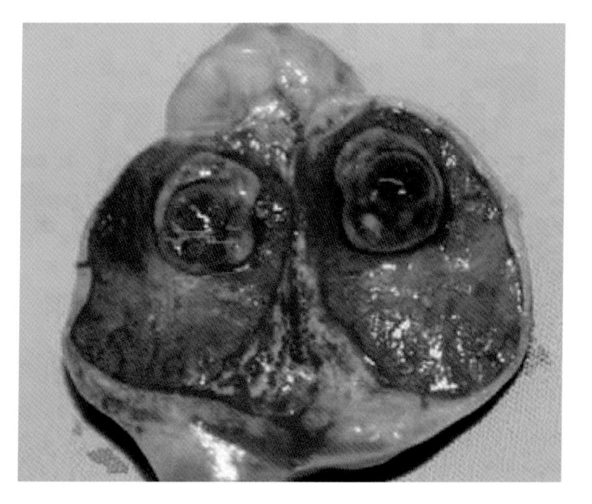

图3 左侧睾丸间质细胞肿瘤和生精细胞(精原细胞瘤)的混合物

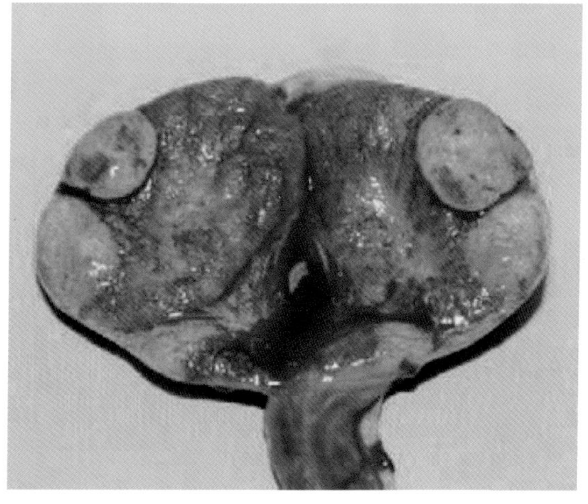

图4 注意右侧睾丸中非肿瘤组织中的间质细胞肿瘤

病理报告

兽医组织病理学诊断服务中心 (Histovet)

组织标本：阴囊与睾丸。

其中一个睾丸组织切片显示弥漫性细胞增生，细胞形成离散的片状或小叶，由细纤维间隔和丰富的血管结构分隔，其中许多产生了扩张和充血。可见明显的囊性区域，含有不同数量的血液和蛋白质物质。细胞为多面体或立方体，含有嗜酸性细胞质和可变空泡。细胞核圆形，小，呈多形性，含有致密的染色质。有丝分裂象很少。同一样本显示弥漫性细胞增生灶，多面体或星状形态，核圆形，明显的核异质增生，明显的中央核仁和大量的有丝分裂象（图 3~图 5，400×）。偶有多核细胞和巨核。对侧睾丸也有自间质细胞转变为肿瘤细胞。

诊断：双侧间质细胞瘤伴单侧精原细胞瘤（图 5）。

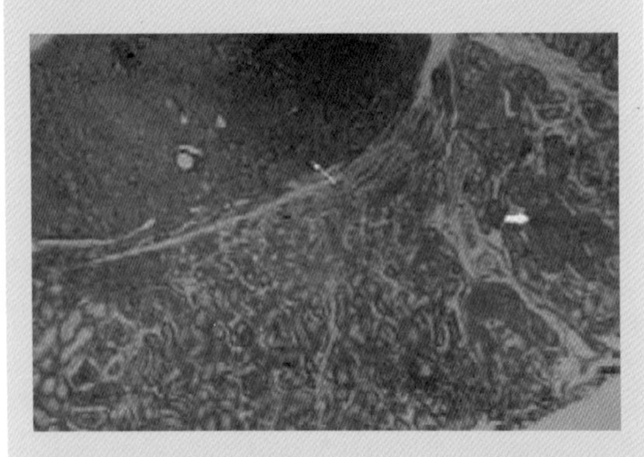

图 5　与间质细胞瘤（细箭头）和导管精原细胞瘤（粗箭头）相对应的结节 (100×，苏木精 – 伊红)。

理论探讨

动物患睾丸肿瘤（特别是那些涉及支持细胞的肿瘤）、肾上腺肿瘤、卵巢囊肿和卵巢肿瘤时产生的雌激素会引起易于观察到的皮肤状况，如脱发、色素沉着、苔藓化和过度角质化。

睾丸癌引起的其他症状包括雄性动物雌性化（雄性动物乳房发育、包皮下垂）、贫血、血小板减少和白细胞减少、睾丸萎缩和性欲降低。持续的雌激素过量会导致犬的骨髓发生恶性病变，这可能会危及生命。

间质细胞肿瘤产生雌激素并不常见，但正如迪克的肿瘤病变中雌激素水平较高，说明它可以发生。

睾丸肿瘤在犬类比在其他家畜和人类身上更为常见。它们是犬类第二大常见肿瘤，发病率仅次于皮肤肿瘤；而这在猫身上很罕见。

与处于正常位置的睾丸相比，隐睾发生睾丸癌的可能性增加了 13.6 倍。不过，睾丸肿瘤的转移非常罕见，即使最恶性的病例，它也仅可能有 5%~10% 的患病动物的睾丸瘤发生转移。

从细胞学和组织学的角度来看，犬睾丸肿瘤可分为：

- 间质细胞肿瘤（间质细胞是内分泌细胞，主要分泌雄激素）；
- 生殖细胞肿瘤或精原细胞瘤；
- 支持细胞肿瘤；
- 混合性肿瘤（以上几种的结合）。

临床特点

- 睾丸间质细胞瘤。这是一种有包膜的肿瘤，通常比其他类型的睾丸肿瘤小，不容易发生转移。它可以单独出现于一侧睾丸，也可以出现在两侧睾丸。间质细胞过度的内分泌活动（高水平分泌雄激素）可能与尾状腺增生、肝样腺肿瘤和前列腺肥大有关。
- 生殖细胞瘤（精原细胞瘤）。来自于精母细胞，囊性，具有同源性和低恶性潜能，很少转移（5% ~ 10% 的病例），但当它发生时，影响髂骨、腰椎下和腹股沟淋巴结。
- 支持细胞瘤。表面有囊性的分叶状肿瘤，产生雌激素。

老年猫鳞状细胞瘤病例

简介

鳞状细胞癌(SCC)通常发生在老年猫的头部。特别是在色素或被毛稀少的未保护区域，如耳朵(边缘)、鼻端、嘴唇和眼睑。鳞状细胞癌是由于长期暴露在太阳光和紫外线辐射下引起的。在本节中将描述猫体内鳞状细胞癌的典型临床表现，而不是就某个具体的临床病例进行具体描述。

临床检查

鳞状细胞癌病变通常表现在耳朵(边缘)、鼻端、嘴唇和眼睑红斑或鳞屑区。随着病程的逐步发展，这些部位结痂并可能畸形，这在耳朵和鼻端上更为明显(图1和图2)。这些病变经常出血，但往往是无痛的。当其损伤鼻孔和眼睑等结构时，会影响器官的功能。

图1　发生在鼻端和嘴唇中央区域的鳞状细胞癌

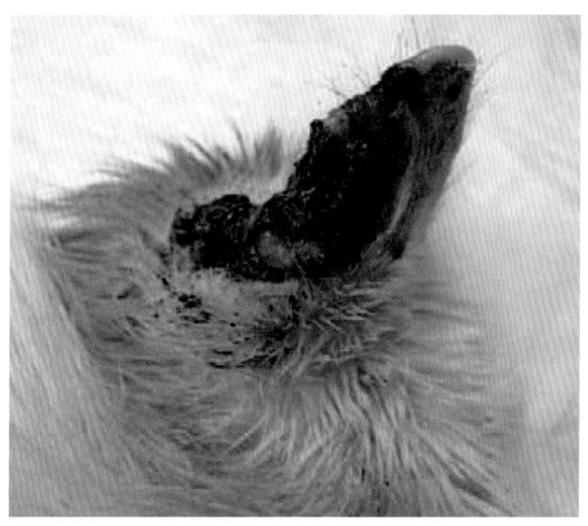

图2　鳞状细胞癌引起猫的耳朵边缘严重病变

鉴别诊断

鉴别诊断应考虑的主要因素有：

- 日光皮炎可发展为肿瘤(图3)；
- 皮肤真菌感染；
- 药物反应；
- 蠕形螨病；
- 临床症状相似的自身免疫性疾病；
- 鲍文氏病。

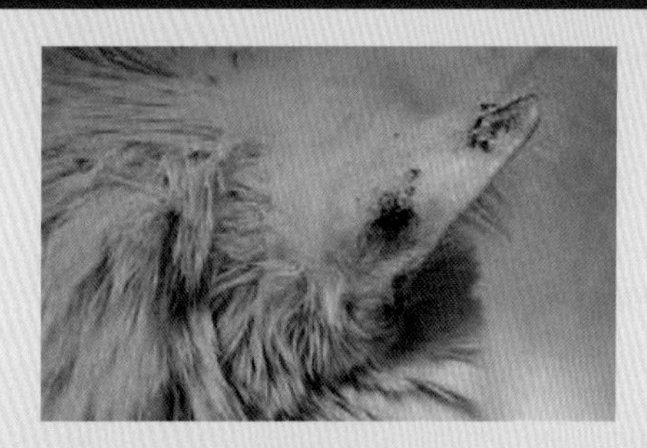

图3　猫耳朵肿瘤前的病变(日光性皮炎)

鲍文氏病

鲍文氏病 (BD) 是一种与鳞状细胞癌非常相似的原位癌，尽管有一些不同 :

- BD 往往发生在色素沉着的区域，而鳞状细胞癌好发于无色素区域;
- BD 病变多发于双侧区域，而在鳞状细胞癌中，病变往往见于单侧 (尽管可以是双侧的);
- BD 病灶呈圆形，而鳞状细胞癌病灶多不规则;
- 红斑现象在 BD 中比在鳞状细胞癌病变中更少见;
- BD 病变常见过度角质化或呈疣状，而鳞状细胞癌病变表面多结痂;
- 已知乳头状瘤病毒在鲍文氏病的发生中起诱因作用。

诊断检测和最终诊断

可以通过检查发病部位来初步诊断鳞状细胞癌。组织病理学检查可从病灶的全层活体取样。细胞学检查在鳞状细胞癌诊断中作用不大，但它可以通过鉴别诊断帮助排除其他病变，在检查区域淋巴结抽样活检可能更有价值。

鳞状细胞癌通常不易扩散到其他部位，但血液和影像学检查 (胸部 X 光和腹部超声) 可以有助于疾病的分期。

内科和外科治疗

早期发现对预防疾病的进一步发展非常重要。治疗方法应根据病变的大小和侵袭程度来决定 (图 4)。

手术切除肿瘤是治疗该病的首选 (图 5 ～图 10)，但还需要注意疾病对组织器官功能的影响 (例如鳞状细胞癌涉及眼睑)。对于广泛涉及眼睑的病变的猫，手术摘除肿瘤可能是一个很好的选择。其他治疗方案包括：

- 化疗 (治疗效果不好)；
- 激光疗法；
- β 射线放射治疗 (锶 -90) 方法，是一种靠近身体的治疗 (接触放疗) 方法
- 植入放射性粒子或植入黄金的近距离放射治疗；
- 冷冻疗法；
- 局部化疗 (卡铂) 和放疗；
- 外用 5- 氨基乙酰丙酸 (5-ALA) 和高强度红光刺激的光疗法 (光动力疗法)；
- 局部使用免疫调节剂 (咪喹莫特)、类维甲酸等。

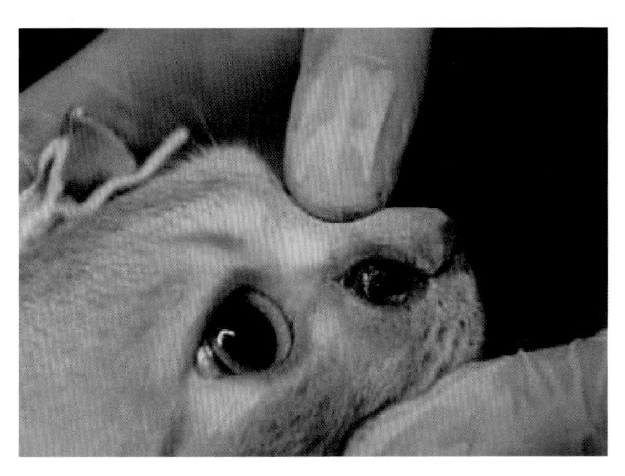

图 4　猫鼻端向上延伸至鼻腔的侵袭性鳞状细胞癌

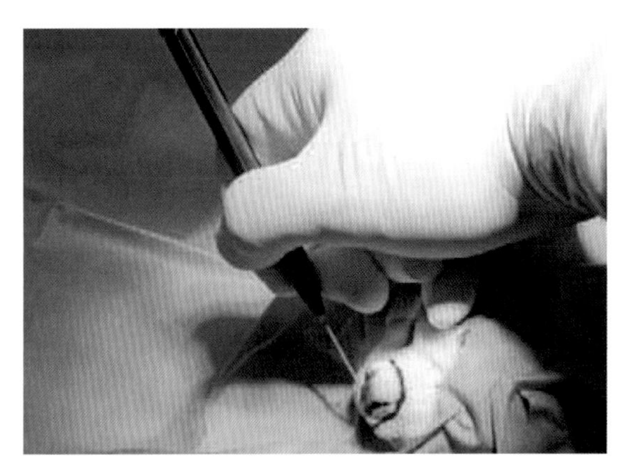

图 5　激光治疗鼻端鳞状细胞癌

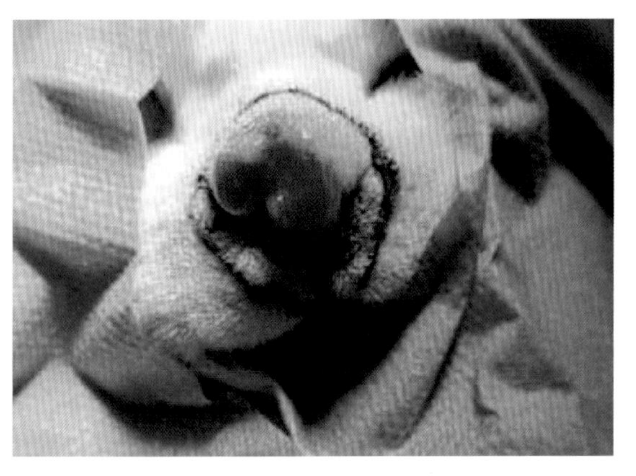

图 6　标出要切除的区域

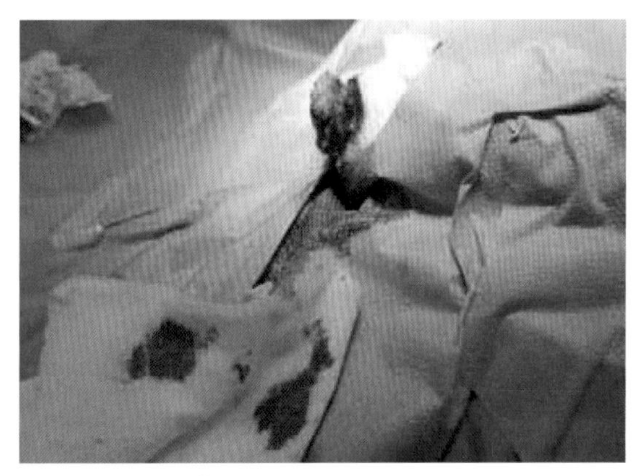

图 7　在感染区切开

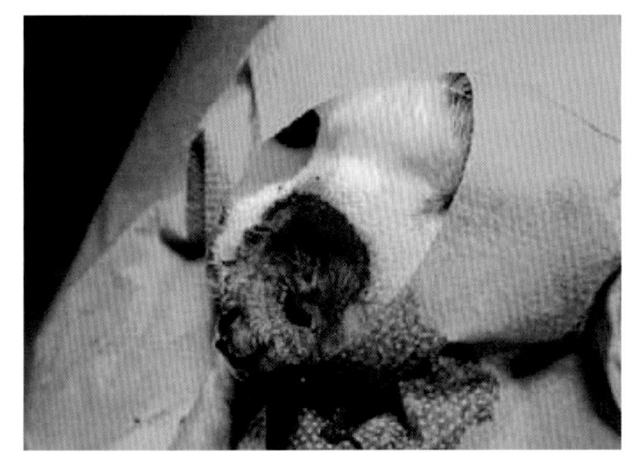

图 8　肿瘤消融

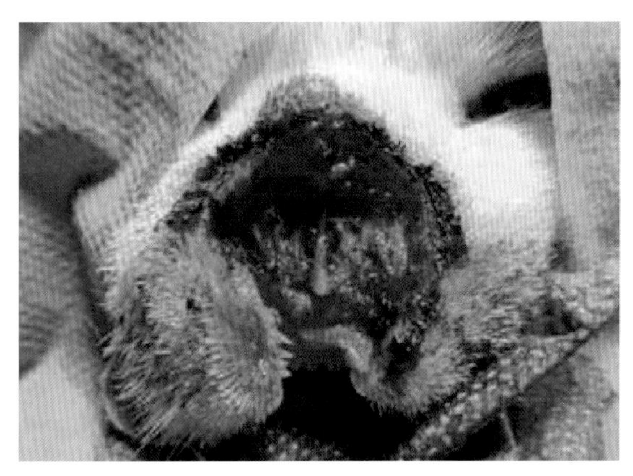

图 9　缺损闭合前

图 10 鼻端鳞状细胞癌的猫应用常规手术切除后的照片。注意嘴唇和外露的鼻甲骨的外科处理，这有时易引起患病动物打喷嚏，这是手术最常见的并发症之一。由于猫经常舔舐可能导致缝合线断开，手术创口变得更为严重。如果病猫手术创口的外观能保持完整和患部的功能得到保全，切除肿瘤手术的结果就变得可以接受

临床病程

鳞状细胞癌是一种皮肤肿瘤，但在猫上，它经常会发生在口腔。猫口腔鳞状细胞癌常常预后不良，因为猫通常难以忍受口腔感染该病的痛苦。因此，这时缓解疼痛可能比根治性治疗更为必要，包括应用环氧化酶 -2 抑制剂（非甾体抗炎抑制剂）来止痛消炎和放射治疗。这种肿瘤转移是非常少见的。

理论探讨

鳞状细胞癌是猫体内排名第二位经常发生的肿瘤，发病率仅次于淋巴瘤。它可以发生于任何带有鳞状细胞的上皮。从病因学、临床表现、行为表现、治疗或预防方面不能仅仅将其视为一个单一的肿瘤。换句话说，虽然每个肿瘤本质上是相同的，但它对患病动物的影响却因位置的不同而异。猫的鳞状细胞癌有两种常见的类型：皮肤鳞状细胞癌和口腔鳞状细胞癌。

鳞状细胞癌是一种发生于局部的快速生长的侵袭性肿瘤，通常发生在难以手术切除的部位，它也可能很难诊断。最初时从上皮病变逐渐发展为区域性增生，接着表现发育不良，最终形成一个不跨越基底膜的上皮肿瘤（原位癌）。而当肿瘤具有侵袭性并跨越细胞膜时，可称为鳞状细胞癌。

当这种情况发生时，局部区域肿瘤的进一步发展是不可避免的，然而，向远端转移是少见的。动物上皮发生病变时，基底膜下的血管一般不受影响，在没有外伤或自残时，通常不会有可见的出血。因此，由于长期存在的光化学引起的损伤，当出现可见的出血时，表明病情发生进一步恶化。那些接受了手术并且临床观察上已经治愈的猫仍然有复发的危险。动物应注意避免阳光直射。人类使用防晒霜、过滤器和文身等尝试预防该病的发生，结果证明是无效的。

老年动物阴道病例

简介

外阴可见到突出肿块是就诊时常见的症状，该病的临床体征是多种多样的。发生该病的原因主要是激素水平紊乱。肿块外观呈典型的光滑息肉样增生，可能易与阴道底壁的增生相混淆。然而，触诊时质地较坚实，有特征性的蒂，肿块本身并不过度扩张，且在发情前期后雌激素水平开始下降时并不消退。

临床建议：因为阴道息肉带有蒂，所以很容易通过触诊探查其长度，并可以检查其基部的完整轮廓，而阴道增生或阴道脱垂触诊时难以将其全部探查清楚。

通常只有一个息肉存在，但可能有数个同时发生。肿胀的息肉从阴户突出体外，比较容易观察到，息肉还可能沿着阴道向子宫方向发展。

临床病史

凯是一只 11 岁尚未绝育的约克郡母犬，体重 1.7kg；琳达是另一只约克郡杂交犬的未绝育母犬，体重 9kg，处于发情前期，母犬主人说这些病犬不仅表现发情周期不规律，并经常舔舐自己的外生殖器，而且琳达发病时还有轻度血尿。

凯在此之前的月经周期中 (2016 年 8 月)，曾出现过发情周期不规律，并经常舔舐自己的外生殖器的情况，但当雌激素水平恢复正常后，这些症状消失了。患宠被诊断为阴道底肥大。

9 岁的母犬琳达是第一次出现这种症状。

临床检查

两例患病母犬均可见有坚实的卵形肿块，且有明显的蒂状物从外阴突出。其中一例患宠的肿块有破损和出血的迹象。

鉴别诊断

- **阴道肥大、增生、水肿；**
- **阴道或子宫脱垂；**
- **传染性性病瘤。**

两个患宠都注射了镇静剂以便确诊并切除可见的息肉。

除了颜色以外，这两个息肉的大体特征是相似的。凯的息肉和连接它到阴道壁的蒂都是淡红白色。琳达的息肉的颜色较深，除了表面有静脉淤血迹象，蒂也呈黑色 (图 1 ~图 6)。

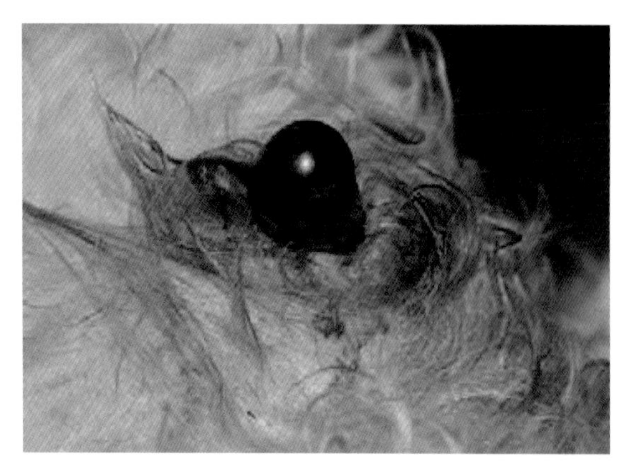

图 1　琳达母犬的息肉通过阴户突出体外

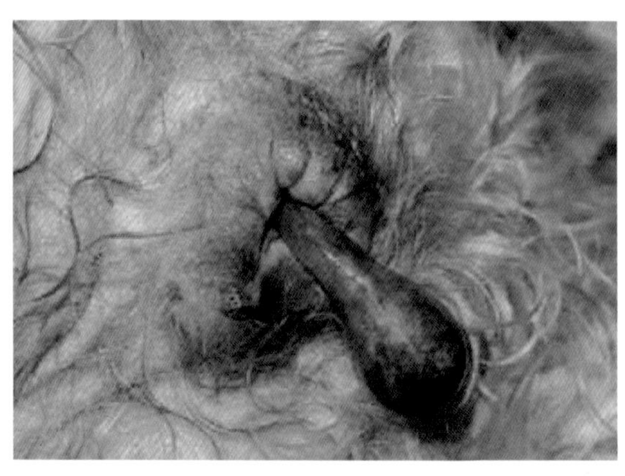

图 2　琳达息肉蒂掉出体外

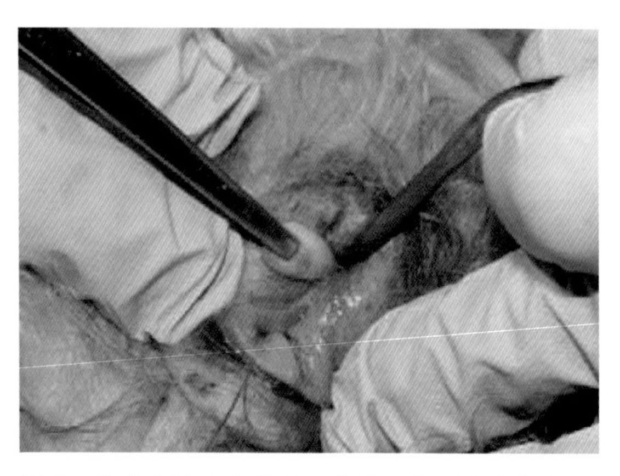

图 3　琳达大的息肉旁边可见另一个更小的息肉

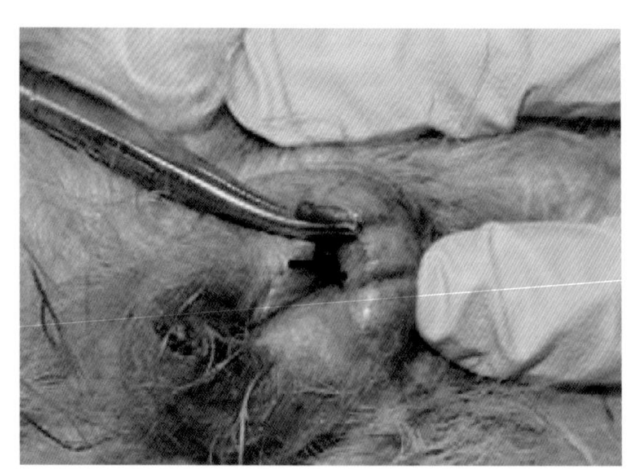

图 4　琳达的息肉被切除后结扎缝线

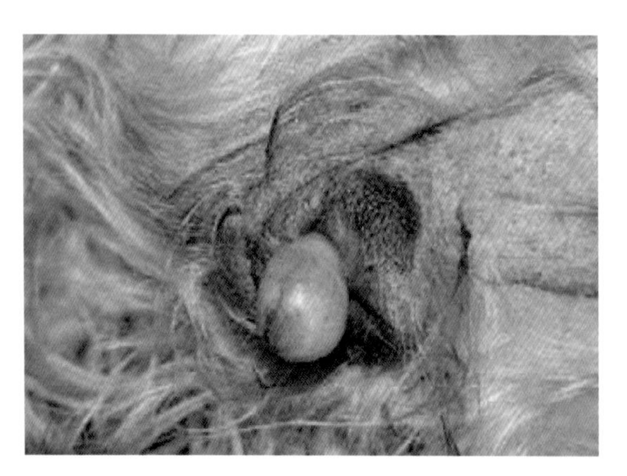

图 5　凯的阴道息肉通过阴户突出外阴

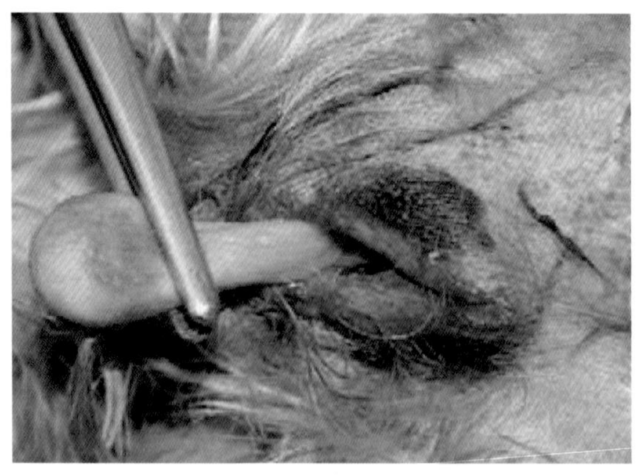

图 6　凯的阴道息肉通过阴户突出外阴

诊断检查

细针穿刺活检 (FNAB) 显示出两个息肉均来源于间质细胞，并有少量表皮脱落。

治疗方案

在确诊后，决定手术切除息肉，为扩大手术范围以检查阴道内息肉的情况，术中进行会阴切开术。由于阴道息肉的产生可能受激素影响，有时需要进行卵巢子宫切除术或卵巢切除术。

术后未见出血或发热的迹象，凯和琳达在手术后 24h 内出院。

理论探讨

阴道息肉、平滑肌瘤 (图 7、纤维瘤和纤维平滑肌瘤是雌性犬最常见的良性平滑肌生殖系统肿瘤。与平滑肌肉瘤、腺癌、血管肉瘤、传染性性病瘤和其他恶性生殖系统肿瘤不同，肿瘤性息肉不会发生转移。

虽然息肉可以影响前庭或阴道壁，但是通常是发生在阴道腔内的。

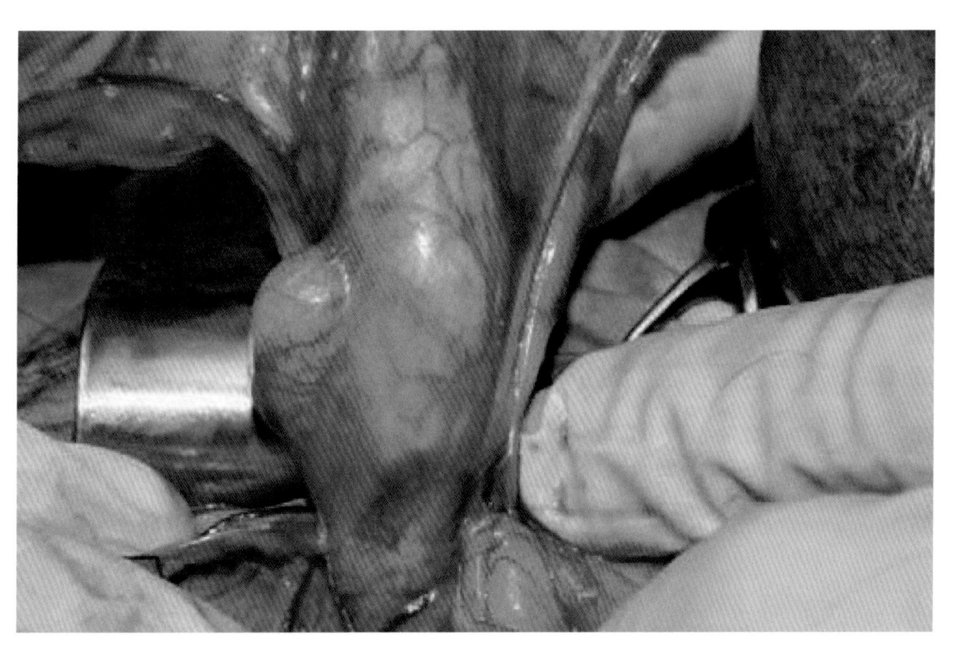

图 7　子宫壁平滑肌瘤

犬口腔黑色素瘤病例

临床病史

伊娜拉，一只10岁的可卡犬，因右下唇皱褶发生复发性肿瘤而来医院就诊(图1和图2)。第一次活检结果为低分化的口腔黑色素肉瘤。

外科治疗

鉴于病变组织的特点及复发时间较短，决定进行第二次手术，但这次要切除更多的组织和区域淋巴结。

计划采取更有效的干预措施切除肿瘤和周围组织，并切除下颌淋巴结，对肿瘤所在的区域周围适度切除健康组织，以获得更大的安全区域，并通过组织学检查证实为健康组织。

手术中发现肿瘤稍大，其周围组织充血，同时下颌淋巴结也被切除了(图3)。

活检证实先前的肿瘤复发，且附近的淋巴结有肿瘤细胞存在。

患宠的总体健康状况良好，术后恢复正常(图4)。

免疫治疗

因为伊娜拉被诊断为黑色素瘤Ⅲ期，其主人决定与其他动物主人一起从美国进口DNA疫苗，作为外科手术的辅助剂。非罗考昔具有抗cox-2的性能，也被列入处方中使用。

血液常规和生物化学检查结果显示，该患宠身体健康状况可以接受这些治疗。

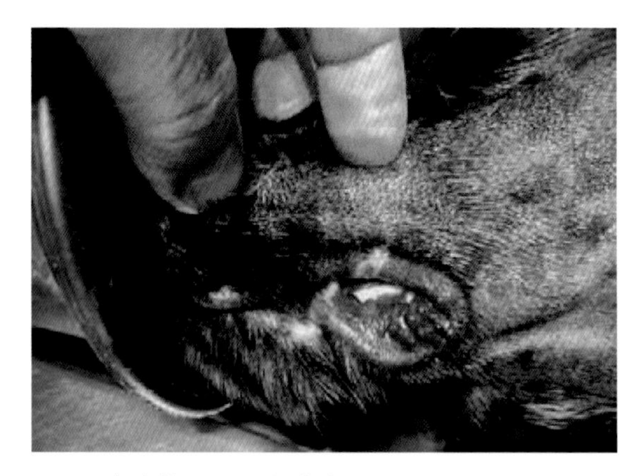

图1　复发性口腔黑色素瘤

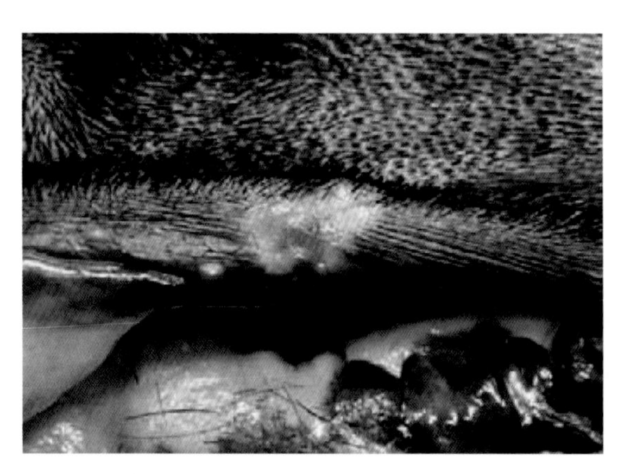

图2　唇发生损伤的外观

图3　在切除和活检前显露下颌骨淋巴结外观

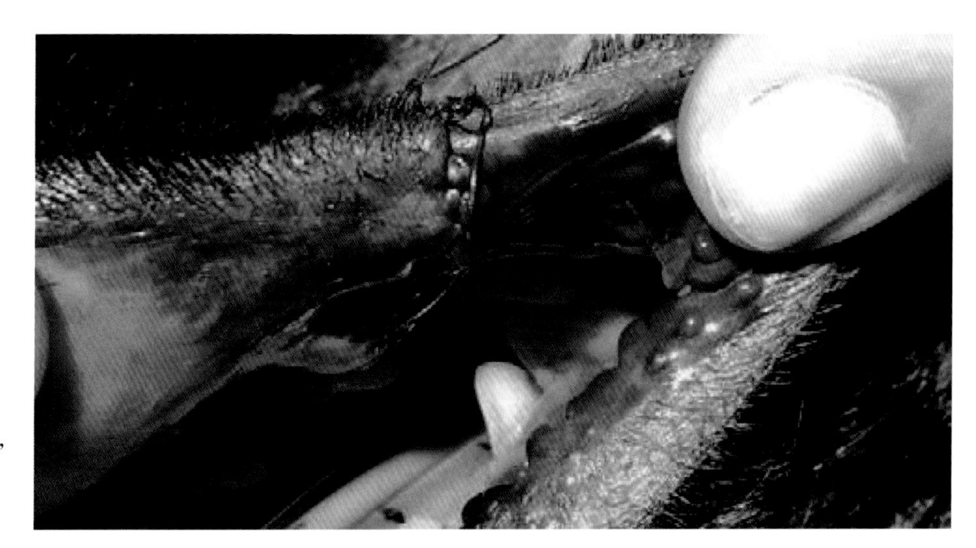

图 4　为获得更大的切除肿瘤的安全边际，进行第二次手术，这是术后的外观

肿瘤的分期应始终考虑位置、大小、淋巴结受累程度和是否存在胸部转移（X 线摄影、计算机断层扫描、磁共振成像）（表 1）。

表 1　根据世界卫生组织的标准进行肿瘤分期

临床分期	肿瘤大小	淋巴结出现肿瘤转移	转移
第Ⅰ期	<2cm	没有	没有
第Ⅱ期	2 ~ 4cm	没有	没有
第Ⅲ期	>4cm 或侵入骨头	是	没有
第Ⅳ期	不确定大小	任意淋巴结	是

注：伊娜拉的下颌淋巴结中含有肿瘤细胞，是口腔黑色素瘤的第Ⅲ期。

该疫苗是一种根据免疫治疗原理研制的异种 DNA 疫苗。它含有一个编码人类酪氨酸酶基因的 DNA 质粒。酪氨酸酶是一种参与酪氨酸合成黑色素的蛋白质（酶）。酪氨酸酶在黑素瘤中过度表达。

犬的免疫系统不能有效地对黑色素瘤产生的酪氨酸酶做出反应。因此，使用含有人类酪氨酸酶的疫苗的思路是刺激犬免疫系统抑制黑色素瘤生长。

该疫苗已批准用于肿瘤的Ⅱ期和Ⅲ期，以抑制患病动物口腔黑色素瘤局部症状的发展（使其消除口腔肿瘤的迹象）和使淋巴结阴性反应（即辐射淋巴结以消除肿瘤转移迹象）。

无针注射系统是通过一个安全的、不需用针注射（即无针注射）而是经过皮肤途径给药的系统，该系统由一个封闭的气动输送装置组成，可防止泄漏和意外吸入蒸汽。

厂家推荐的初始剂量是每 2 周 4 次，然后每 6 个月一次维持剂量。

使用制造商提供的输送装置经皮从大腿内侧给药 (图 5)。

由于西班牙没有这种疫苗，只有从美国进口。

表 2 是几种不同的诊断和治疗步骤小结。

病理报告 1

兽医诊断机构提供的组织病理学切片服务 (组织病理学)

取样部位：嘴唇部病变。病理组织学病变：由分化的细胞形成黑色素细胞瘤性增生组织，胞质中有大量黑色素沉着，细胞核和胞质的多形性很少。虽然它们位于组织的边缘，但有丝分裂象发育形式很少出现。诊断结果：低级黑色素肉瘤。

病理报告 2

兽医诊断组织提供的病理学切片服务 (组织病理学)，取样组织：复发的病变组织和同侧淋巴结。

嘴唇部的活检样本：包含分散的黑色素细胞增生灶，位于真皮组织的较浅表区域，这些组织由分化良好的细胞组成，没有核分裂象，也没有观察到周围组织有病变发生。淋巴结标本显示黑色素细胞聚集，特别是在髓质部位中，有细胞核和细胞质多形性的迹象。诊断：真皮浅层的离散性黑色素肉瘤，淋巴结组织中的黑色素细胞瘤。

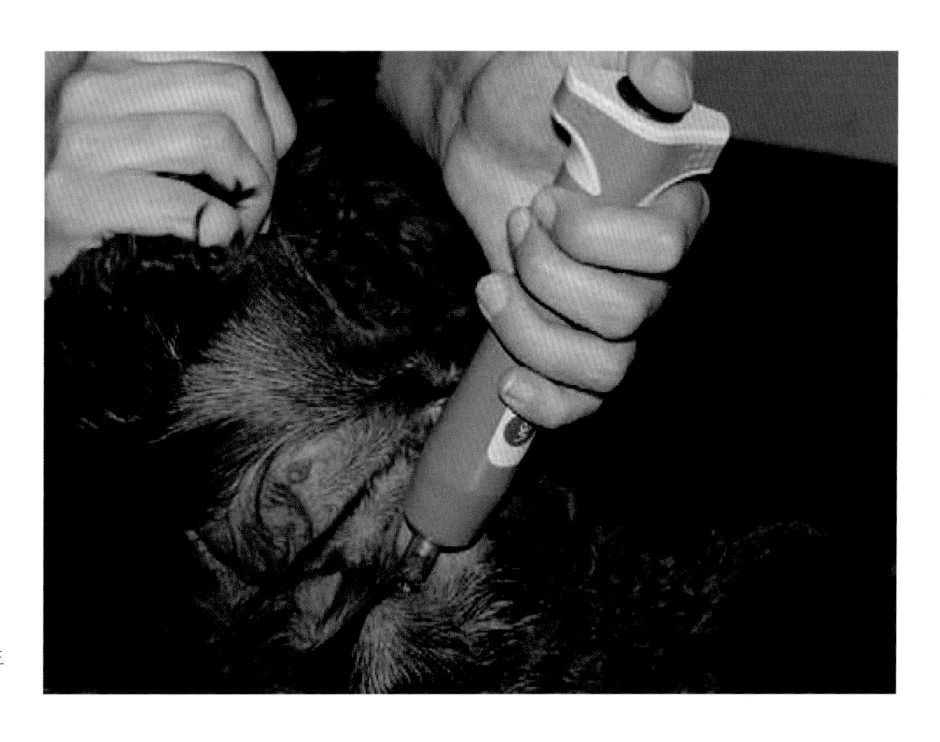

图 5 经皮肤无针注射疫苗于大腿内侧

表 2 显示诊断和治疗步骤的时间图

日期	临床操作	诊断
2017-06-14	第一次手术：切除可疑结节	病理报告 1: 低分化黑色素肉瘤
2017-06-26	诊断成像	CT 扫描摄像：无转移征象
2017-06-29	第二次手术：切除复发组织并留出较宽的安全边缘。摘除下颌骨淋巴结。检查咽喉，以寻找可见的改变	病理报告 2：可见真皮表层的黑色素肉瘤和淋巴结组织中的黑色素细胞瘤
2017-07-6	开始使用非罗考昔治疗	随后检查疤痕、淋巴结和咽，结果良好
2017-08-16	第一次 DNA 疫苗	随后检查疤痕、淋巴结和咽，结果良好
2017-08-31	第二次 DNA 疫苗	随后检查疤痕、淋巴结和咽，结果良好
2017-09-13	第三次 DNA 疫苗	随后检查疤痕、淋巴结和咽，结果良好
2017-09-26	第四次 DNA 疫苗	CT 扫描摄像：无转移征象

猫眼睑肥大细胞瘤病例

临床病史

病猫是 14 岁的阉割的短毛猫，名叫飞飞。它的主人带它来看医生是因为主人发现它的下眼睑上有个肿块。肿块呈淡粉红色，界限清楚，有脱毛倾向 (图 1)。

临床检查

在检查期时未观察到上下眼睑有并发症，且主人说它没有打斗史或外伤记录。

诊断检查

初步诊断为肥大细胞瘤是根据肿瘤的大体外观作出的。戴瑞尔指征为阳性 (压迫所致局部肿胀)。收集细针穿刺的活检标本进行细胞学检查。

在戴瑞尔指征为阳性的情况下，应用作用迅速的皮质类固醇 (甲基强的松龙) 是必要的，既可以减少局部反应也可以防止全身反应。

诊断

细胞学检查结果显示细胞为圆形，颗粒丰富。与先前的临床观察相结合，强烈提示为肥大细胞瘤。此诊断被随后经组织学切片的观察结果证实。

细胞学检查结果非常重要，它们既有助于手术计划的制定，也避免结节切除术不彻底可能留下阳性 (瘤组织) 边缘。

图 1　患宠初次观察结果 (a)。细致观察可见病变表现明显的扩展和特征性变化 (b)

鉴别诊断

鉴别诊断包括脓肿、外伤伤口、过敏反应、创伤和影响该区域的其他类型皮肤肿瘤。

治疗

根据尽可能切除肿瘤周围组织、防止复发的原则，决定适当加大切口边缘，以适应肿瘤部位的完全切除手术(图2)。

因为猫肥大细胞肿瘤恶性程度较低和复发率不高，手术切除是治疗的首选。

预先应告知动物主人，进行细针穿刺取样活检或手术切除肿瘤后，病变部位可能会发生一段时间的肿胀(图3)。

临床病程

术后1周拆除缝合线，术后眼睑外观和功能均较好(图4)。

理论探讨

正如书中其他部分提到的，肥大细胞肿瘤是一种常见的皮肤肿瘤，也会影响犬和猫眼睑处的皮肤(Feather- stone，2013)。

帕泰克等提出的皮肤肥大细胞肿瘤分类(Patnaik et al.，1984)也适用于这些病例。

在眼周区施行切除手术时，有时并不一定有较为清晰的切口边缘。有的研究表明，即使切口两侧边缘较为狭窄或边缘较深(分别为1cm和4mm)，手术同样可以获得满意的结果，而不需要再进行第二次手术或辅助治疗(Featherstone，2013)。

大多数猫肥大细胞肿瘤是良性的，分化良好。然而，也有一小部分是局部侵袭性的，并可以转移到较远的地方。手术切除猫的眼周肥大细胞肿瘤是一种有效的治疗方法，即使没有获得清晰的边缘，也会降低其在局部侵袭和向远处转移的能力(Montgomery et al.，2010)。

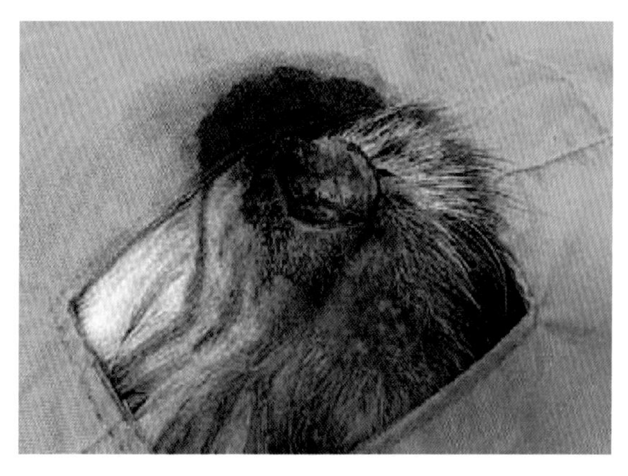

图2　手术切口边缘周围

图3　手术后引起的切口周围广泛性炎症反应

图4　术后拆除缝合线后的眼睑外观

猫鼻淋巴瘤病例

临床病史

海尔希，是一只 11 岁的雄性绝育短毛猫，由于它的鼻部不对称而被带来看医生 (图 1)。主诉该猫最近呼吸音粗粝和进食困难。

临床检查

初步检查中观察到病猫鼻部畸形和呼吸音粗粝的特征表明可能存在肿瘤，还需要通过影像学检查与收集样本进行进一步检查。

诊断性测试

计算机断层扫描 (CT) 证实鼻腔内有肿块存在 (图 2)。如 CT 扫描图像所示，肿瘤已扩展到眼睛等处，由于肿瘤已靠近筛状板和中枢神经系统，因此预后较差。尚需收集样品进行分析和判断。

诊断

流式细胞术检查结果为高度分化的 T 细胞淋巴瘤。

治疗

在确诊为鼻淋巴瘤后，开始进行联合化疗。据统计在大约 70% 的病例中，鼻淋巴瘤对化疗、放疗或联合化疗的治疗有较好的反应。

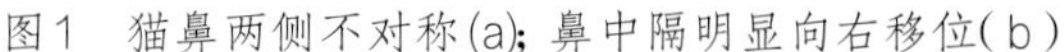
图 1　猫鼻两侧不对称 (a)；鼻中隔明显向右移位 (b)

患猫开始使用以 CHOP 方案为基础的治疗计划，不过使用甲氨蝶呤代替其中的阿霉素（其他有长春新碱、甲氨蝶呤、环磷酰胺和强的松龙等）。该方案以 4 周为一周期，持续使用 25 周。

预后

猫患鼻淋巴瘤治疗后平均生存期为 12 ~ 30 个月。在我们介绍本病例时，患猫已经存活了 9 个月。

影响预后不良的因素如下 (Blackwood，2015)：

- 已波及筛板；
- 贫血；
- 未能实现完全的手术切除。

一些人已经发现了肾淋巴瘤和鼻淋巴瘤之间的联系，因此在所有的病例治疗过程中肿瘤分期是非常重要的，对判断预后有很大的帮助 (Blackwood，2015)。

理论探讨

淋巴结外淋巴瘤在猫身上比犬更为常见。在猫上鼻淋巴瘤是最常见的淋巴结外、非胃肠型淋巴瘤 (Blackwood，2015)。

对动物淋巴瘤进行准确的分期非常重要，这有利于进行有效的局部治疗 (Blackwood，2015)。

鼻淋巴瘤往往表现为流鼻涕、鼻出血、鼻阻塞、鼻变形、眼球突出和食欲不振。鉴别诊断包括慢性鼻炎、鼻窦炎和其他鼻肿瘤，如腺癌等。

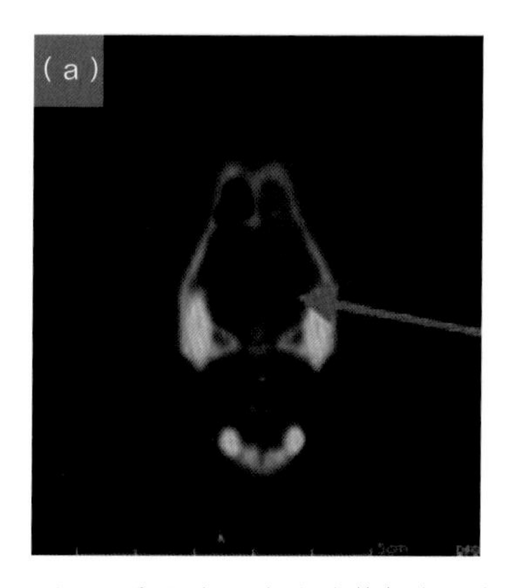

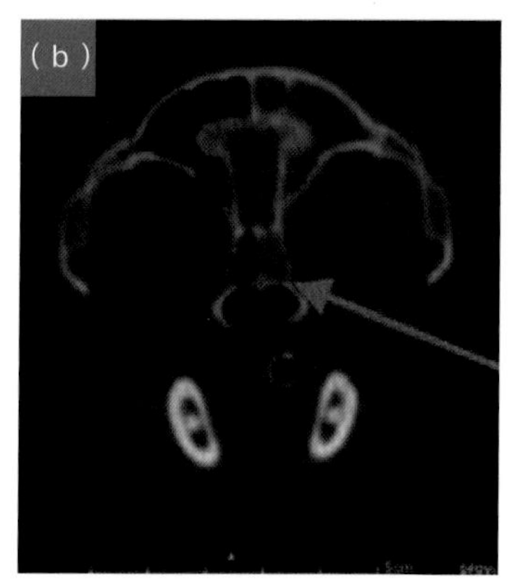

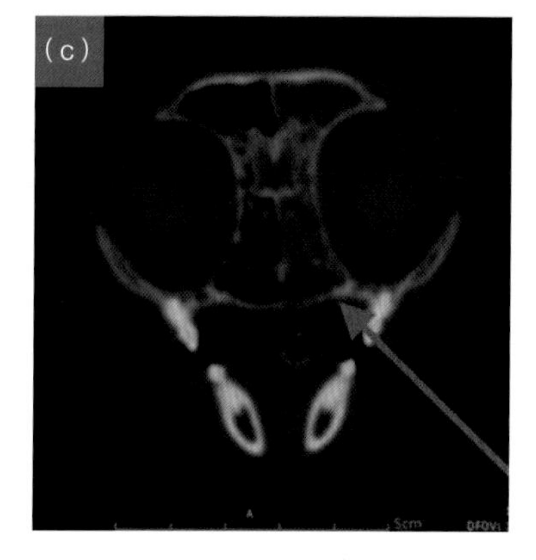

图 2　受影响区域的计算机断层摄影图像。箭头显示鼻占位 (a)、肿瘤向眼区延伸 (b) 和接近筛状板 (c)

猫纵隔淋巴瘤病例

临床病史

李思丽，一只 12 岁当地的短毛猫（图 1），因呼吸困难、厌食症和体重减轻而入院治疗。

临床检查

除了呼吸困难外，病猫的健康状况良好。

诊断检查

第一个诊断性检查是对呼吸系统问题的放射学检查。X 光片显示气管位置抬高，提示胸部肿块（图 2），尽管由于胸腔积液难以确定纵隔是否受影响。在这种情况下，进行胸腔积液引流后需要再次检查有无相关肿块。在这个病例中，进一步的检查是对胸部进行计算机断层扫描（CT）及对胸部和腹部的超声检查。计算机断层扫描显示有一个巨大的纵隔肿块（图 3）。超声未显示腹部有肿块或淋巴结肿大，但发现胸腔纵隔肿块，在超声引导下，对其进行了细胞和组织学活检（图 4）。

细胞学检查显示细胞群显示的细胞相与淋巴瘤相一致。组织学和 CD3 免疫组织化学染色诊断为高分化的 T 细胞纵隔淋巴瘤（图 5 和图 6）。

由于胸腔积液在化疗开始后数小时内消失，不需要引流（图 7）。

图 1　住院病猫

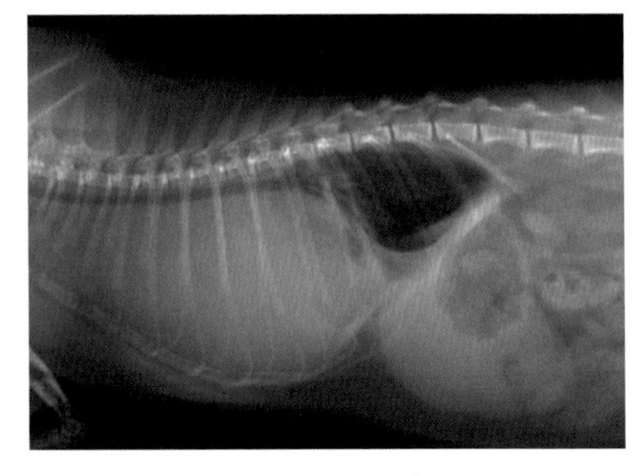

图 2　胸部侧位 X 光片显示气管背侧移位及胸腔积液

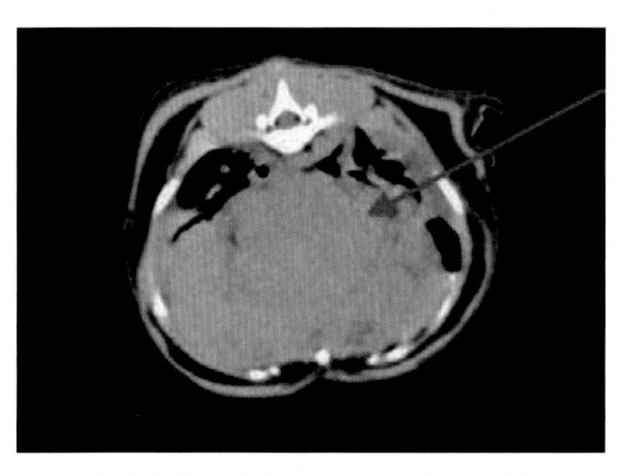

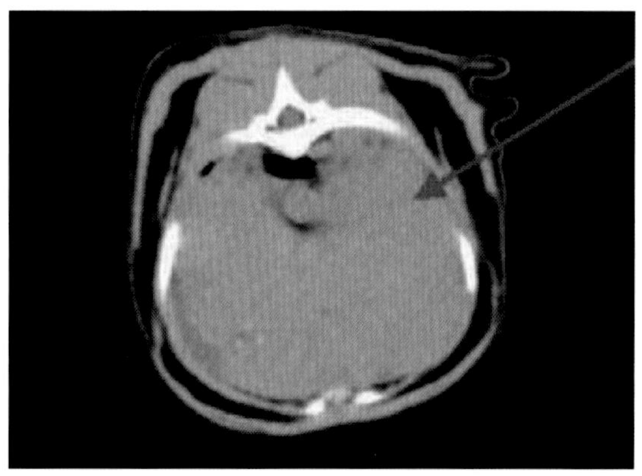

图 3　计算机体层摄影图显示纵隔淋巴瘤（红色箭头）。图片来自 Bluecare 动物医院 (Mijas, Málaga)

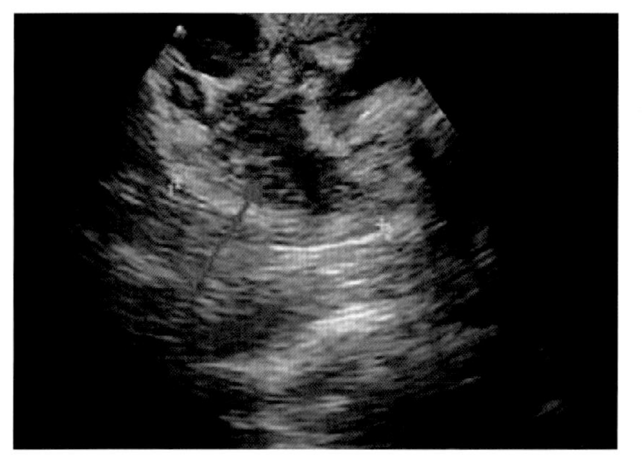

图 4　超声图像显示纵隔区域有肿块（箭头）

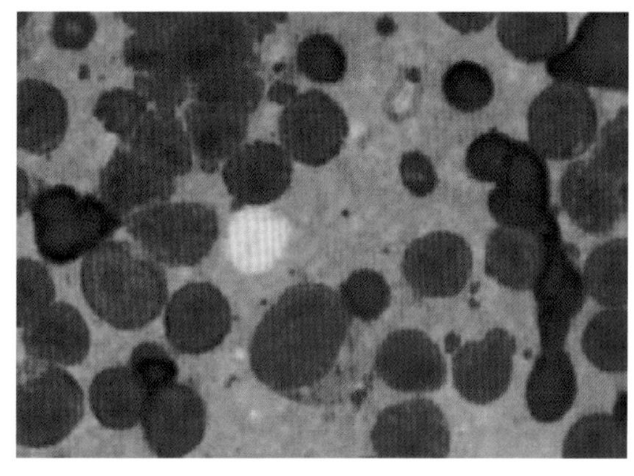

图 5　细胞学检查显示淋巴细胞占优势

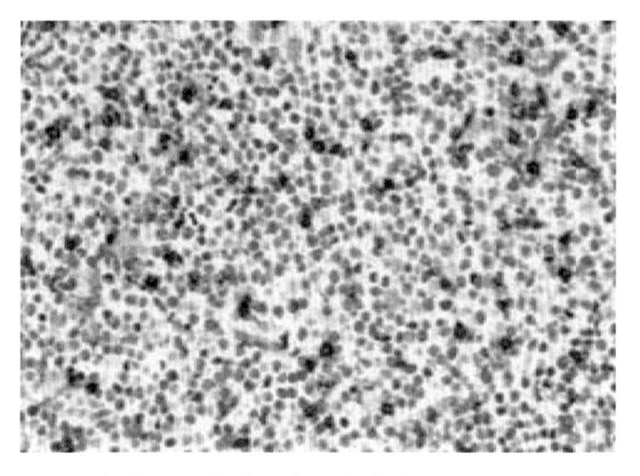

图 6　免疫组织化学研究证实为高分化 T 细胞淋巴瘤

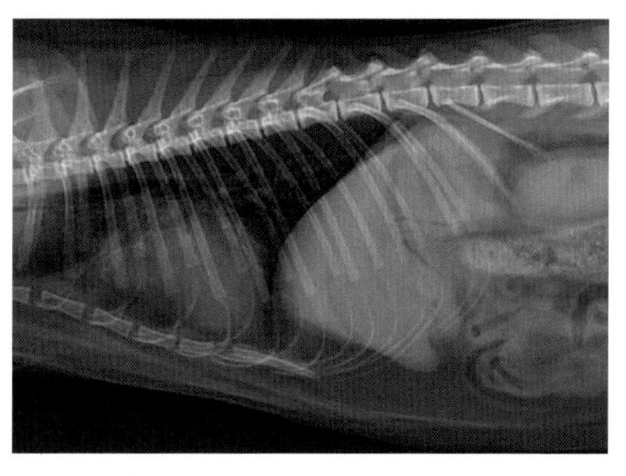

图 7　化疗后胸部外侧后位 X 线片显示胸腔积液已消退

鉴别诊断

纵隔淋巴瘤的鉴别诊断：胸腺瘤必须及时诊断，并及时手术治疗，而纵隔淋巴瘤多采用化学疗法治疗。

治疗

患猫接受 CHOP 方案治疗 (环磷酰胺、阿霉素、长春新碱和强的松龙)，一个周期为 4 周，可连续应用 25 周以上。在过去的 8 周内，由于个人 (动物主人) 原因，用甲氨蝶呤替换阿霉素。

这只猫治疗后已经存活了 700 多天。

理论探讨

习惯上认为纵隔淋巴瘤主要感染年轻猫、携带白血病病毒的猫和暹罗猫，其感染后即使治疗生存时间也较短。然而，最近的研究表明它不仅可以影响非常年轻和年老的猫，并且公猫更易感染 (公母比例 3 ∶ 1)。由于广泛实施疫苗接种，与猫白血病病毒相关的病例也减少了 (Fabrizio et al，2014)。

胸腔积液可能与胸腔内多中心淋巴瘤有关，它往往被视为一种不良的预后因素 (Harper and Mason，2015)，但根据我们的经验，胸腔积液在纵隔淋巴瘤中是一种常见症状，其与患猫能不能在治疗后存活 1 年甚至 3 年以上密切相关。

参考文献

General aspects of senior oncology

Abbo, A. Pulmonary neoplasia and digital metastasis in cats. Ask the expert. *Clinician's brief*

(www. cliniciansbrief.com), 2016.

Bergman, P. Paraneoplastic syndromes (Ch. 5). In: Withrow, S.J., Vail, D.M., Page, R. (eds.).

Withrow and MacEwen's Small Animal Clinical Oncology, 5th edition. Elsevier, 2013. López, E., Cervantes, S. Síndrome paraneoplásico felino, el compañero del cáncer. ArgosPV, 2016. http://argos.portalveterinaria.com.

McCullough, K.D., Coleman, W.B., Smith, G.J., Grisham, J.W. Age-dependent induction of hepatic tumor regression by the tissue microenvironment after transplantation of neoplastically transformed rat liver epithelial cells into the liver. *Cancer Res*,1997; 57(9):1807–1813.

Medleau, L., Hnilica, K.A. *Dermatología de pequeños animales. Atlas en color y guía terapéutica*, 2nd edition. Elsevier Saunders, 2007.

Outerbridge, C. Cutaneous manifestations of internal diseases. *Vet Clin North Am Small Anim Pract*, 2013; 43(1):135–152.

Thrift, E., Greenwell, C., Turner, A.L., et al. Metastatic pulmonary carcinomas in cats ("feline lung-digit syndrome"): further variations on a theme. *JFMS Open Rep*, 2017; 3(1):2055116917691069.

Turek, M. Cutaneous paraneoplastic syndromes in dogs and cats: a review of the literature. *Vet Dermatol*, 2003; 14(6):279–296.

Withers, S.S., Johnson, E.G., Culp, W.T, et al. Paraneoplastic hypertrophic osteopathy in 30 dogs. *Vet Comp Oncol*, 2015; 13(3):157–65.

Most common neoplasms in senior patients

Cutaneous tumours

Del Castillo, N., Ruano, R. *Manual de Oncología para veterinarios clínicos. Cómo enfrentarse al paciente oncológico.* Zaragoza, Spain: Editorial Servet, 2017.

Ghisleni, G., Roccabianca, P., Ceruti, R., et al. Correlation between fine-needle aspiration cytology and histopathology in the evaluation of cutaneous and subcutaneous masses from dogs and cats. *Vet Clin Pathol*, 2006; 35(1):24–30.

Hahn, K.A., King, G.K., Carreras, J.K. Efficacy of radiation therapy for incompletely resected grade-III mast cell tumors in dogs: 31 cases (1987–1998). *J Am Vet Med Assoc,* 2004; 224(1):79–82.

Kaldrymidou, H., Leontides, L., Koutinas, A.F., et al. Prevalence, distribution and factors associated with the presence and the potential for malignancy of cutaneous neo- plasms in 174 dogs admitted to a clinic in northern Greece. *J Vet Med A Physiol Pathol Clin Med*, 2002; 49(2):87–91.

Kiupel, M., Webster, J.D., Bailey, K.L., et al. Proposal of a 2-tier histologic grading system for canine cutaneous mast cell tumors to more accurately predict biological behavior. *Vet Pathol*, 2011; 48(1):147–155.

Lima, T., Ordeix, L. Dermatosis solar canina: diagnóstico y tratamiento. *Consulta Difusión Veterinaria*, 2018; 247:41–50.

London, C., Thamm, D.H. Mast cell tumors (Ch. 20). In: Withrow, S.J., Vail, D.M., Page, R. (eds.). *Withrow and MacEwen's Small Animal Clinical Oncology*, 5th edition. Elsevier, 2012. Machicote, G., González, J.L. Linfoma cutáneo. *Clínica veterinaria de pequeños animales*, 2008; vol. 28, no. 1, pp. 31–37.

Medleau, L., Hnilica, K.A. *Dermatología de pequeños animales. Atlas en color y guía terapéutica,* 2nd edition. Elsevier Saunders, 2007.

Méndez, A., Pérez, J., Ruiz-Villamor, E., et al. Clinicopathological study of an outbreak of squamous cell carcinoma in sheep. *Vet Rec*, 1997; 141(23):597–600.

Moulton, J.E. *Tumors in domestic animals*, 3rd edition. University of California Press, Berkeley, 1990.

Murphy, S., Sparkes, A.H., Smith, K.C., et al. Relationships between the histological grade of cutaneous mast cell tumours in dogs, their survival and the efficacy of surgical resection. *Vet Rec*, 2004; 154(24):743–746.

Pakhrin, B., Kang, M.S., Bae I.H., et al. Retrospective study of canine cutaneous tumors in Korea. *J Vet Sci*, 2007; 8(3):229–236.

Patnaik, A.K., Ehler, W.J., MacEwen, E.G. Canine cutaneous mast cell tumor: morphologic grading and survival time in 83 dogs. *Vet Pathol*, 1984; 21(5):469–474.

Priester, W.A. Skin tumors in domestic animals. Data from twelve United States and Canadian colleges of veterinary medicine. *J Natl Cancer Inst*, 1973; 50(2):457–466.

Rakich, P.M., Latimer, K.S., Weiss, R., Steffens, W.L. Mucocutaneous plasmacytomas in dogs: 75 cases (1980–1987). *J Am Vet Med Assoc*, 1989; 194(6):803–810.

Rollón, E., Martín de las Mulas, J. Estudio de correlación entre el diagnóstico citológico e histopatológico de 136 lesiones palpables caninas y felinas. Rev. AVEPA, 2004; 24(4):221–229.

Ruano, R. Comportamiento biológico de los tumores según su localización (Ch. 4). In: Del Castillo, N., Ruano, R. (eds.). *Manual de oncología para veterinarios clínicos. Como enfrentarse al paciente oncológico*. Zaragoza, Spain: Editorial Servet, 2017.

Ryan, S., Wouters, E., van Nimwegen, S., Kirpensteijn, J. Skin and subcutaneous tumors (Ch. 4). In: Kudnig, S.T., Séguin, B. *Veterinary surgical oncology*. Wiley-Blackwell, 2012.

Scott, D.W., Miller, W.H., Griffin, C.E. Tumores neoplásicos y no neoplásicos (Ch. 20). In: *Muller & Kirk. Dermatología en pequeños animales*, 6th edition. WB Saunders Intermédica, 2002.

Theilen, G.H., Madewell, B.R. *Veterinary cancer medicine*, 2nd edition. Philadelphia: Lea & Febiger, 1987.

Withrow, S.J., MacEwen, E.G. *Small Animal Clinical Oncology*, 5th edition. Philadelphia: Elsevier Saunders, 2012.

Tumours of the digestive system in the senior patient

Oral tumours

Ciekot, P.A., Powers, B.E., Withrow, S.J., et al. Histologically low-grade, yet biologically high-grade, fibrosarcomas of the mandible and maxilla in dogs: 25 cases (1982–1991). *J Am Vet Med Assoc*, 1994; 204(4):610–615.

Desmas, I. Canine oral melanoma. *Veterinary Ireland Journal*, 2013; 3(7):398–401.

Grimes, J.A., Matz, B.M., Christopherson, P.W., et al. Agreement between cytology and histopathology for regional lymph node metastasis in dogs with melanocytic neoplasms. *Vet Pathol*, 2017 Jul; 54(4):579–587.

Hoyt, R.F., Withrow, S.J. Oral malignancy in the dog. *J Am Anim Hosp Assoc*, 1984; 20:83-92.

Kosovsky, J.K., Matthiesen, D.T., Marretta, S.M., Patnaik, A.K. Results of par- tial mandibulectomy for the treatment of oral tumors in 142 dogs. *Vet Surg*, 1991; 20(6):397–401.

Liptak, J.M., Lascelles, B.D. Oral tumors (Ch. 6). In: Kudnig, S., Séguin, B. (eds.). *Veterinary surgical oncology*. Wiley-Blackwell, 2012.

Liptak, J.M., Withrow, S.J. Oral tumours (Ch. 22). In: *Withrow and MacEwen's Small animal clinical oncology*, 5th ed. St. Louis, Missouri: Elsevier, 2013; pp. 381–398.

Schwarz, P.D., Withrow, S.J., Curtis, C.R., et al. Mandibular resection as a treatment for oral cancer in 81 dogs. *J Am Anim Hosp Assoc*, 1991a; 27:601–610.

Schwarz, P.D., Withrow, S.J., Curtis, C.R., et al. Partial maxillary resection as a treatment for oral cancer in 61 dogs. *J Am Anim Hosp Assoc*, 1991b; 27:617–624.

Skinner, O.T., Boston, S.E., Souza, C.H.M. Patterns of lymph node metastasis identi- fied following bilateral mandibular and medial retropharyngeal lymphadenectomy in 31 dogs with malignancies of the head. *Vet Comp Oncol*, 2017 Sep; 15(3):881–889.

Simons, K.W.J. *Oral tumours in dogs: a retrospective study of 110 cases (2002 to 2014)*. Department Clinical Sciences of Companion Animals, Faculty of Veterinary Medicine, Utrecht University, 2015.

Stebbins, K.E., Morse, C.C., Goldschmidt, M.H. Feline oral neoplasia: a ten-year survey. *Vet Pathol*, 1989; 26(2):121–128.

Wallace, J., Matthiesen, D.T., Patnaik, A.K. Hemimaxillectomy for the treatment of oral tumors in 69 dogs. *Vet Surg*, 1992; 21(5):337–341.

Gastrointestinal tumours

Beck, C., et al. The use of ultrasound in the investigation of gastric carcinoma in a dog. *Aust Vet J*, 2001; 79(5):332–334.

Becker, J.C., et al. Role of receptor tyrosine kinases in gastric cancer: New targets for a selective therapy. *World J Gastrolenterol*, 2006; 12(21):3297–3305.

Crew, K.D., Neugut, A.I. Epidemiology of gastric cancer. *World J Gastroenterol*, 2006; 12(3):354–362.

Desmas, I., et al. Canine colorectal lymphoma: a retro multi-institutional study of 28 cases (2000–2011). *Veterinary Cancer Society Conference*, 2012.

Dicken, B.J., et al. Gastric adenocarcinoma: review and considerations for future directions.

Ann Surg, 2005; 241(1):27–39.

Fonda, D., et al. Gastric carcinoma in the dog: a clinicopathological study of 11 cases. *J Small Anim Prac*, 1989; 30(6):353–360.

Fondacaro, J.V., Richter, K.P., Carpenter, J.L., et al. Feline gastrointestinal well differentiated lymphocytic lymphoma: 39 cases. Abstract. *Proceedings of the 17th annual ACVIM*, 1999. p. 722.

Gualtieri, M., et al. Gastric neoplasia. *Vet Clin North Am Small Anim Pract*, 1999; 29(2):415–440.

Hamilton, J.P., Meltzer, S.J. A review of the genomics of gastric cancer. *Clin Gastroenterol Hepatol*, 2006; 4(4):416–425.

Hartgrink, H.H., et al. Extended lymph node dissections for gastric cancer: who may ben- efit? Final results of the randomized Dutch gastric cancer group trial. *J Clin Oncol*, 2004; 22(11):2069–2077.

Hatakeyama, M. *Helicobacter pylori* CagA--a bacterial intruder conspiring gastric carcinogenesis. *Int J Cancer*, 2006; 119(6):1217–1223.

Hohenhaus, H.E. *Update on the management of gastric cancer in dogs*. ACVIM, 2007.

Lamb, C.R., Grierson, J. Ultrasonographic appearance of primary gastric neoplasia in 21 dogs. *J Small Anim Pract*, 1999; 40(5):211–215.

Leong, T. Chemotherapy and radiotherapy in the management of gastric cancer. *Curr Opin Gastroenterol*, 2005; 21(6):673–678.

Matz, M.E. Feline gastrointestinal lymphoma. *Central Veterinary Conference*. Washington DC, 2013.

McColl, K.E. When saliva meets acid: chemical warfare at the oesophagogastric junction.

Gut, 2005; 54(1):1–3.

Neiger, R., Simpson, K.W. Helicobacter infection in dogs and cats: facts and fiction. *J Vet Intern Med*, 2000; 14(2):125–133.

Penninck, D.G., et al. Ultrasonography of canine gastric epithelial neoplasia. *Vet Radiol Ultrasound*, 1998; 39(4):342–348.

Rivers, B.J., et al. Canine gastric neoplasia: utility of ultrasonography in diagnosis. *J Am Anim Hosp Assoc*, 1997; 33(2):144–155.

Stonehewer, J., Mackin, A.J., et al. Idiopathic phenobarbital-responsive hypersialosis in the dog: an unusual form of limbic epilepsy? *J Small Anim Pract*, 2000; 41(9): 416–421.
Swann, H.M., Holt, D.E. Canine gastric adenocarcinoma and leiomyosarcoma: a retrospective study of 21 cases (1986–1999) and literature review. *J Am Anim Hosp Assoc*,2002; 38(2):157–164.

Thamm, H.D. GI tumours in cats: an oncologist's view. *British Small Animal Veterinary Association Congress*, 2015.

Eyelid and orbital tumours

Cantaloube, B., Raymond-Letron, I., Regnier, A. Multiple eyelid apocrine hidrocysto- mas in two Persian cats. *Vet Ophthalmol*, 2004; 7(2):121–125.

Chaitman, J., van der Woerdt, A., Bartick, T.E. Multiple eyelid cysts resembling apocrine hidrocystomas in three Persian cats and one Himalayan cat. *Vet Pathol*, 1999; 36(5):474–476.

Dubielzig, R.R. Tumors of the eye. In: Meuten, D.J. (ed.). *Tumors in domestic animals*, 4th edition. Ames, Iowa (USA): Iowa State Press, 2002; pp. 739–754.

Featherstone, H. Eyelid tumours in the dog and cat. *British Small Animal Veterinary Association Congress*, 2013.

Glaze, M.B. The aging canine eye. *Atlantic Coast Veterinary Conference*, 2002.

Newkirk, K.M., Rohrbach, B.W. A retrospective study of eyelid tumors from 43 cats. *Vet Pathol*, 2009; 46(5):916–927.

Schulman, F.Y., Johnson, T.O., Facemire, P.R., Fanburg-Smith, J.C. Feline peripheral nerve sheath tumors: histologic, immunohistochemical, and clinicopathologic correlation (59 tumors in 53 cats). *Vet Pathol*, 2009; 46(6):1166–1180.

Willis, A.M., Wilkie, D.A. Ocular oncology. *Clin Tech Small Anim Pract*, 2001; 16(1):77–85.

Musculoskeletal tumours in senior patients

Osteosarcoma

Bitetto, W.V., Patnaik, A.K., Schrader, S.C., Mooney, S.C. Osteosarcoma in cats: 22 cases (1974–1984). *J Am Vet Med Assoc*, 1987; 190(1):91–93.

Ehrhart, N.P., Ryan, S.D., Fan, T.M. Tumors of the skeletal system. In: Withrow, S.J., Vail, D.M., Page, R. (eds.). *Withrow and MacEwen's Small Animal Clinical Oncology*, 5th edition. Elsevier, 2013; pp. 463–503.

Fan, T.M. Immunotherapy of canine osteosarcoma. *26th ECVIM-CA Congress*, 2016.

Flint, A.F., U'Ren, L., Legare, M.E., et al. Overexpression of the erbB-2 proto-oncogene in canine osteosarcoma cell lines and tumors. *Vet Pathol*, 2004; 41(3):291–296.

García Real, I. Tumores óseos y osteomielitis. *Atlas de interpretación radiológica en pequeños animales*. Zaragoza, España: Editorial Servet, 2013.

Helm, J., Morris, J. Musculoskeletal neoplasia: an important differential for lumps or lameness in the cat (clinical review). *J Feline Med Surg*, 2012; 14(1):43–54.

Lascelles, B.D., Dernell, W.S., Correa, M.T., et al. Improved survival associated with postoperative wound infection in dogs treated with limb-salvage surgery for osteosar- coma. *Ann Surg Oncol*, 2005; 12(12):1073–1083.

Liptak, J.M., Dernell, W.S., Ehrhart, N., et al. Cortical allograft and endopros- thesis for limb-sparing surgery in dogs with distal radial osteosarcoma: a prospec- tive clinical comparison of two different limb-sparing techniques. *Vet Surg*, 2006; 35(6):518–533.

Liptak, J.M., Dernell, W.S., Ehrhart, N., Withrow, S.J. Canine appendicular osteosarcoma: diagnosis and palliative treatment. *Compendium on continuing education for the practicing veterinarian*, 2004; 26:172–182.

Mason, N., Gnanandarajah, J., Engiles, J., et al. Immunotherapy with a HER2-targeting *Listeria* induces HER2-specific immunity and demonstrates potential therapeutic effects in a phase I trial in canine osteosarcoma. *Clin Cancer Res*, 2016; 22(17):4380–4390.

Morello, E., Martano, M., Buracco, P. Biology, diagnosis and treatment of canine appendicular osteosarcoma: similarities and differences with human osteosarcoma. *Vet J*, 2011; 183(3):268–277. Epub 2010 Oct 2.

Ru, G., Terracini, B., Glickman, L.T. Host related risk factors for canine osteosarcoma. *Vet J*, 1998; 156(1):31–39.

Sivacolundhu, R.K., Runge, J.J., Donovan, T.A., et al. Ulnar osteosarcoma in dogs: 30 cases (1992–2008). *J Am Vet Med Assoc*, 2013; 243(1):96–101.

Sottnik, J.L., U'Ren, L.W., Thamm, D.H., et al. Chronic bacterial osteomyelitis suppression of tumor growth requires innate immune responses. *Cancer Immunol Immunother*, 2010; 59(3):367–378.

Wolfesberger, B., Fuchs-Baumgartinger, A., Hlavaty, J., et al. Stem cell growth factor receptor in canine vs. feline osteosarcomas. *Oncol Lett*, 2016; 12(4):2485–2492.

Wouda, R.M., Hocker, S.E., Higginbotham, M.L. Safety evaluation of combination carboplatin and toceranib phosphate (Palladia) in tumour-bearing dogs: a phase I dose find- ing study. *Vet Comp Oncol*, 2018; 16(1):E52–E60.

Yuki, M., Nitta, M., Omachi, T. Parathyroid hormone-related protein-induced hypercalcemia due to osteosarcoma in a cat. *Vet Clin Pathol*, 2015; 44(1):141–144.

Soft tissue sarcomas

Bray, J., Polton, G., Whitbread, T. Outcome of 490 cases of soft tissue sarcoma managed in first opinion practice. (Abstract) *European Society Veterinary Oncology Annual Con- gress*, Glasgow, UK, 2011.

Bray, J. Soft-tissue sarcoma. *World Small Animal Veterinary Association World Congress Proceedings, Auckland, New Zealand*, 2013.

Chase, D., Bray, J., Ide, A., Polton, G. Outcome following removal of canine spindle cell tumours in first opinion practice: 104 cases. *J Small Anim Pract*, 2009; 50(11):568–574.

Davidson, E.B., Gregory, C.R., Kass, P.H. Surgical excision of soft tissue fibrosarcomas in cats. *Vet Surg*, 1997; 26(4):265–269.

Dean, R.S. Pfeiffer, D.U., Adams, V.J. The incidence of feline injection site sarcomas in the United Kingdom. *BMC Vet Res*, 2013; 9:17.

Enneking, W.F., Spanier, S.S., Goodman, M.A. A system for the surgical staging of muscu- loskeletal sarcoma. *Clin Orthop Relat Res*, 2003; 415:4–18.

Holtermann, N., Kiupel, M., Hirschberger, J. The tyrosine kinase inhibitor toceranib in feline injection site sarcoma: efficacy and side effects. *Vet Comp Oncol*, 2017; 15(2):632–640.

Kamstock, D.A., Ehrhart, E.J., Getzy, D.M., et al. Recommended guidelines for submission, trimming, margin evaluation, and reporting of tumor biopsy specimens in veterinary surgical pathology. *Vet Pathol*, 2011; 48(1):19–31.

Kuntz, C.A., Dernell, W.S., Powers, B.E., et al. Prognostic factors for surgical treatment of soft-tissue sarcomas in dogs: 75 cases (1986–1996). *J Am Vet Med Assoc*, 1997; 211(9):1147–1151.

Lawrence, J., Saba, C., Gogal, R. Jr, et al. Masitinib demonstrates anti-proliferative and pro-apoptotic activity in primary and metastatic feline injection-site sarcoma cells. *Vet Comp Oncol*, 2012; 10(2):143–154.

Litster, A. Feline injection-site sarcomas: an evidence-based approach. *Atlantic Coast Veter- inary Conference*, 2015.

McSporran, K.D. Histologic grade predicts recurrence for marginally excised canine subcu- taneous soft tissue sarcomas. *Vet Pathol*, 2009; 46(5):928–933.

Martano, M., Morello, E., Buracco, P. Feline injection-site sarcoma: past, present and future perspectives. *Vet J*, 2011; 188(2):136–141.

Odendaal, J.S., Cronje, J.D., Bastanello, S.S. Surgical and chemotherapeutic treat- ment of fibrosarcoma in a cat. [Article in Afrikaans]. *J South Afr Vet Assoc*, 1983; 54(3)205–208.

Scherk, M.A., Ford, R.B., Gaskell, R.M., et al. 2013 AAFP Feline Vaccination Advisory Panel Report. *J Feline Med Surg*, 2013; 15(9):785–808.

Stefanello, D., Morello, E., Roccabianca, P., et al. Marginal excision of low-grade spindle cell sarcoma of canine extremities: 35 dogs (1996–2006). *Vet Surg*, 2008; 37(5):461–465.

Straw, R.C., Withrow, S.J., Powers, B.E. Partial or total hemipelvectomy in the management of sarcomas in nine dogs and two cats. *Vet Surg*, 1992; 21(3):183–188.

Neoplasms of the haemolymphatic system in the senior patient

Canine lymphoma

Blackwood, L., German, A.J., Stell, A.J., O'Neill, T. Multicentric lymphoma in a dog after cyclosporine therapy. *J Small Anim Pract*, 2004; 45(5): 259–262.

Coyle, K.A., Steinberg, H. Characterization of lymphocytes in canine gastrointestinal lymphoma. *Vet Pathol*, 2004; 41(2):141–146.

Donaldson, D., Day, M.J. Epitheliotropic lymphoma (mycosis fungoides) presenting as blepharoconjunctivitis in an Irish Setter. *J Small Anim Pract*, 2000; 41(7):317–320.

Frances, M., Lane, A.E., Lenard, Z.M. Sonographic features of gastrointestinal lymphoma in 15 dogs. *J Small Anim Pract*, 2013; 54(9):468–74.

Gavazza, A., Lubas, G., Valori, E., Gugliucci, B. Retrospective survey of malignant lymphoma cases in the dog: clinical, therapeutical and prognostic features. *Vet Res Commun*, 2008; 32:S291–S293.

Grant, L. Management of canine epitheliotropic lymphoma. *British Small Animal Veterinary Association Congress*, 2017.

Hart, B.L., Hart, L.A., Thigpen, A.P., Willits, N.H. Long-term health effects of neutering dogs: comparison of Labrador Retrievers with Golden Retrievers. *PLoS One*, 2014; 9(7):e102241.

Higginbotham, M.L., McCaw, D.L., Roush, J.K., et al. Intermittent single-agent doxorubicin for the treatment of canine B-cell lymphoma. *J Am Anim Hosp Assoc*, 2013; 49(6):357–362.

Hong, I.H., Bae, S.H., Lee, S.G., et al. Mucosa-associated lymphoid tissue lymphoma of the third eyelid conjunctiva in a dog. *Vet Ophthalmol*, 2011; 14(1):61–65.

Ito, D., Brewer, S., Modiano, J.F., Beall, M.J. Development of a novel anti-canine CD20 monoclonal antibody with diagnostic and therapeutic potential. *Leuk Lymphoma*, 2015; 56(1):219–225.

Keller, E.T. Immune-mediated disease as a risk factor for canine lymphoma. *Cancer*, 1992; 70(9):2334–2337.

Keller, S.M., Vernau, W., Hodges, J., et al. Hepatosplenic and hepatocytotropic T-cell lym- phoma: two distinct types of T-cell lymphoma in dogs. *Vet Pathol*, 2013; 50(2):281–290.

Marconato, L., Leo, C., Girelli, R., et al. Association between waste management and cancer in companion animals. *J Vet Intern Med*, 2009; 23(3): 564–569.

Marconato, L., Stefanello, D., Valenti, P., et al. Predictors of long-term survival in dogs with high-grade multicentric lymphoma. *J Am Vet Med Assoc*, 2011; 238(4):480–485.

Owen, L.N. TNM classification of tumors of domestic animals, World Health Organization, 1st ed. Geneva, Switzerland, 1980; pp. 46–47.

Price, G.S., Page, R.L., Fischer, B.M., et al. Efficacy and toxicity of doxorubicin/cyclophosphamide maintenance therapy in dogs with multicentric lymphosarcoma. *J Vet Intern Med*, 1991; 5(5):259–262.

Santoro, D., Marsella, R., Hernandez, J. Investigation on the association between atopic dermatitis and the development of mycosis fungoides in dogs: a retrospective case-control study. *Vet Dermatol*, 2007; 18(2):101–106.

Steinberg, H., Dubielzig, R.R., Thomson, J., Dzata, G. Primary gastrointestinal lymphosarcoma with epitheliotropism in three Shar Pei and one Boxer dog. *Vet Pathol*, 1995; 32(4):423–426.

Smith, L.K., Cidlowski, J.A. Glucorticoid-induced apoptosis of healthy and malignant lymphocytes. *Prog Brain Res*, 2010; 182:1–30.

Teske, E., Besselink, C.M., Blankenstein, M.A., et al. The ocurrence of estrogen and progestin receptors and anti-estrogen binding sites (AEBS) in canine non Hodgkin's lympho- mas. *Anticancer Res*, 1987; 7(4B): 857–860.

Teske, E., van Heerde, P., Rutterman, G.R., et al. Prognostic factors for treatment of malignant lymphoma in dogs. *J Am Vet Med Assoc*, 1994; 205(12):1722–1728.

Torres de la Riva, G., Hart, B.L., Farver, T.B., et al. Neutering dogs: effects on joint disorders and cancers in golden retrievers. *PLoS One*, 2013; 8(2):e55937.

Valli, V.E., Kass, P.H., San Myint, M., Scott, F. Canine lymphomas: association of classification type, disease stage, tumor subtype, mitotic rate, and treatment with survival. *Vet Pathol*, 2013; 50(5):738-748.

Zandvliet, M. Canine lymphoma: a review. *Vet Q*, 2016; 36(2):76–104.

Santoro, D., Marsella, R., Hernandez, J. Investigation on the association between atopic dermatitis and the development of mycosis fungoides in dogs: a retrospective case-control study. *Vet Dermatol*, 2007; 18(2):101–106.

Zink, M.C., Farhoody, P., Elser, S.E., et al. Evaluation of the risk and age of onset of cancer and behavioral disorders in gonadectomized vizslas. *J Am Vet Med Assoc*, 2014; 244(3):309–319.

Leukaemia

Avery, A.C., Avery, P.R. Determining the significance of persistent lymphocytosis. *Vet Clin North Am Small Anim Pract*, 2007; 37(2):267–282.

Blackwood, L. Canine leukaemia: are we any further forward? *World Small Animal Veterinary Association World Congress Proceedings*, 2008.

Breen, M., Modiano, J.F. Evolutionarily conserved cytogenetic changes in hematological malignancies of dogs and humans--man and his best friend share more than companion- ship. *Chromosome Res*, 2008; 16(1):145–154.

Comazzi, S. Update in the diagnosis of canine leukemia. *25th ECVIM-CA Congress*, 2015.

Comazzi, S., Gelain, M.E., Martini, V., et al. Immunophenotype predicts survival time in dogs with chronic lymphocytic leukemia. *J Vet Intern Med*, 2011; 25(1):100–106.

Comazzi, S., Martini, V., Riondato, F., et al. Chronic lymphocytic leukemia transformation into high-grade lymphoma: a description of Richter's syndrome in eight dogs. *Vet Comp Oncol*, 2015; doi: 10.1111/vco.12172.

Dobson, J., Villiers, E.J., Morris, J. Diagnosis and management of leukaemia in dogs and cats. *In Practice*, 2006; 28(1):22–31 (basic review).

Gaunt, S.D. Extreme neutrophilic leukocytosis. In: Feldman, B.F., Zinkl, J.G., Jain, N.C., Schalm, O.W. (eds.). *Schalm's veterinary hematology*, 5th ed. Philadelphia, PA: Lippincott Williams and Wilkins, 2000; pp. 347–349.

Gorman, N.T., Evans, R.J. Myeloproliferative disease in the dog and cat: clinical presentations, diagnosis and treatment. *Vet Rec*, 1987; 121(21):490–496.

Harvey, J.W. *Atlas of veterinary hematology: blood and bone marrow of domestic animals.*

Philadelphia: Saunders, 2001.

Juopperi, T.A., Bienzle, D., Bernreuter, D.C., et al. Prognostic markers for myeloid neoplasms: a comparative review of the literature and goals for future investigation. *Vet Pathol*, 2011; 48(1):182–197.

McManus, P.M. Classification of myeloid neoplasms: a comparative review. *Vet Clin Pathol*, 2005; 34(3):189–212.

Novacco, M., Comazzi, S., Marconato, L., et al. Prognostic factors in canine acute leukaemias: a retrospective study. *Vet Comp Oncol*, 2015. doi: 10.1111/vco. 12136. Pui, C.H., Jeha, S. New therapeutic strategies for the treatment of acute lymphoblastic leu- kaemia. *Nat Rev Drug Discov*, 2007; 6(2):149–165.

Snyder, L.A. Acute myeloid leukemia (Ch. 67). In: Weiss, D.J., Wardrop, K.J. (eds.). *Schalm's veterinary hematology*, 6th ed. Ames, IA: Wiley-Blackwell, 2010; pp. 475–482.

Stockham, S.L., Scott, M.A. Bone marrow and lymph node. In: *Fundamentals of veterinary clinical pathology*. Iowa: Blackwell, 2008; pp. 324–368.

Stokol, T., Schaefer, D.M., Shuman, M., et al. Alkaline phosphatase is a useful cytochemical marker for the diagnosis of acute myelomonocytic and monocytic leukemia in the dog. *Vet Clin Pathol*, 2015; 44(1):79–93.

Takahira, R.K. Leukemia, diagnosis and treatment. World Small Animal Veterinary Association *World Congress Proceedings*, 2009.

Tasca, S., Carli, E., Caldin, M. et al. Hematologic abnormalities and flow cytometric immunophenotyping results in dogs with hematopoietic neoplasia: 210 cases (2002– 2006). *Vet Clin Pathol*, 2009; 38(1):2–12.

Vail, D.M., Young, K.M. Hematopoietic tumors. In: Withrow, S.J., Vail, D.M., Page, R. (eds.). *Withrow and MacEwen's Small Animal Clinical Oncology*. Philadelphia: Saun- ders, 2007; pp. 699–784.

Villiers, E., Baines, S., Law, A.M., Mallows, V. Identification of acute myeloid leukemia in dogs using flow cytometry with myeloperoxidase, MAC387, and a canine neutro- phil-specific antibody. *Vet Clin Pathol*, 2006; 35(1):55–71.

Williams, M.J., Avery, A.C., Lana, S.E., et al. Canine lymphoproliferative disease characterized by lymphocytosis: immunophenotypic markers of prognosis. J *Vet Intern Med*, 2008; 22(3):596–601.

Common clinical cases in senior oncology

Eyelid mast cell tumour in a cat

Featherstone, H. Eyelid tumours in the dog and cat. *British Small Animal Veterinary Association Congress*, 2013.

Montgomery, K.W., van der Woerdt, A., Aquino, S.M., et al. Periocular cutaneous mast cell tumors in cats: evaluation of surgical excision (33 cases). *Vet Ophthalmol*, 2010;

13(1):26–30.

Patnaik, A.K., Ehler, W.J., MacEwen, E.G. Canine cutaneous mast cell tumor: morphologic grading and survival time in 83 dogs. *Vet Pathol*, 1984; 21(5):469–474.

Nasal lymphoma in a cat

Blackwood, L. Feline extranodal lymphoma. *British Small Animal Veterinary Association Congress*, 2015.

Mediastinal lymphoma in a cat

Harper, A., Mason, S. Feline lymphoma presenting with pleural effusion - response to treatment and outcome in 13 cats: a retrospective case series. *British Small Animal Veter- inary Association Congress*, 2015.

Fabrizio, F., Calam, A.E., Dobson, J.M., et al. Feline mediastinal lymphoma: a retrospec- tive study of signalment, retroviral status, response to chemotherapy and prognostic indi- cators. *J Feline Med Surg*, 2014; 16(8):637 - 644.

尽管动物肿瘤可以影响任何年龄的动物，但老年动物的风险更高。这本书的目的是回顾在老年动物中最常遇到的肿瘤，并对老年动物肿瘤学进行了整体的思考，如老年患病动物在肿瘤诊断上和副肿瘤综合征的具体特点等，本书以一种详细和实用的方式描述了老年动物中最常见的肿瘤，按系统排列。大量的图片反映了作者丰富的临床经验。最后一章的特色案例研究和探讨了一些最常见于老年猫和犬的肿瘤。